钢管型钢再生混凝土组合柱受力性能与设计方法

马 辉　唐传林　戴 宁　赖志强　著

全书数字资源

北　京

冶 金 工 业 出 版 社

2024

内 容 提 要

本书系统研究和阐述了钢管型钢再生混凝土组合柱的受力性能与设计方法。全书共分8章，主要内容包括绪论、圆钢管型钢再生混凝土组合柱的轴压性能及计算方法、方钢管型钢再生混凝土组合柱的轴压性能及计算方法、圆钢管型钢再生混凝土组合柱偏压性能及计算方法、方钢管型钢再生混凝土组合柱偏压性能及计算方法、圆钢管型钢再生混凝土组合柱抗震性能试验、方钢管型钢再生混凝土组合柱抗震性能试验以及钢管型钢再生混凝土组合柱的水平承载力计算方法。

本书可供土木工程领域的科研人员和工程技术人员阅读，也可供高等院校相关专业的师生参考。

图书在版编目(CIP)数据

钢管型钢再生混凝土组合柱受力性能与设计方法 /
马辉等著 . --北京 ：冶金工业出版社，2024.9.
ISBN 978-7-5024-9921-1

Ⅰ. TU392.1

中国国家版本馆 CIP 数据核字第 2024NY5329 号

钢管型钢再生混凝土组合柱受力性能与设计方法

出版发行	冶金工业出版社	电　话	(010)64027926
地　　址	北京市东城区嵩祝院北巷 39 号	邮　编	100009
网　　址	www.mip1953.com	电子信箱	service@mip1953.com

责任编辑　杜婷婷　王　颖　美术编辑　彭子赫　版式设计　郑小利
责任校对　石　静　责任印制　禹　蕊
北京建宏印刷有限公司印刷
2024 年 9 月第 1 版，2024 年 9 月第 1 次印刷
710mm×1000mm　1/16；15.25 印张；297 千字；232 页
定价 99.00 元

投稿电话　(010)64027932　投稿信箱　tougao@cnmip.com.cn
营销中心电话　(010)64044283
冶金工业出版社天猫旗舰店　yjgycbs.tmall.com
(本书如有印装质量问题，本社营销中心负责退换)

前　言

随着我国社会经济的快速发展，城乡老旧建筑拆除改造日益频繁，产生了大量的建筑垃圾。据统计，我国每年新增建筑垃圾总量超过30亿吨，且绝大部分未经处理就直接露天堆放或简易填埋，占用大量土地资源并带来严重的环境污染，与"绿水青山就是金山银山"的发展理念相悖。住房和城乡建设部、国家发展和改革委员会等部委出台了各种政策，以加快废弃混凝土的再生利用及绿色建筑发展的步伐，开发既具有良好的抗震性能又环保生态的新型结构体系将具有非常重要的科学意义和理论价值。再生混凝土有效地利用了建筑废弃物中废弃混凝土破碎后形成的再生粗骨料，是一种绿色环保型建筑材料，符合我国可持续发展和节能减排的要求。再生混凝土及其结构的研究推广应用为处理上述大量建筑废弃物提供了有效技术手段，它既能节约不可再生的天然骨料，又可解决自然环境污染问题，从而实现了废弃混凝土的资源化再生利用，具有重要战略意义和工程价值。

近年来，部分学者将再生混凝土材料应用于钢与混凝土组合结构中，利用组合结构的优势有效地提高了再生混凝土结构的受力性能，这为再生混凝土的研究应用提供了新途径。作者及其课题组前期对型钢再生混凝土结构的受力性能及设计方法进行了较为系统的研究，结果表明型钢再生混凝土结构仍具有承载力较高、抗震性能较好等优点，但与普通型钢混凝土结构相比，由于再生混凝土力学性能普遍逊色于普通混凝土，导致型钢再生混凝土结构的承载力及抗震性能均有所降低，特别是型钢再生混凝土柱在短柱或高轴压比条件下的延性与耗能能力相对较差。另外，由于型钢再生混凝土构件需要设置钢筋骨架，致使构件截面中型钢、纵筋及箍筋分布密集，导致再生混凝土浇筑和振捣较为困难，特别是框架节点区域施工过程十分复杂。为简化型钢再生混凝土构件的施工过程并增强其抗震性能，作者将型钢再生混凝土构件中的钢筋笼用钢管代替，提出了绿色环保的钢管型钢再生混凝土组合柱，主要由外部钢管、内置型钢和再生混凝土组成。它既充分融合了型钢混凝土、钢管混凝土的力学性能优点和再生混凝土节能环保的显著特征，又具有施工简便的优势，符合我国社会经济的高质量发展要求，因而具有广阔的应用前景。

　　本书作者及其课题组自 2016 年开始陆续对钢管型钢再生混凝土组合柱的受力性能及设计方法进行了试验研究及理论分析等研究工作。首先，对圆钢管和方钢管型钢再生混凝土组合柱进行了轴心受压性能研究，揭示了该组合柱的轴压约束机理及破坏机制，提出了圆钢管和方钢管型钢再生混凝土组合柱的轴压力学模型及承载力计算方法；其次，开展了圆钢管和方钢管型钢再生混凝土组合柱的偏心受压性能研究，分析了该组合柱的偏压破坏模式及挠度变形特征，研究了该组合柱的主要偏压性能指标，建立了圆钢管和方钢管型钢再生混凝土组合柱的偏压承载力实用计算方法；最后，进行了圆钢管和方钢管型钢再生混凝土组合柱的低周反复荷载试验研究，分析了组合柱的抗震性能指标及地震破坏形态，探究了设计参数对组合柱抗震性能指标的影响规律，明确了该组合柱的抗震工作机理及破坏机制；结合试验研究提出了基于极限平衡理论的圆钢管和方钢管型钢再生混凝土组合柱的水平承载力计算方法，并验证了计算公式的合理性和准确性。

　　本书内容涉及的相关研究工作及研究成果将为钢管型钢再生混凝土组合柱的推广应用提供理论支撑和技术参考，为进一步有效处理大量废弃混凝土和增强工程结构的防灾减灾能力添砖加瓦，这也是作者编撰本书的根本出发点和初心。

　　本书由马辉、唐传林、戴宁、赖志强撰写。此外，课题组的历届研究生，包括郭婷婷、胡广宾、邹昌明、董继坤、席嘉诚、白恒宇、陈云冲、刘方达、张国恒、强佳琪、王晓旭等，在钢管型钢再生混凝土组合柱的研究和资料整理中做了大量工作。

　　本书内容涉及的研究工作得到了陕西省自然科学基金项目（编号：2019JM-193）、西安市科技计划项目（编号：24GXFW0063）、西安理工大学省部共建西北旱区生态水利国家重点实验室等的资助。另外，本书的研究工作还得到了合肥经开建设投资有限公司、西安建筑科技大学设计研究总院有限公司和中国重型机械研究院股份公司的大力支持，在此一并表示衷心的感谢。

　　由于作者水平所限，书中部分内容具有一定的探索研究性质，难免存在不妥之处，敬请广大读者批评指正。

作　者

2024 年 6 月

目　　录

1 绪 论

随着我国建筑工业的急剧发展，大量混凝土的使用导致天然砂石材料长期过度开采，造成巨大的能源和资源消耗，给我国带来了越来越严重的社会、经济以及生态环境问题。与此同时，由旧建筑物拆除、建筑施工垃圾等人类活动产生的建筑废弃物堆积如山；另外，地震、海啸以及洪水等自然灾害造成大量房屋毁坏倒塌，产生大量的建筑废弃物。据中国环联公布的数据，2023 年，我国建筑垃圾占城市垃圾总量的 40% 以上，建筑垃圾年产生量超过 30 亿吨，预计 2025 年将达到 40 亿吨。当前，我国对建筑废弃物处理方法较为简单，大部分建筑废弃物采用填埋方法处理，据统计每万吨建筑垃圾约占用填埋场 1 亩（1 亩约为 666.67平方米）的土地。这不仅大大降低了土地资源的利用效率，而且损害污染当地的自然环境，严重影响了城镇居民的生活水平和身体健康，尤其是在土地资源紧张、自然环境脆弱、生活水平要求高的大城市，这种因为建筑垃圾而带来的社会和环境等问题非常突出。由此可知：一方面是天然不可再生资源的过度开采；另一方面是大量建筑废弃物对生态环境带来的严重污染。因此，如何合理有效地处理和利用这些建筑废弃物，并使其变废为宝而实现资源化利用，以实现社会经济的可持续发展，已成为我国必须面对和解决的问题之一，这也是我国在高质量发展过程中建设"美丽中国"目标必须面对的关键问题之一。

再生混凝土概念的提出为处理上述大量建筑废弃物提供了有效手段。再生混凝土有效地利用了建筑废弃物中废弃混凝土破碎后形成的再生粗料，是一种绿色环保型建筑材料，它既能节约不可再生的天然骨料，又可解决自然环境污染问题。在再生混凝土材料的基础上，将其应用于基础设施及建筑工程领域，从而能消耗大量废弃混凝土，有效减少废弃混凝土带来的环境问题，因此再生混凝土及其结构的研究推广应用符合我国可持续发展和节能减排的要求，对于助力美丽中国建设具有重要的战略意义和工程价值，具有广阔的应用前景。

1.1 再生混凝土材料及结构性能研究现状

通常情况下，再生骨料可分为再生细骨料和再生粗骨料。以粒径的大小作为划分标准：废弃混凝土破碎加工后所得粒径为 0.5~5 mm 的称为再生细骨料，废弃混凝土破碎加工后所得粒径为 5~40 mm 的骨料则称为再生粗骨料。根据大部分试验研究结果可知，当混凝土中全部采用再生细骨料时，配置出的再生混凝土强度将显著降低，严重地影响了再生混凝土的强度、变形能力及耐久性等性能指标，不建议在实际工程中应用，因此大部分的再生混凝土研究基本是采用再生粗骨料来代替天然粗骨料，以此来保证再生混凝土强度。

再生混凝土强度的影响因素很多，主要有再生粗骨料的掺入量、再生粗骨料的来源、再生粗骨料的破碎工艺、基体混凝土强度以及再生混凝土配合比等。邓旭华研究了水灰比对普通与再生骨料混凝土强度的影响，结果表明：当水灰比大于 0.57 时，与普通混凝土相类似，再生混凝土的抗压强度随着水灰比的增大而减小；当水灰比小于 0.57 时，再生混凝土的抗压强度随着水灰比的增大而增大；基体混凝土和再生混凝土的超声声速和回弹值随水灰比的变化规律与它们抗压强度值的变化规律基本一致。Nixon 通过试验发现再生混凝土的抗压强度与普通混凝土相比有一定幅度的降低，降低幅度最大可达到 20%。Hansen 研究发现再生混凝土的强度随着基体混凝土的强度降低而降低，但对于配制不同强度等级的混凝土，再生混凝土强度的影响因素也不同。Ramamurthy 通过研究发现相同配制强度的再生混凝土抗压强度与普通混凝土相比要低 15%~42%。邢振贤等通过试验得到再生混凝土抗压强度降低最大幅值在 8.9% 左右。肖建庄研究表明再生骨料取代率对再生混凝土抗压强度有着较大影响，当取代率为 0、30% 及 100% 时，与普通混凝土相较，其抗压强度降低；当取代率为 50% 时，其抗压强度反而增加。杨曦通过试验研究认为在立方体抗压强度相同的条件下再生混凝土试块的劈裂抗拉强度较普通混凝土有所降低，降低幅度最大约为 30%，而再生混凝土的拉压比随着抗压强度的增大而减小，且拉压比的减小幅度较普通混凝土相比略大。柯国军通过试验研究则表明再生混凝土的强度高于普通混凝土，并且再生混凝土强度随再生骨料取代率的提高而增大。

胡琼等通过试验研究了不同再生粗骨料、细骨料取代率，水灰比以及锚固条件对再生混凝土抗压强度和黏结性能的影响，结果表明，随着再生粗骨料取代率增加，再生混凝土的黏结强度增加，再生粗骨料取代率为 60% 时，黏结强度最大，再生混凝土的黏结性能较好；水灰比对再生混凝土抗压强度的影响小于普通混凝土，通过降低水灰比，增加锚固长度有利于提高再生混凝土黏结性能。杨海峰对考虑不同强度、再生骨料取代率对钢筋再生混凝土试件进行了拉拔试验，在试验基础上采用了二次分布矩阵插值函数法进行研究分析，建立了再生混凝土-钢筋黏结滑移本构关系。

Dhir 和 Limbachiya 通过试验研究了再生混凝土的抗硫酸盐侵蚀性能，研究结果认为当再生粗骨料取代率不高于 30% 时，再生混凝土的抗硫酸盐侵蚀性与普通混凝土相仿；而随着再生粗骨料取代率的增加，再生混凝土的抗硫酸盐侵蚀性会略微下降。Otsuki 在验证再生混凝土抗硫酸盐侵蚀性的同时，也验证了再生混凝土的碳化深度随其配制水灰比的增大而加剧。

　　为改善再生骨料孔隙率大而造成的再生混凝土工作性能、强度和耐久性等不足问题，Tam 改进了常规的混凝土配合比设计方法，提出二次搅拌的配合比计算方法，也就是先将孔隙率大的再生骨料放进水泥浆里进行搅拌，后将剩下的水和细骨料放入，此种方法经试验研究能明显提高再生混凝土的抗压强度。Li 提出在第一次搅拌时，将硅灰、高炉灰、粉煤灰等混合物掺进水泥浆，通过试验说明此方法能有效改善再生混凝土的工作性能、界面的密实性和强度；主要是因为粉煤灰和硅灰的加入，改善了再生混凝土多孔隙的结构，使其性能大大提升。侯永利提出了再生混凝土的改进相同砂浆体积法配制方法，选用两种不同来源的再生粗集料配制再生混凝土，分别测定各组再生混凝土坍落度、干湿表观密度、立方体抗压强度、劈裂抗拉强度、轴心抗压强度以及弹性模量等指标，试验结果表明采用改进相同砂浆体积法可配制出大流动性再生混凝土，且其他各项指标均接近对比天然集料混凝土。

　　从目前研究学者所得到的结论来看，再生混凝土力学性能具有较大的离散性，不同学者所得结论不尽相同，但大多数研究者认为在相同配合比情况下再生混凝土的抗压强度低于天然骨料混凝土。尽管如此，国内外学者均认为经过合理设计的再生混凝土材料性能是可以保证的，可以应用于实际工程，并为此开展了再生混凝土构件及结构的力学性能及设计方法等方面研究。

　　Maruyama 对钢筋再生混凝土梁的受弯性能进行了试验研究，结果表明钢筋再生混凝土梁与普通混凝土梁的破坏过程基本类似，即包括弹性和塑性阶段；再生混凝土梁承载力与普通混凝土梁相当。陈爱玖等对再生混凝土梁进行了受弯性能试验，研究结果表明，再生混凝土梁满足平截面假定，且与普通混凝土梁的破坏形态及承载力挠度曲线相似，并对现行规范中开裂弯矩公式、极限承载力公式和挠度公式进行了与再生粗骨料取代率有关的修正。Han 对钢筋再生混凝土梁的抗剪性进行了试验研究，考虑了剪跨比和配筋率等影响因素，研究结果表明，普通钢筋混凝土梁的抗剪设计方法对于再生混凝土梁来说，其抗剪承载力不足、缺乏安全性，并不适用。Sonobe 对再生混凝土梁进行了抗剪试验研究，结果表明，在剪力作用下再生混凝土梁的破坏沿着纵向钢筋表面，这说明钢筋与再生混凝土之间的黏结强度相对较弱。吴瑾等通过再生混凝土有腹筋梁和普通混凝土有腹筋梁的对比试验，考虑再生混凝土抗压强度、梁的剪跨比和配箍率等影响因素对再生混凝土梁斜截面的破坏形态、斜向开裂荷载和抗剪承载力进行了研究，结果表明，再生混凝土梁斜截面开裂荷载低于普通混凝土梁；随着剪跨比的增大，再生混凝土梁的抗剪承载力逐渐减小；当配箍率较小时，再生混凝土梁与普通混凝土梁的抗剪承载力的差距最大可达 23%；Caims 进行了跨度为 15 m 强度 40 MPa 的再生混凝土预应力梁力学性能试验研究，结果表明，再生混凝土预应力梁的变形比普通混凝土预应力梁的变形增加显著。

张亚齐对普通混凝土柱和再生混凝土柱进行试验对比分析，结果表明，混凝土强度、长细比以及初始偏心率对再生混凝土柱侧向变形和承载力的影响规律与普通混凝土柱基本相同。陈宗平等为研究高温作用下钢筋再生混凝土短柱的轴压力学性能，对钢筋再生混凝土短柱进行了轴心受压加载试验，研究结果表明，随着温度的升高，钢筋再生混凝土柱逐渐发生颜色的变化，由青灰色退化成灰白色，质量烧失率也随之增大，而短柱的初始刚度和轴压承载力随之逐渐降低；最高温度持时、箍筋间距以及再生粗骨料取代率等设计参数对高温作用下的短柱试件的初始刚度和轴压承载力无明显影响；随着再生混凝土强度等级的提高，其在高温作用后的初始刚度和轴压承载力也随之提高。张亚齐以 4 个缩尺比为 1/2 且剪跨比为 1.75 的再生混凝土短柱模型为研究对象进行了抗震性能对比试验，研究结果表明，试件初始刚度、承载力、耗能能力随着再生骨料取代率的增加有着明显降低，加设交叉钢筋能够显著提高试件的抗震性能，再生混凝土柱可应用于轴压比较小结构，在考虑再生混凝土强度折减的基础上提出了承载力简化计算方法。

刘超对不同轴压比和不同再生粗骨料取代率的再生混凝土框架节点进行了低周反复荷载试验研究，结果表明，再生混凝土节点与普通混凝土节点表现相似，但通过对比分析发现再生混凝土节点性能稍弱于普通混凝土的性能，抗剪承载力随着轴压比的提高也有一定程度的增加，但同时也使其变得更脆，延性降低，变形性能变差。肖建庄对六层现浇再生混凝土空间结构进行了地震模拟试验，研究表明，模型结构的位移反应受低阶振型影响较大，变形曲线呈剪切型；随着地震强度不断加大，模型各楼层相对位移和层间位移随之增大；再生混凝土框架经过多次地震试验后，尽管破坏较为严重，但在 9 度罕遇地震作用试验后仍然没有倒塌，表现出了良好的抗倒塌能力，抗震性能优异。

纵观国内外对再生混凝土构件及结构力学性能进行的大量研究，结果表明，再生混凝土可应用于结构工程中，但由于再生粗骨料的来源不同及生产破碎过程中带来的初始缺陷，使得再生混凝土材料力学性能的稳定性较差，单纯的再生混凝土结构仍存在有"承载力低，刚度小以及抗震性能较差"等诸多问题，在一定程度上制约了再生混凝土的应用范围。鉴于钢与混凝土组合结构在受力性能上的优势，部分学者已经对钢与再生混凝土组合柱构件展开了相关研究，相继提出了型钢再生混凝土柱、钢管再生混凝土柱以及钢管再生混合柱等，并取得了一系列研究成果。

1.2　型钢再生混凝土组合结构研究现状

型钢再生混凝土结构是一种新型结构体系，它是用再生骨料部分或全部取代型钢混凝土结构中的天然骨料而形成的一种组合结构。目前，学者对于型钢再生混凝土梁、柱、节点及框架等开展了相关研究，并取得了相关研究成果。

郑华海对型钢再生混凝土在静力荷载作用下的黏结滑移性能进行了试验和理论研究，结果表明，型钢再生混凝土的黏结性能是可以保证的，但再生粗骨料取代率对其黏结强度具有不利影响。王秀振考虑再生粗骨料取代率、剪跨比和混凝土强度等级等参数，对型钢再生混凝土梁试件进行了静力试验，结果表明，再生粗骨料取代率对型钢再生混凝土梁的受剪承载力无较大影响；提高混凝土强度等级可以提高型钢再生混凝土梁的受剪承载力；剪跨比对型钢再生混凝土梁的破坏形态有着举足轻重的作用，随着剪跨比的增大，型钢再生混凝土梁的破坏荷载而减小，此外，型钢再生混凝土梁与型钢混凝土梁相比具有承载力高、刚度大、延性好等优点。

陈宗平等对型钢再生混凝土柱轴压性能进行了试验研究，设计参数包括再生粗骨料取代率、箍筋体积配箍率、混凝土强度等级等，研究结果表明，型钢再生混凝土柱破坏时型钢受压屈服、再生混凝土压碎与普通混凝土情况基本类似，型钢再生混凝土柱的承载性能较好，并给出了再生粗骨料最优取代率为40%。崔卫光制作了6根型钢再生混凝土轴压柱试件和9根型钢再生混凝土偏压柱试件，在考虑再生粗骨料取代率、长细比以及相对偏心距等变化参数的影响下，通过轴心受压、偏心受压静力加载试验，研究型钢再生混凝土柱的受压力学性能，研究结果表明，随着长细比的增大，型钢再生混凝土轴压柱的承载力逐渐降低；随着相对偏心距的增大，型钢再生混凝土偏压柱的承载力逐渐减小；再生粗骨料取代率对型钢再生混凝土受压柱承载力的影响作用较小。张薇分别将取代率、含钢率作为设计参数对型钢再生混凝土柱进行了受压性能试验研究，研究结果表明，以卵石为主的再生骨料混凝土与普通混凝土抗压强度相当，且随着取代率增大，再生混凝土强度降低；再生混凝土的立方体破坏形态与普通混凝土类似；型钢再生混凝土柱的轴压承载力随再生骨料的取代率增大而减小；在相同取代率下，随着偏心距的增大，型钢再生混凝土柱的偏压承载力降低。

马辉等根据板的弹塑性稳定理论，在型钢再生混凝土受压柱的破坏机理以及再生混凝土材料力学性能的基础上，通过理论分析推导了型钢再生混凝土柱最小保护层厚度，研究表明，型钢再生混凝土柱保护层厚度主要与再生混凝土强度等级、型钢再生混凝土柱高、型钢翼缘宽度、再生粗骨料取代率有关，并确定了再生混凝土最小保护层厚度。薛建阳通过型钢再生混凝土柱的抗震性能试验研究，分析了再生粗骨料取代率、轴压比以及体积配箍率等设计参数对型钢再生混凝土柱抗震性能的影响规律，结果表明，型钢再生混凝土柱主要地震破坏形态包括剪切斜压破坏、弯剪破坏即弯曲型破坏；剪跨比影响型钢再生混凝土柱的地震破坏形态，取代率对柱试件承载能力的影响并不明显，延性与耗能能力均随取代率的增加而降低；型钢再生混凝土柱的承载力随着轴压比的增大有一定程度的增大，但延性与耗能能力随轴压比的增大而降低，体积配箍率对型钢再生混凝土柱的延性及耗能能力有着显著的有利影响。周春恒对火灾（高温）后型钢再生混凝土柱的力学性能进行了试验研究及理论分析，研究再生骨料取代率、高温温度、恒温时间、型钢保护层厚度、偏心率、配钢和配箍形式等变化参数对火灾（高温）后型钢再生混凝土柱力学性能的影响规律，提出了根据烧失量对型钢再生混凝土柱所经历最高温度的残余抗压强度计算公式。

薛建阳等以再生粗骨料取代率为设计参数将 4 榀缩尺比为 1 : 2.5 的型钢再生混凝土框架中节点模型试件进行了抗震性能试验研究，研究结果表明，型钢再生混凝土框架中节点的典型破坏形态是节点核心区发生剪切斜压破坏，滞回曲线饱满，位移延性系数为 3.95~4.88；弹塑性极限位移角为 1/26~1/19，型钢再生混凝土框架中节点的耗能能力与抗剪承载力均随再生粗骨料取代率的增加而有一定程度的降低，延性也随之减小，但型钢再生混凝土框架中节点仍有较好的抗震性能。

王刚等将 1 榀缩尺比为 1 : 2.5 的三层两跨型钢再生混凝土框架作为研究对象，研究其在低周反复荷载下抗震性能，研究结果表明，"强柱弱梁"是型钢再生混凝土框架结构的破坏机制；且其耗能能力较好，滞回曲线形状饱满，试件破坏时最大位移角为 1/22，正反向平均位移延性系数为 4.3，体现出较好的变形和抗倒塌能力。

1.3 钢管再生混凝土组合结构研究现状

众所周知，钢管混凝土结构是指在钢管中填充混凝土而形成的组合构件，将钢管和混凝土有机地结合起来，可以充分发挥钢管和混凝土各自的优越性，因承载力高、抗震性能好等优点而被广泛应用于单层和多层工业厂房等承重结构中。鉴于此，将再生混凝土代替天然混凝土浇筑在钢管内所形成的称为钢管再生混凝土结构，其既能提高钢管的承载能力，又能利用钢管的约束能力有效弥补再生混凝土性能上的不足，并对废弃混凝土回收再利用，具有良好的应用前景。国内外有很多学者对钢管再生混凝土结构开展了相关研究。

Konno 对钢管约束再生混凝土构件的强度和变形能力进行了研究，并与钢管约束普通混凝土构件进行了比较，结果表明，钢管约束再生混凝土与钢管约束普通混凝土具有相似的力学性能，但刚度和承载力方面则表现出降低的趋势。Yang 研究了再生粗骨料取代率的改变对长期轴压下钢管再生混凝土柱的收缩徐变特性的影响，研究表明，与普通混凝土相较，再生混凝土的收缩徐变较大。

吴凤英通过将 8 个钢管再生混凝土轴压短柱与 2 个钢管混凝土轴压短柱对比进行试验研究，主要变化参数包括截面形式及核心混凝土类型，研究表明，钢管再生混凝土的强度承载力低于钢管混凝土，且降低幅度随着再生骨料取代率的增加而增大，分析比较了国内外规程在计算钢管再生混凝土轴压强度承载力时的适用性。邱昌龙对钢管再生混凝土短柱和天然钢管混凝土短柱轴心受压进行了对比分析，研究了其破坏形态、承载力、荷载-位移和应力-应变关系，结果表明，从裂缝发展和破坏形态看来钢管再生混凝土短柱和普通钢管混凝土短柱破坏形态是一致的，钢管再生混凝土试件的荷载-位移曲线、荷载-应变曲线均与普通钢管混凝土试件类似。

邱慈长设计了 18 个薄壁钢管再生混凝土短柱并对其进行轴压试验研究，研究了取代率、截面形式变化下的薄壁钢管再生混凝土短柱破坏形态，结果表明，薄壁钢管再生混凝土短柱有着与普通薄壁钢管混凝土短柱相似的破坏特征，再生混凝土取代率的改变影响试件极限承载力和变形能力；通过计算比较确定了各规程对于薄壁钢管再生混凝土短柱极限承载力计算的适用性。纵超采用非线性有限单元法对方钢管再生混凝土组合短柱进行分析，探讨了初始几何缺陷对方钢管混凝土组合短柱临界宽厚比及管壁局部屈曲性能的影响，通过数值分析提出方钢管再生混凝土组合柱的再生骨料建议取代率为 30% ~ 40%。

肖建庄考虑再生粗骨料取代率对 15 个圆钢管约束再生混凝土柱进行了轴压试验研究，结果表明，试件中部发生鼓曲破坏，核心再生混凝土发生斜剪破坏为钢管约束再生混凝土的主要破坏形态；钢管对核心再生混凝土起到良好的约束作用，提高了试件的抗压强度和变形性能；再生粗骨料取代率的改变变化对横向变形系数无明显影响；随着再生粗骨料取代率的增加，钢管再生混凝土轴压极限承载力逐渐降低。

陈宗平考虑再生骨料取代率、截面形式和套箍指标对钢管再生混凝土试件进行轴心受压加载试验，结果表明，圆钢管再生混凝土试件和方钢管再生混凝土试件的破坏形态分别表现为腰鼓状斜剪压破坏和斜压破坏；试件的峰值应力和峰值应变明显高于普通再生混凝土试件，其中以圆形钢管试件更为明显；再生粗骨料取代率的改变对钢管再生混凝土的破坏机理影响不明显；在试验实测数据和理论分析的基础上，提出应力-应变全过程曲线的数学表达式与极限承载力计算公式。

杨有福以钢管与核心再生混凝土本构关系模型为依据，利用有限元法分别对钢管再生混凝土轴压短柱、纯弯、压弯构件的破坏形态、荷载-变形关系曲线进行全过程分析，研究了受力状态下钢管与内部核心再生混凝土截面应力分布规律和钢管与内部核心再生混凝土之间的作用关系，提出了钢管再生混凝土构件的数值分析方法。

张向冈设计制作了圆钢管再生混凝土柱并对其进行了拟静力试验研究。通过观察发现试件受力全过程和破坏形态与普通钢管混凝土柱类似，主要表现在钢管底部发生鼓曲破坏，底部的核心再生混凝土被压碎；钢管再生混凝土柱滞回曲线形状从梭形发展到弓形，整个滞回曲线比较饱满，再生骨料取代率对试件滞回曲线影响不大，并建议了圆钢管再生混凝土柱在低周反复荷载作用下的压弯承载力设计计算。黄一杰对 6 个圆钢管再生混凝土柱进行了低周反复试验，主要研究了其破坏形态和滞回性能，并对承载力、刚度退化、延性、耗能能力等抗震性能指标进行了重点分析；在上述基础上，提出了基于 Miner 原理的改进损伤评估模型。结果表明，钢管再生混凝土柱表现出较为良好的抗震性能；再生骨料取代率、混凝土强度对柱试件的耗能能力、延性、滞回特性等影响较小，基于 Miner 原理的改进损伤评估模型可以较好地反映钢管再生混凝土柱的抗震损伤水平。

吴波进行了 17 根钢管再生混合短柱轴压试验研究，考察了龄期对钢管再生混合轴压短柱的刚度、强度和延性的影响，并根据钢管混凝土结构设计规程，提出了钢管再生混合短柱的承载力计算公式；研究结果表明，当废弃混凝土的替代率为 32%~35% 时，钢管再生混合短柱有着与普通钢管混凝土短柱相当的轴压力学性能。

正如前面所述，再生混凝土概念的提出为处理上述建筑废弃物提供了有效手段，符合《中华人民共和国国民经济和社会发展第十四个五年规划和 2035 年远景目标纲要》建议中明确提出的提高建筑节能标准、推广绿色建筑和建材的要求。然而，从上述国内外对再生混凝土的研究来看，单纯的再生混凝土结构存在"承载力低，刚度小以及抗震性能较差"等诸多问题，因此如何更好地利用再生混凝土并推广应用便成为当前亟须解决的关键问题。将再生混凝土应用于组合结构中以提高再生混凝土结构或构件的受力性能，形成了钢管再生混凝土结构和型钢再生混凝土结构，并对其受力性能进行了较为系统的研究，研究表明，相对于钢筋再生混凝土结构来说，型钢再生混凝土结构具有较高承载力、抗震性能较好等优点，但与普通型钢混凝土结构相比，由于再生混凝土的力学性能普遍逊色于普通混凝土，导致型钢再生混凝土结构承载力及抗震性能均有所降低，特别是型钢再生混凝土柱在短柱或高轴压比条件下的延性耗能相对较差，难以满足结构抗震要求；另外，由于型钢再生混凝土构件需设钢筋骨架，致使构件截面中型钢、纵筋及箍筋分布较密集，使得再生混凝土浇筑和振捣较为困难，极大地限制了工程推广；此外，钢管再生混凝土尽管具有承载力高，受力性能好的优点，但其具有易屈曲失稳的缺点，在一定程度上限制了其工程应用范围。

基于上述考虑，本书结合再生混凝土、钢管再生混凝土结构及型钢再生混凝土各自特点，提出了一种新型组合柱，即钢管型钢再生混凝土组合柱，它既充分利用了再生混凝土，符合绿色发展要求且经济环保，又充分利用了钢管再生混凝土结构和型钢再生混凝土的各自优点，解决了型钢再生混凝土结构施工复杂困难和钢管再生混凝土柱易发生屈曲失稳破坏的缺点，显著提高组合柱的力学性能，具有广阔的发展应用前景。

1.4 本书的主要内容

本书主要以绿色环保且性能优越的钢管型钢再生混凝土组合柱为研究对象，主要对圆/方钢管型钢再生混凝土组合柱的轴压性能、偏压性能及抗震性能等进行了试验研究及理论分析，获取了圆/方钢管型钢再生混凝土组合柱的力学性能指标，重点研究了设计参数对圆/方钢管型钢再生混凝土组合柱力学性能的影响规律，并提出了圆/方钢管型钢再生混凝土组合柱的设计计算方法，主要内容包括以下几个方面。

1.4.1 钢管型钢再生混凝土组合柱的轴心受压性能及计算方法

设计配制了满足强度要求的再生混凝土材料。在此基础上，进行了圆/方钢管型钢再生混凝土组合柱的轴压性能试验，分析了组合柱的轴压破坏过程及破坏特征；获取了圆/方钢管型钢再生混凝土组合柱的轴压荷载-位移曲线、圆/方钢管轴压荷载-应变曲线、型钢轴压荷载-应变曲线等性能指标，研究了再生粗骨料取代率、圆钢管径厚比（方钢管宽厚比）、型钢配钢率、长细比等试验设计参数对圆/方钢管型钢再生混凝土组合柱的轴压性能影响规律；揭示了圆/方钢管型钢再生混凝土组合柱的轴压破坏机理，构建了组合柱的轴压力学模型，提出了组合柱的轴压承载力计算方法。

1.4.2 钢管型钢再生混凝土组合柱的偏心受压性能及计算方法

主要考虑了再生粗骨料取代率、圆钢管径厚比（方钢管宽厚比）、型钢配钢率、偏心距、再生混凝土强度等级、长细比以及型钢截面形式等试验设计参数，进行了圆/方钢管型钢再生混凝土组合柱的强轴单调偏心静力加载试验，观察了圆/方钢管型钢再生混凝土组合柱在偏心荷载作用下的破坏过程及破坏形态，明确了组合柱的偏压破坏模式及特征；获取了圆/方钢管型钢再生混凝土组合柱的偏压荷载-位移曲线、挠度、应变及性能指标等，分析了试验设计参数对组合柱的偏压承载力、侧向挠度等偏压性能指标的影响规律，并对组合柱的侧向挠度发展规律及跨中截面应变发展规律进行了验证。在此基础上，基于极限平衡理论建立了圆/方钢管型钢再生混凝土组合柱的偏压承载力计算方法。

1.4.3 钢管型钢再生混凝土组合柱的低周反复荷载试验

通过低周反复荷载试验研究了圆/方钢管型钢再生混凝土组合柱的抗震性能，观察了反复荷载下组合柱的破坏过程与破坏形态，明确了组合柱的地震破坏模式及特征，获取了组合柱的水平荷载-位移滞回曲线及骨架曲线，获取了圆/方钢管型钢再生混凝土组合柱的水平承载力、延性、侧向位移角、刚度退化、承载力衰减和耗能等抗震指标，分析了再生粗骨料取代率、方钢管宽厚比、型钢配钢率及轴压比等试验设计参数对组合柱抗震性能指标的影响程度；研究圆/方钢管型钢再生混凝土组合柱的型钢和钢管的应变发展规律，探讨了组合柱各组成部分在受力过程中的应力特征及承载力贡献。

1.4.4　钢管型钢再生混凝土组合柱的水平承载力计算方法

在试验研究和数值分析的基础上，分析了圆/方钢管型钢再生混凝土组合柱在竖向荷载与水平反复荷载作用下的破坏过程与破坏形态，揭示了圆/方钢管型钢再生混凝土组合柱的地震破坏机理，基于平截面假定，并根据截面中和轴位置的不同，建立了圆/方钢管型钢再生混凝土组合柱的力学计算模型，并最终提出了组合柱的理论计算方法研究，通过试验结果验证了计算结果的有效性。

2　圆钢管型钢再生混凝土组合柱的轴压性能及计算方法

2.1　圆钢管型钢再生混凝土组合柱轴压性能试验

为研究圆钢管型钢再生混凝土组合柱的轴心受压性能，课题组进行了 11 个组合柱试件的轴心受压试验，研究目的具体如下：（1）分析不同再生粗骨料取代率、圆钢管径厚比、型钢配钢率和长细比对圆钢管型钢再生混凝土组合柱轴心受压性能的影响规律；（2）研究圆钢管型钢再生混凝土组合柱在轴压下的受力破坏过程和破坏形态特征；（3）揭示圆钢管型钢再生混凝土组合柱的轴压破坏机理，提出组合柱的轴压承载力计算方法。

2.1.1　试件设计

本次组合柱轴心受压试验主要考虑以下设计参数：再生粗骨料取代率 r，圆钢管径厚比 D/t，型钢配钢率 ρ，长细比 l_0/i，具体参数设计见表 2-1。组合柱试件的截面形式及几何尺寸如图 2-1 所示。

表 2-1　圆钢管型钢再生混凝土组合柱轴压的试验设计参数水平

设计参数	水平 1	水平 2	水平 3	水平 4	水平 5
再生骨料取代率 $r = m_r/M$	0	30%	50%	70%	100%
圆钢管径厚比 D/t	150.7（226/1.5）	113（226/2.0）	75.3（226/3.0）		
型钢配钢率 $\rho = A_a/A$	4.5%	5.5%	6.5%		
长细比 l_0/i	10.62	21.24	31.86		

根据上述设计参数水平，结合试验研究的目的，设计制作了 11 个圆钢管型钢再生混凝土组合柱试件，具体设计参数见表 2-2，试验所用型钢采用焊接工字型钢，钢管采用直焊缝焊接圆钢管，均采用 Q235 钢材。型钢及钢管的柱脚处焊接钢板以固定它们在组合柱中的位置，钢板尺寸为 326 mm×326 mm×30 mm。型钢配钢率为型钢截面面积与柱截面面积之比，型钢翼缘采用 8 mm 的钢板，腹板采用 6 mm 厚的钢板，配钢率分别为 4.5%、5.5% 及 6.5%；配钢率 4.5% 对应的型钢截面为翼缘 90 mm×8 mm×2 mm，腹板 60 mm×6 mm；配钢率 5.5% 对应的型

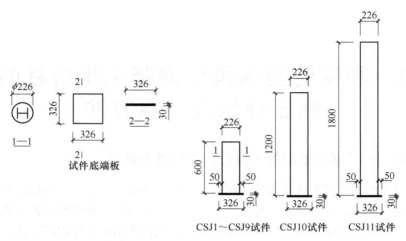

图 2-1   圆钢管型钢再生混凝土组合柱的试件几何尺寸

钢截面为翼缘 105 mm×8 mm×2 mm，腹板 85 mm×6 mm；配钢率 6.5%对应的型钢截面为翼缘 125 mm×8 mm×2 mm，腹板 100 mm×6 mm。组合柱试件的截面形式及几何尺寸如图 2-1 所示。

表 2-2   圆钢管型钢再生混凝土组合柱的试件设计参数

试件编号	再生混凝土等级	再生粗骨料取代率 r/%	长细比 l_0/i	截面直径 /mm	柱高 H /mm	壁厚 /mm	径厚比 D/t	型钢配钢率/%
CSJ1	C40	0	10.62	226	600	2.0	113.0	5.5
CSJ2	RC40	30	10.62	226	600	2.0	113.0	5.5
CSJ3	RC40	50	10.62	226	600	2.0	113.0	5.5
CSJ4	RC40	70	10.62	226	600	2.0	113.0	5.5
CSJ5	RC40	100	10.62	226	600	2.0	113.0	5.5
CSJ6	RC40	100	10.62	226	600	1.5	150.7	5.5
CSJ7	RC40	100	10.62	226	600	3.0	75.3	5.5
CSJ8	RC40	100	10.62	226	600	2.0	113.0	4.5
CSJ9	RC40	100	10.62	226	600	2.0	113.0	6.5
CSJ10	RC40	100	21.24	226	1200	2.0	113.0	5.5
CSJ11	RC40	100	31.86	226	1800	2.0	113.0	5.5

2.1.2   试件制作

2.1.2.1   型钢及钢管制作

按照上述试验方案设计制作型钢及钢管，型钢为焊接工字型钢，按试件设计尺寸对型钢进行切割焊接制作，型钢一端与 30 mm 厚的底端板通过焊接连接；钢管采用直焊缝焊接圆钢管，根据试件设计尺寸在工厂统一加工制作完成，试验前钢管的两端需在车床上刨平，以保证试件两端的平整度和垂直度。另外，型钢应先贴应变片，再和圆钢管一起按设计要求与底端板进行围焊连接，焊接时注意保证型钢、钢管与底端板的中心重合。部分加工完成后的型钢与钢管如图 2-2 所示，钢材拉伸试验试件如图 2-3 所示。

图 2-2 部分加工完成后的型钢与钢管

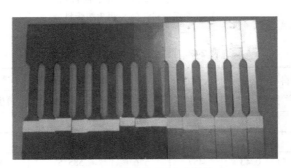

图 2-3 钢材拉伸试验试件

钢材的主要力学性能指标见表 2-3，钢材材性试验及样品取样均遵循我国现行标准《金属材料拉伸试验 第 1 部分：室温试验方法》（GB/T 228.1）和《钢及钢产品 力学性能试验取样位置及试样制备》（GB/T 2975）的相关规定。

表 2-3 钢材的主要力学性能指标

钢材类型	弹性模量 E_s/MPa	屈服强度 f_y/MPa	极限强度 f_u/MPa	屈服应变 $\mu\varepsilon$
钢管	2.00×10^5	262	315	1309.3
型钢腹板	1.99×10^5	307	437	1545.5
型钢翼缘	1.97×10^5	336	458	1702.6

2.1.2.2　再生混凝土的制备

组合柱试件采用的再生粗骨料均为单一来源，均来源于拆迁建筑物产生的废弃混凝土。再生粗骨料基本物理指标均满足《混凝土用再生粗骨料》（GB/T 25177）规定要求，天然粗骨料选为人工碎石，图 2-4 为试验所用的天然粗骨料和再生粗骨料，细骨料采用级配良好的中粗河砂。水泥采用 R42.5 普通硅酸盐水泥，水均采用普通自来水，浇筑再生混凝土时适当掺入一定量的高效减水剂。经过多次适配，得到了合理的再生混凝土配合比，见表 2-4 和表 2-5。

(a)　　　　　　　　　　　　(b)

图 2-4　天然粗骨料和再生粗骨料

（a）天然粗骨料；（b）再生粗骨料

表 2-4　再生混凝土的配合比设计

再生混凝土强度等级	再生粗骨料取代率/%	水灰比	再生混凝土用量/kg·m⁻³				
			水泥	砂	天然粗骨料	再生粗骨料	水
C40	0	0.43	457	576	1171	0	195
C40	30	0.43	457	576	819.7	351.3	195
C40	50	0.43	457	576	585.5	585.5	195
C40	70	0.43	457	576	351.3	819.7	195
C40	100	0.43	457	576	0	1171	195

表 2-5　再生混凝土的材料性能指标

再生混凝土强度等级	再生粗骨料取代率 r/%	立方体抗压强度 f_{rcu}/MPa	轴心抗压强度 f_{rc}/MPa	弹性模量 E_{rc}/MPa
C40	0	45.0	34.2	2.710×10^4
RC40	30	44.7	34.0	2.705×10^4
RC40	50	44.1	33.5	2.696×10^4
RC40	70	43.1	32.8	2.680×10^4
RC40	100	41.3	31.4	2.652×10^4

2.1.2.3 试件浇筑

采用盘式搅拌机对再生混凝土配料进行搅拌，按分层浇筑的方法进行再生混凝土浇筑，并采用插入式振捣棒进行捣实，试件制作过程如图 2-5 所示。在浇筑再生混凝土过程中，按《混凝土结构试验方法标准》（GB/T 50152）预留了 3 组共 15 个尺寸为 150 mm×150 mm×150 mm 的标准立方体试块，如图 2-5 所示。在轴压试验前，依据我国现行标准《混凝土物理力学性能试验方法标准》（GB/T 50081）对预留再生混凝土标准立方体试块进行抗压强度试验，再生混凝土轴心抗压强度 f_{rc} 和弹性模量 E_{rc} 等力学性能指标可通过参考文献中给出的公式由实测立方体抗压强度换算得到，公式如下：再生混凝土轴心抗压强度 $f_{\text{rc}} = 0.76 f_{\text{rcu}}$；再生混凝土弹性模 $E_{\text{rc}} = 105(2.8 + 40.1/f_{\text{rcu}})$。再生混凝土的强度随着再生粗骨料取代率的增加而逐渐降低，配置再生混凝土抗压强度均可达到 C40 混凝土强度设计标准，说明再生混凝土满足强度要求。

图 2-5 再生混凝土拌制及试件浇筑

2.1.3 试验测试方案及测点布置

本次圆钢管型钢再生混凝土组合柱轴压力学性能试验的测量内容主要有：

（1）施加的轴向压力，由电液伺服微机系统自动采集；

（2）试件顶面和底面的竖向相对位移，由电液伺服微机系统测量；

（3）试件侧向位移，布置侧向位移计测量；

（4）测量圆钢管及型钢中部及底部的纵向应变和横向应变；

（5）观察记录圆钢管的变形过程及特征，试验结束后切割薄壁钢管，观察再生混凝土破坏情况和型钢变形屈服情况。

此外，通过 TDS-303 数据采集仪自动采集每级试验荷载下的试件各个截面的应变数据；施加的轴向荷载由压力试验机微机控制系统直接读出，钢管的鼓曲变形和型钢变形特点则主要靠现场观测以及拍照记录。

2.1.4　试验加载装置及加载制度

2.1.4.1　试验加载装置

本次试验加载装置采用微机控制电液伺服 5000 kN 长柱压力试验机，加载装置如图 2-6 所示。

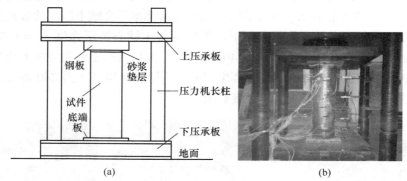

图 2-6　圆钢管型钢再生混凝土组合柱的轴心受压试验加载装置
（a）示意图；（b）现场图

2.1.4.2　试验加载制度

组合柱试件的轴心受压加载采用荷载-位移联合控制的加载方法，具体如下：

（1）试验前对试件进行预加载，在保证轴压组合柱试件仍处于线弹性阶段的前提下检查试验装置工作状况，并尽可能消除试件内部存在的间隙；

（2）卸去预加载，调零后对组合柱试件开始进行单调加载，采用分级加载制度，在荷载达到 $0.7P_{max}$（P_{max} 为估算峰值荷载）前采用荷载控制，按每级 $P_{max}/15$ 施加；

（3）$0.7P_{max}$ 之后，按位移控制，加载速率为 1.0 mm/min，直至组合柱试件的荷载-位移曲线进入水平段、下降后较稳定或不适于继续承载时终止加载，试验结束。

2.1.5　试件破坏形态及特征

根据试验过程，圆钢管型钢再生混凝土组合柱的破坏形态分析如下。

（1）圆钢管型钢再生混凝土轴压短柱的破坏形态。由 CSJ1 ~ CSJ9 短柱的受力全过程试验现象来看，从开始加载到破坏，CSJ1 ~ CSJ9 试件在轴心压力作用下的破坏过程及破坏形态较为相似，试件破坏后通常出现局部鼓曲，局部鼓曲分布规律性不强，但试件整体鼓曲并不明显，且基本无明显侧向挠曲变形，这也表明型钢的存在对于防止圆钢管的外鼓屈曲和侧向挠曲起到了作用。当轴压荷载下降至极限荷载的 85% 左右时，试件承载力下降均较为缓慢，表明该类型组合柱具有较好的延性变形能力。试验结束后，将试件圆钢管剖开，以观察内部再生混凝土的破坏形态，主要得到以下规律：CSJ1~CSJ4 和 CSJ8、CSJ9 试件内部再生混凝土发生明显剪切破坏，如图 2-7~图 2-15 所示，柱端头处有部分再生混凝土压碎；

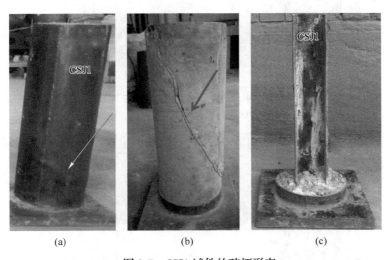

图 2-7　CSJ1 试件的破坏形态
（a）整体破坏；（b）再生混凝土；（c）型钢

图 2-8　CSJ2 试件的破坏形态
（a）整体破坏；（b）再生混凝土；（c）型钢

图 2-9   CSJ3 试件的破坏形态

（a）整体破坏；（b）再生混凝土；（c）型钢

图 2-10   CSJ4 试件的破坏形态

（a）整体破坏；（b）再生混凝土；（c）型钢

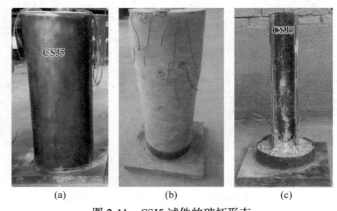

图 2-11   CSJ5 试件的破坏形态

（a）整体破坏；（b）再生混凝土；（c）型钢

图 2-12 CSJ6 试件的破坏形态

（a）整体破坏；（b）再生混凝土；（c）型钢

图 2-13 CSJ7 试件的破坏形态

（a）整体破坏；（b）再生混凝土；（c）型钢

图 2-14 CSJ8 试件的破坏形态

（a）整体破坏；（b）再生混凝土；（c）型钢

图 2-15　CSJ9 试件的破坏形态

（a）整体破坏；（b）再生混凝土；（c）型钢

此外，随着再生混凝土取代率的提高，试件的剪切破坏程度在降低，由整体剪切破坏发展成部分剪切破坏，且剪切斜裂缝均沿型钢弱轴方向产生；CSJ5～CSJ7 试件则发生明显压溃破坏，柱体上分布有密集的竖向裂缝。将再生混凝土破开，短柱内部型钢主要发生明显压曲破坏。

（2）圆钢管型钢再生混凝土轴压中长柱的破坏形态。由 CSJ10、CSJ11 试件的受力全过程试验现象来看，从开始加载到破坏，CSJ10、CSJ11 试件在轴心压力作用下的破坏过程及破坏形态较为相似，如图 2-16 和图 2-17 所示，试件破坏

图 2-16　CSJ10 试件的破坏形态　　　　图 2-17　CSJ11 试件的破坏形态

（a）整体破坏；（b）再生混凝土；　　（a）试件整体破坏；（b）内部再生混凝土；

（c）型钢　　　　　　　　　　　　（c）型钢

后主要在试件上部出现局部凸曲，可看到明显剪切滑移线，试件侧向变形明显，破坏处圆钢管壁发生明显局部屈曲，柱体上端处存在多处褶皱。试验结束后，将试件圆钢管剖开，观察内部再生混凝土破坏形态，主要得到以下规律：发现对于CSJ10 试件，试件中上部有密集的竖向裂缝，发生明显压溃破坏，柱上端再生混凝土明显压碎；对于 CSJ11 试件，试件的破坏模式为剪切破坏，出现较大剪切破坏裂缝，圆钢管局部屈曲位置处再生混凝土被压碎。将内部再生混凝土破开，可发现内部型钢发生明显压弯屈曲破坏，型钢上部屈曲部位处发生明显变形，型钢上部侧向挠曲明显。

2.2 圆钢管型钢再生混凝土组合柱的轴心受压试验结果分析

2.2.1 试件轴向荷载-位移曲线

根据试验采集的荷载和位移数据，图 2-18 给出了本次轴压试验中组合柱试件的荷载-位移曲线。由图 2-18 可知，各设计参数对组合柱轴向荷载-位移曲线的影响规律如下。

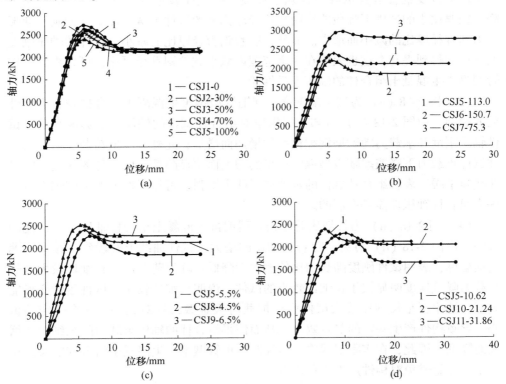

图 2-18 圆钢管型钢再生混凝土组合柱的轴向荷载-位移曲线

(a) 再生粗骨料取代率；(b) 圆钢管径厚比；

(c) 型钢配钢率；(d) 长细比

（1）图 2-18（a）为再生粗骨料取代率对圆钢管型钢再生混凝土组合柱荷载-位移曲线的影响。由图 2-18（a）可知，加载初期，组合柱试件处于弹性阶段，轴压荷载与位移近似呈线性变化，取代率对轴压荷载-位移曲线影响不大，各曲线上升段基本重合，轴压刚度基本相当，这是因为未充分受力时，再生混凝土受力状态与普通混凝土相差不大所致；随着轴压荷载的增大，试件刚度逐渐出现差异，导致试件的轴压性能不同，随着取代率的增大，试件峰值荷载逐渐降低；峰值荷载过后，试件承载力开始下降，但曲线下降段仍然较平缓，即试件随着取代率的增大，仍具有较好的变形能力，这可能是由于再生粗骨料具有微裂缝和附着的水泥基体，而圆钢管和型钢对再生混凝土具有双重约束效应，可使微裂缝处压紧密实，使得组合柱具有较好的整体变形能力。综上所述，随着取代率的增大，组合柱试件的承载力逐渐降低，但仍具有较好的延性变形能力。

（2）图 2-18（b）为钢管径厚比对圆钢管型钢再生混凝土组合柱荷载-位移曲线的影响。由图 2-18（b）可见，组合柱试件的轴压刚度和承载力均随着钢管壁厚的增加而增大，这是由于钢管壁厚的增加，使得钢管对内部再生混凝土的约束作用增强以及钢管自身承载力也随之提高；峰值荷载过后，试件承载力开始下降，径厚比小的试件下降段曲线明显比径厚比大的试件平缓，即试件的延性变形能力随着径厚比的减小而增强。显然，随着钢管径厚比的减小，试件的轴压刚度及延性均得到提高，这也表明在一定范围内减小试件钢管径厚比，可以提高圆钢管型钢再生混凝土组合柱的轴压力学性能。

（3）图 2-18（c）为型钢配钢率对圆钢管型钢再生混凝土组合柱轴压力学性能的影响。由图 2-18（c）可知，配钢率对组合柱试件的轴压性能影响显著，试件轴压刚度和承载力随着型钢配钢率的增加而增加；此外，峰值荷载过后，组合柱试件承载力下降速率随着型钢配钢率的增大而明显降低，即试件的曲线下降段曲线越平缓，表明组合柱试件的延性变形能力增强。可见，增大型钢配钢率对于提高组合柱轴压性能是有利的。

（4）图 2-18（d）为长细比对圆钢管型钢再生混凝土组合柱轴压力学性能的影响。由图 2-18（d）可见，随着长细比的增大，试件曲线上升段斜率减小且偏向横坐标，表明试件刚度随长细比的增大而降低；峰值荷载后，长细比较大试件承载力降低速度明显快于长细比较小的试件，说明长细比较小的试件延性变形能力好。这主要是长细比较大试件由于加载时很难做到绝对轴心，存在一定的偏心，导致构件产生一定的二阶效应，从而使得组合柱的轴压承载力随长细比的增大而降低。因此，在实际工程中，需控制圆钢管型钢再生混凝土组合柱的长细比大小，尽量避免对构件产生不利影响。

2.2.2 圆钢管荷载-应变关系曲线

　　将轴压试验测得的钢管环向应变（ε_{hi}）进行算数平均求得组合柱试件的环向平均应变，将试验测得的圆钢管纵向应变（ε_{vi}）进行算数平均求得试件的纵向平均应变，从而得到试件的轴向荷载与钢管环向平均应变和纵向平均应变的关系曲线，如图 2-19 所示，其中环向拉应变为正，纵向压应变为负。

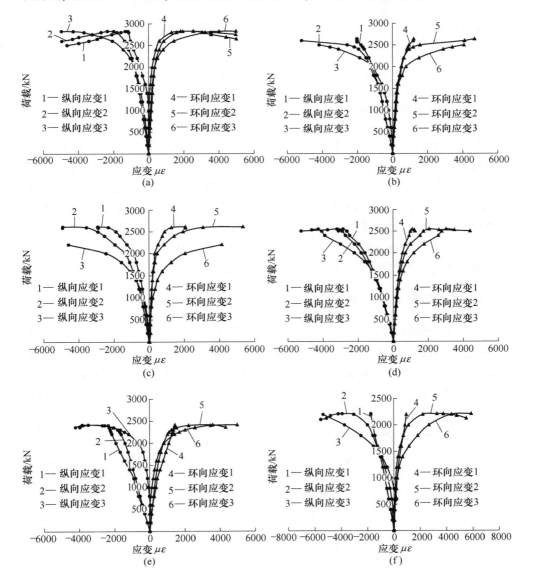

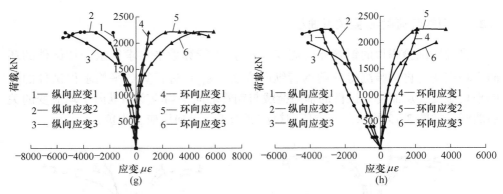

图 2-19　部分试件圆钢管的轴压荷载-应变关系曲线

（a）试件 CSJ1；（b）试件 CSJ2；（c）试件 CSJ3；（d）试件 CSJ4；

（e）试件 CSJ5；（f）试件 CSJ6；（g）试件 CSJ7；（h）试件 CSJ8

在加载初期，圆钢管处于弹性受力阶段，在相同荷载增量下钢管应变随轴向荷载的增加呈线性增长，但钢管的纵向应变发展快于环向应变，此时在轴向荷载作用下钢管外鼓不明显；随着轴向荷载增加，圆钢管对再生混凝土的约束作用增强，此时钢管环向应变发展速率加快，圆钢管外鼓变形增大；当荷载达到峰值荷载的 85% 左右时，圆钢管逐渐达到屈服；峰值荷载过后，圆钢管外鼓变形进一步发展，圆钢管应变迅速增大，此时组合柱试件的承载力开始下降，但由于圆钢管变形能力较好，使得构件在加载后期仍具有较好的变形能力。

2.2.3　型钢荷载-应变关系曲线

将轴压试验测得的型钢应变（ε_{hi}）进行算数平均得到型钢的平均应变，从而得到试件的轴向荷载与型钢平均应变的关系曲线，如图 2-20 所示，其中拉应变为正，压应变为负。由图 2-20 可知，型钢在加载初期处于弹性阶段，其应变与荷载近似呈正比例关系；随着轴向荷载的增大，型钢应变迅速增大，且型钢腹

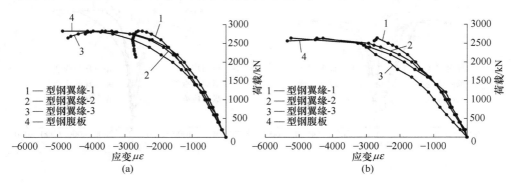

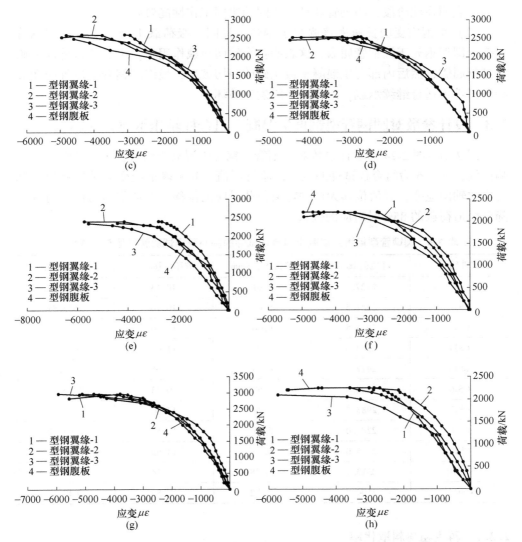

图 2-20 部分试件型钢的轴压荷载-应变关系曲线

（a）试件 CSJ1；（b）试件 CSJ2；（c）试件 CSJ3；（d）试件 CSJ4；

（e）试件 CSJ5；（f）试件 CSJ6；（g）试件 CSJ7；（h）试件 CSJ8

板应变略大于型钢翼缘应变；当荷载达到峰值荷载的 75% 左右时，型钢腹板率先屈服，随后型钢翼缘也达到屈服状态，即型钢腹板早于型钢翼缘达到屈服；达到峰值荷载后，型钢应变继续增大直至构件不宜继续承受外荷载。

从上述圆钢管和型钢的荷载-应变曲线规律如下。

（1）在荷载达到极限荷载的 75% 以前，圆钢管、型钢的应变发展趋势基本相同，表明在此阶段，圆钢管和型钢之间的协同工作性能较好。

（2）型钢应变增长速率普遍快于钢管，且同一级荷载下型钢应变大于钢管应变，即型钢先于圆钢管屈服，这表明：在轴向荷载作用下，组合柱试件破坏始于型钢屈服，然后内部再生混凝土被压碎或剪切破坏，最终圆钢管受压外鼓变形导致试件不适合继续承载，组合柱最终发生破坏。

2.3 设计参数对圆钢管型钢再生混凝土组合柱轴压承载力的影响

图 2-21~图 2-24 为设计参数对圆钢管型钢再生混凝土组合柱轴压承载力的影响曲线，表 2-6 为组合柱试件的主要试验特征值，其中峰值应变为试件峰值荷载对应的轴向应变，峰值位移为试件峰值荷载对应的位移，破坏位移为试件荷载下降至峰值荷载的 85% 时对应的位移。

表 2-6 圆钢管型钢再生混凝土组合柱试件的轴心受压试验特征值与计算值

试件编号	峰值荷载/kN	峰值位移/mm	破坏位移/mm	计算值 N_c
CSJ1	2727.2	5.91	10.13	2691.57
CSJ2	2641.5	6.00	10.76	2613.51
CSJ3	2613.5	6.60	11.36	2553.79
CSJ4	2563.5	5.75	11.49	2484.48
CSJ5	2412.7	6.03	11.66	2382.76
CSJ6	2230.3	5.68	10.83	2295.09
CSJ7	2983.5	7.43	14.66	2927.84
CSJ8	2281.0	6.77	11.52	2307.42
CSJ9	2525.0	5.33	14.59	2461.95
CSJ10	2313.4	10.28	16.74	2280.83
CSJ11	2104.8	11.72	17.56	2042.37

2.3.1 再生粗骨料取代率

图 2-21 为再生粗骨料取代率对圆钢管型钢再生混凝土组合柱轴压承载力的影响曲线，由图 2-21 可知，组合柱试件的轴压承载力随着再生骨料取代率的增长而降低，试件 CSJ5（再生骨料取代率 0）的轴压承载力较试件 CSJ1（再生骨料取代率 0%）的承载力降低幅度约为 11.5%，这与再生混凝土材料强度随再生粗骨料取代率增加而降低的规律性是一致的，这表明由于再生粗骨料是通过废弃混凝土经过破碎后得到的，再生粗骨料内部存在微裂缝以及旧的水泥砂浆，使其力学性能劣于天然粗骨料，直接影响组合柱的轴压性能，导致试件受压承载力随着再生粗骨料取代率的增加而减小。此外，由表 2-6 可知，再生粗骨料取代率的

变化对组合柱试件的峰值应变及破坏位移影响较小，试件变形整体较好，体现出该类组合构件良好的变形能力。

2.3.2 圆钢管径厚比

图 2-22 为钢管径厚比对圆钢管型钢再生混凝土组合柱轴压承载力的影响曲线，由图 2-22 可知，组合柱试件轴压承载力随着圆钢管径厚比的增大而降低，试件 CSJ5（壁厚 2 mm）比试件 CSJ6（壁厚 1.5 mm）的峰值荷载提高了 6.72%，比试件 CSJ7（壁厚 3 mm）的峰值荷载降低了 23.7%，可知圆钢管径厚比对试件的轴压承载力影响显著，主要原因是：一方面，因为随着圆钢管径厚比的增大，钢管由于纵向应力较大易出现局部屈曲，在一定程度上降低了圆钢管对核心再生混凝土的约束能力；另一方面，随着圆钢管径厚比的增大，组合柱自身承担承载力也随之降低。此外，适当降低圆钢管径厚比对提高圆钢管型钢再生混凝土组合柱试件的变形能力是有利的。

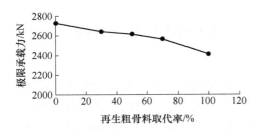

图 2-21 再生粗骨料取代率
对试件轴压承载力影响

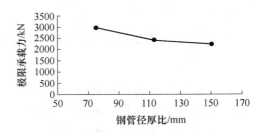

图 2-22 圆钢管径厚比
对试件轴压承载力影响

2.3.3 型钢配钢率

图 2-23 为型钢配钢率对圆钢管型钢再生混凝土组合柱轴压承载力的影响曲线，由图 2-23 可知，随着型钢配钢率的增加，组合柱试件轴压承载力增大，试件 CSJ9（型钢配钢率 6.5%）比试件 CSJ5（型钢配钢率 5.5%）提高了 4.65%，比试件 CSJ8（型钢配钢率 4.5%）的极限承载力提高了 10.69%，对于圆钢管型

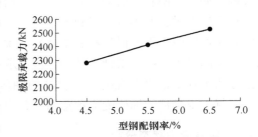

图 2-23 型钢配钢率对试件轴压承载力的影响

钢再生混凝土组合柱来说，再生混凝土和型钢承担大部分纵向荷载，因此提高型钢配钢率增加了其受压截面面积，有效地提高了组合柱的轴压承载力。另外，增

大型钢配钢率可提高圆钢管型钢再生混凝土的延性变形能力。

2.3.4   长细比

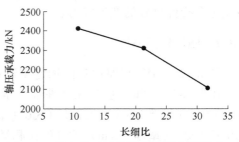

图 2-24 为长细比对圆钢管型钢再生混凝土组合柱轴压承载力的影响曲线，由图 2-24 可知，随着长细比的增大，组合柱试件的轴压承载力有着明显降低；主要原因是各种偶然因素所造成的初始偏心距对组合柱试件

图 2-24   长细比对试件轴压承载力的影响

的影响不可忽略，初始偏心距对组合柱试件产生附加弯矩和相应的侧向挠度，而侧向挠度又在一定程度上增大了荷载的偏心距；随着荷载的增大，附加弯矩和侧向挠度将不断增大；最终组合柱试件在轴力和弯矩的组合作用下发生强度破坏。长细比越大，产生的附加弯矩和侧向挠度越大，组合柱试件承载能力降低越明显，因此增大长细比对组合柱轴压性能是不利的。

2.4   基于平衡理论的圆钢管型钢再生混凝土组合柱轴压承载力计算分析

平衡理论是将结构或构件视为由一系列元件组成的体系，元件的变形方式和相应的屈服条件已知，通过相应的理论为之简化，采用结构或构件处于极限状态时的平衡条件求出其极限承载力的一种理论方法。结构极限平衡理论的计算，可以用两种不同的方法进行，一种是全过程分析法，它需要跟随结构或构件的荷载历程，从弹性状态开始，经过弹塑性阶段，最后到达极限状态；这种分析方法比较复杂，尤其是弹塑性阶段更难确定，至今只有比较简单的课题得到了解决。另一种是极限分析法或称为极限平衡法，它不管加载历程和变形过程，直接根据结构或构件处于极限状态时的平衡条件计算出极限状态的荷载数值。

从理论上讲，两种方法得到的结果是一样的，但是由于第二种方法绕过了困难的弹塑性阶段，不需讨论材料的本构关系，因此在应用上比第一种方法简单。因此，采用极限平衡法来计算结构或构件承载力较为常见，本书拟采用极限平衡法推导圆钢管型钢再生混凝土组合柱的轴压极限承载力。图 2-25 为圆钢管型钢再生混凝土组合柱的轴压受力示意图，其中 N 为轴向荷载。

2.4.1   极限应力状态分析

2.4.1.1   圆钢管应力分析

圆钢管的应力为纵向受压、环向受拉和径向受压三种应力状态，对于径厚比 $D/t \geqslant 20$ 的薄壁圆钢管，径向压力远小于另两个方向的应力，故可忽略圆钢管的

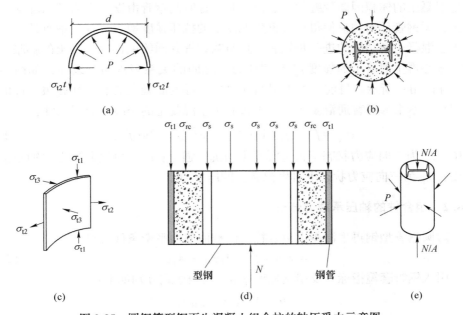

图 2-25 圆钢管型钢再生混凝土组合柱的轴压受力示意图
（a）圆钢管；（b）再生混凝土；（c）圆钢管壁应力；（d）组合截面；（e）组合柱

径向压力。因此，圆钢管的应力状态可简化为双向异号受力状态，且沿管壁厚均匀分布，如图 2-25（a）和（c）所示。

由静力平衡得：

$$2\sigma_{t2}t = pd \tag{2-1}$$

假定圆钢管服从 Von Mises 屈服条件，可得：

$$\sigma_{t1}^2 + \sigma_{t1}\sigma_{t2} + \sigma_{t2}^2 = f_{ty}^2 \tag{2-2}$$

式中，σ_{t1} 为圆钢管的纵向应力；σ_{t2} 为圆钢管的环向应力；p 为圆钢管和再生混凝土之间的侧压力；f_{ty} 为圆钢管的屈服强度；d 和 t 分别为圆钢管的内直径和管壁厚度。

2.4.1.2 型钢应力分析

从组合柱的破坏形态和受力过程分析来看，型钢不存在环向变形，其纵向应力为主要应力，应力状态可简化为单向应力状态，如图 2-25（d）所示。

由型钢的屈服条件，可得：

$$\sigma_s = f_{sy} \tag{2-3}$$

式中，σ_s 为型钢的纵向应力；f_{sy} 为型钢的屈服强度。

2.4.1.3 核心再生混凝土应力分析

内部再生混凝土处于三向受压状态，当圆钢管达到屈服而进入塑流时，核心再生混凝土的体积因微裂缝的开展而膨胀，这时圆钢管由纵向应力转为环向应力为主，圆钢管环向约束使得核心再生混凝土的抗压强度增大，且型钢有效地延缓了再生混凝土微裂缝的进一步发展，且与圆钢管共同约束再生混凝土的膨胀。此时，核心再生混凝土的强度 f_{rc}^* 与侧压力 p 之间的关系表现为非线性，如图 2-25 (b) 和 (d) 所示。目前，关于圆钢管内核心再生混凝土的非线性屈服条件的研究很少，本书参照普通混凝土，给出核心再生混凝土的非线性屈服条件：

$$\sigma_{rc} = f_{rc}^* = f_{rc}(1 + 1.5\sqrt{p/f_{rc}} + 2p/f_{rc}) \tag{2-4}$$

式中，f_{rc}^* 为三向应力状态下再生混凝土的抗压强度；f_{rc} 为再生混凝土的轴心抗压强度；σ_{rc} 为三向应力状态下再生混凝土的压应力。

2.4.2 组合柱的轴压承载力分析

对圆钢管型钢再生混凝土组合柱，由截面静力平衡条件可得：

$$N = A_c\sigma_{rc} + A_t\sigma_{t1} + A_s\sigma_s \tag{2-5}$$

引入钢管套箍指标 θ 及型钢配钢率 ρ，其表达式分别如下：

$$\theta = A_t f_{ty}/(A_c f_{rc}) \tag{2-6}$$

$$\rho = A_s f_{sy}/(A_c f_{rc}) \tag{2-7}$$

式中，A_t、A_s、A_c 分别为钢管、型钢、再生混凝土的截面面积。

$$\frac{A_t}{A_c} = \frac{4dt + t^2}{d^2 - \dfrac{4A_s}{\pi}} = \frac{\dfrac{t}{d} - \dfrac{t^2}{d^2}}{1 - \dfrac{4A_s}{\pi d^2}} \approx \frac{4t}{d} \tag{2-8}$$

由式可得：

$$\sigma_{t1} = f_{ty}\left[\sqrt{1 - 3\left(\frac{p}{\theta f_{rc}}\right)^2} - \frac{p}{\theta f_{rc}}\right] \tag{2-9}$$

将所求应力 σ_{rc}、σ_{t1}、σ_s 代入式 (2-5) 中，可得：

$$N = A_c f_{rc}\left(1 + 1.5\sqrt{\frac{p}{f_{rc}}} + 2\frac{p}{f_{rc}}\right) + A_t f_{ty}\left[\sqrt{1 - 3\left(\frac{p}{\theta f_{rc}}\right)^2} - \frac{p}{\theta f_{rc}}\right] + A_s f_{sy} \tag{2-10}$$

令

$$\alpha = \frac{3}{2\theta}\sqrt{\frac{p}{f_{rc}}} + \frac{p}{\theta f_{rc}} + \sqrt{1 - 3\left(\frac{p}{\theta f_{rc}}\right)^2} \tag{2-11}$$

则有

$$N = A_c f_{rc}(1 + \alpha\theta + \rho) \tag{2-12}$$

根据试验研究可知，再生粗骨料取代率和长细比对圆钢管型钢再生混凝土组合柱的轴压承载力具有不利的影响，因此本书引入折减系数 η 和 φ，则有：

$$N = \eta\varphi A_c f_{rc}(1 + \alpha\theta + \rho) \tag{2-13}$$

式中，η 为考虑再生粗骨料取代率对组合柱轴压承载力影响的折减系数；φ 为考虑长细比对组合柱轴压承载力影响的折减系数。

为对 α 进行简化，对式（2-10）求导，由极值条件 $\mathrm{d}N/\mathrm{d}p = 0$ 可得：

$$\frac{3p/f_{rc}}{\theta\sqrt{1 - \frac{3}{\theta^2}(p/f_{rc})^2}} - \frac{3}{4\sqrt{p/f_{rc}}} - 1 = 0 \qquad (2\text{-}14)$$

通过式（2-14）可确定 θ 与 p/f_{rc} 的对应关系，如图 2-26（a）所示，将其代入式（2-11），可得 α 与 θ 的关系，如图 2-26（b）所示，由试验数据回归拟合可得：

$$\alpha = 1.04 \times (1/\sqrt{\theta} + 1) \qquad (2\text{-}15)$$

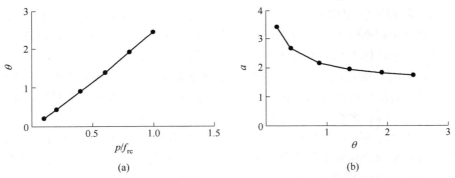

(a)   (b)

图 2-26 p/f_{rc}-θ 和 α-θ 关系曲线

（a）p/f_{rc}-θ 关系；（b）α-θ 关系

可得钢管型钢再生混凝土组合柱轴心受压的极限承载力公式为：

$$N_{max} = \eta\varphi A_c f_{rc}(1 + 1.04\theta + 1.04\sqrt{\theta} + \rho) \qquad (2\text{-}16)$$

根据本次试验圆钢管再生混凝土组合柱试件的数据进行回归拟合分析，可得折减系数 η、φ 的表达式如下：

$$\eta = 0.77 + 0.015r^2 - 0.069r \qquad (2\text{-}17)$$

$$\varphi = 0.97 + 0.004\lambda - 0.00025\lambda^2 \qquad (2\text{-}18)$$

根据上述公式，可计算出圆钢管型钢再生混凝土组合柱的轴压承载力，见表 2-6，组合柱的轴压承载力计算值 N_c 与试验值 N_t 的比值平均值为 0.988，标准方差为 0.017，计算结果表明上述公式具有较好的计算精度和有效性。

本 章 小 结

本章配制了满足强度要求的再生混凝土材料，在此基础上设计制作了 11 根圆钢管型钢再生混凝土组合柱试件，并对试件进行了轴心受压试验研究，分析了该组合柱的破坏过程和破坏形态特征，重点研究了再生粗骨料取代率、型钢配钢率、钢管径厚比以及长细比等参数对组合柱轴压受力性能的影响规律，主要得到以下结论。

（1）随着再生粗骨料取代率的增大，组合柱试件的轴压承载力逐渐降低，降低幅度最大为11.5%，但是再生粗骨料取代率对组合柱试件横向变形影响不大，曲线变化趋势相似，组合柱试件整个过程中显现出较好的延性变形能力。

（2）随着圆钢管径厚比的减小，组合柱试件的轴压刚度及延性均有较大幅度的提高，同时组合柱试件的轴压承载能力也随着钢管径厚比的减小而增大，这也表明在一定范围内减小试件的圆钢管径厚比，可以提高圆钢管型钢再生混凝土组合柱的轴压力学性能。

（3）随着型钢配钢率的增加，组合柱试件的轴压刚度和承载力随之增加；此外，型钢配钢率较小时，圆钢管所承担纵向荷载较大，使得横向变形较大，增大型钢配钢率总体上来说有利于提高组合柱试件的轴压性能。

（4）随着长细比的增大，圆钢管型钢再生混凝土柱的刚度降低，延性系数减小；承载力降低幅度变大，因此，在实际工程中，需控制圆钢管型钢再生混凝土组合柱的长细比大小，尽量避免对构件产生不利影响。

（5）揭示了圆钢管型钢再生混凝土组合柱在轴心受压作用下的受力机理，通过极限平衡理论建立了圆钢管型钢再生混凝土组合柱的轴压承载力计算公式，并与试验结果进行了对比，验证了计算公式的合理性。

3 方钢管型钢再生混凝土组合柱的 轴压性能及计算方法

3.1 方钢管型钢再生混凝土组合柱的轴心受压试验

为研究方钢管型钢再生混凝土组合柱的轴压性能，设计制作了 16 个组合柱试件并进行轴心受压试验，研究目的具体如下：研究不同再生粗骨料取代率、钢管宽厚比、内置型钢配钢率、再生混凝土强度、内置型钢截面形式和长细比对方钢管型钢再生混凝土组合柱轴心受压性能的影响规律；分析方钢管型钢再生混凝土组合柱在轴压荷载作用下的宏观变形特征、破坏机理和破坏模式等，并最终建立方钢管型钢再生混凝土组合柱的轴压承载力计算方法。

3.1.1 试件设计

主要考虑了再生骨料取代率、钢管宽厚比、型钢配钢率、再生混凝土强度、型钢截面形式和长细比等设计参数对方钢管型钢再生混凝土组合柱轴压性能的影响规律见表 3-1。试验所用型钢为焊接工字和十字型钢，方钢管采用直焊缝焊接方钢管，均选用 Q235 钢材。方钢管型钢再生混凝土组合柱试件的示意图如图 3-1 所示，试件的截面形式及几何尺寸如图 3-2 所示。

表 3-1 方钢管型钢再生混凝土组合柱的试件设计参数

试件编号	再生混凝土等级	再生粗骨料取代率 r/%	长细比 λ	钢管截面边长 B/mm	柱高 L/mm	壁厚 t/mm	宽厚比 B/t	型钢配钢率 ρ/%	型钢截面形式
SPSC1	C40	0	8.67	200	500	2.0	100.0	5.55	工字型
SPSC2	C40	30	8.67	200	500	2.0	100.0	5.55	工字型
SPSC3	C40	50	8.67	200	500	2.0	100.0	5.55	工字型
SPSC4	C40	70	8.67	200	500	2.0	100.0	5.55	工字型
SPSC5	C40	100	8.67	200	500	2.0	100.0	5.55	工字型
SPSC6	C40	100	8.67	200	500	1.5	133.3	5.55	工字型
SPSC7	C40	100	8.67	200	500	3.0	66.7	5.55	工字型
SPSC8	C40	100	8.67	200	500	2.0	100.0	4.45	工字型
SPSC9	C40	100	8.67	200	500	2.0	100.0	6.46	工字型
SPSC10	C50	100	8.67	200	500	2.0	100.0	5.55	工字型

试件编号	再生混凝土等级	再生粗骨料取代率 r/%	长细比 λ	钢管截面边长 B/mm	柱高 L/mm	壁厚 t/mm	宽厚比 B/t	型钢配钢率 ρ/%	型钢截面形式
SPSC11	C60	100	8.67	200	500	2.0	100.0	5.55	工字型
SPSC12	C40	100	20.78	200	1200	2.0	100.0	5.55	工字型
SPSC13	C40	100	31.18	200	1800	2.0	100.0	5.55	工字型
SCSC1	C40	100	8.67	200	500	2.0	100.0	6.46	十字型
SCSC2	C40	100	20.78	200	1200	2.0	100.0	6.46	十字型
SCSC3	C40	100	31.18	200	1800	2.0	100.0	6.46	十字型

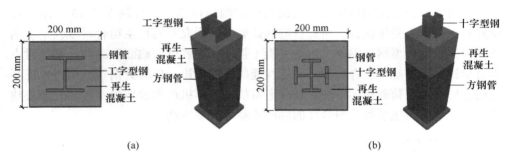

图 3-1 方钢管型钢再生混凝土组合柱的试件示意图

（a）工字型截面试件；（b）十字型截面试件

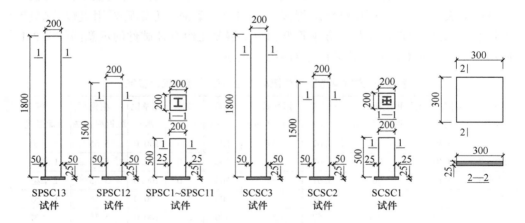

图 3-2 方钢管型钢再生混凝土组合柱的试件几何尺寸

3.1.2 试件制作

按上述试件设计方案对型钢和方钢管进行加工制作，本书中均参考 GB 50661—2021《钢结构通用规范》的相关规定进行相应的焊接制备。

本试验采用的方钢管均为钢板卷制焊接而成，材性试验及样品取样均遵循我国现行标准《金属材料拉伸试验 第1部分：室温试验方法》（GB/T 228.1）和《钢及钢产品 力学性能试验取样位置及试样制备》（GB/T 2975）等相关规定。对不同再生混凝土强度的配合比进行大量的试配，得到较为稳定的再生混凝土配合比，具体配合比见表3-2。

表 3-2 再生混凝土配合比及立方体抗压强度

再生混凝土强度	再生粗骨料取代率 r/%	水胶比	单位体积用量/(kg · m⁻³)						
			水泥	砂	天然粗骨料	再生粗骨料	水	粉煤灰	减水剂
C40	0	0.44	443	576	1171	0	195	0	0
	30	0.44	443	576	819.5	351.3	195	0	0
	50	0.44	443	576	585.5	585.5	195	0	0
	70	0.44	443	576	351.3	819.7	195	0	0
	100	0.44	443	576	0	1171.0	195	0	0
C50	100	0.36	358	649	0	1138.0	163	94	3.5
C60	100	0.34	380	592	0	1135.0	163	100	4.0

3.1.3 试件浇筑

再生混凝土的搅拌采用强制式搅拌机，为了保证浇筑再生混凝土的密实性，按照分层浇筑的方法进行再生混凝土的浇筑，浇筑过程中用插入式振捣棒进行捣实，试件浇筑过程如图3-3所示。试验实测结果见表3-3，从表3-3中可知，再生混凝土的强度随着再生粗骨料取代率的增加而逐渐降低，所配置再生混凝土抗压强度均可达到C40、C50、C60混凝土强度设计标准，说明所设计的再生混凝土满足强度要求。

表 3-3 再生混凝土的材料性能指标

再生混凝土强度	再生粗骨料取代率 r/%	立方体抗压强度 f_{rcu}/MPa	轴心抗压强度 f_{rc}/MPa	弹性模量 E_{rc}/MPa
C40	0	43.6	33.1	2.750×10^4
C40	30	43.1	32.8	2.731×10^4
C40	50	42.5	32.3	2.726×10^4
C40	70	41.5	31.0	2.706×10^4
C40	100	40.8	31.0	2.691×10^4
C50	100	51.3	39.0	2.884×10^4
C60	100	59.8	45.5	3.005×10^4

图 3-3   再生混凝土拌制及试件浇筑

3.1.4   试验装置和加载制度

3.1.4.1   试验装置

本试验的加载装置如图 3-4 所示，加载设备与圆钢管型钢再生混凝土组合柱的轴压试验设备相同。试件的应变通过 TDS-630 数据采集仪自动采集每级试验荷载下各个应变点位的应变数据。方钢管的鼓曲变形和型钢变形特点则主要靠现场观测以及应变片实测记录。

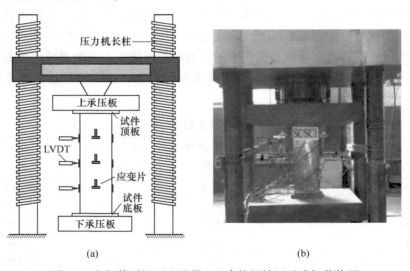

(a)   (b)

图 3-4   方钢管型钢再生混凝土组合柱的轴压试验加载装置

（a）加载装置示意图；（b）加载装置现场照片

3.1.4.2 试验加载制度

本试验采用荷载-位移联合控制的加载方法进行，具体如下：加载前先对试件进行预加载，尽可能消除试件端板接触的间隙；卸去预加载，置零后对组合柱试件开始进行单调加载，正式加载时，荷载达到 $0.8P_{max}$（P_{max} 为估算峰值荷载）以前采用荷载控制，可取每级荷载为 $1/15P_{max}$ 进行加载，并持荷 1 min；当试件接近预估峰值荷载 P_{max} 时则转为位移控制，加载速率为 1.0 mm/min，直至试件变形很大、荷载-位移曲线进入水平段或不宜继续承载时终止加载，试验结束。

3.1.5 量测内容和测点布置

方钢管型钢再生混凝土组合柱的轴压性能试验量测主要内容：

（1）本试验的轴向荷载和压缩相对位移，由电液伺服微机系统自动采集；

（2）在试件相应的侧向位置布置位移计，测量试件侧向位移（见图 3-5）；

（3）方钢管及型钢中部及底部的纵向应变和横向应变由相应部位的电阻应变片片测得；

（4）观察并记录方钢管的变形过程及特征。试验结束后将方钢管剖开，以便观察内部再生混凝土的破坏情况和型钢变形屈服情况，型钢测量平面布置如图 3-5 所示。

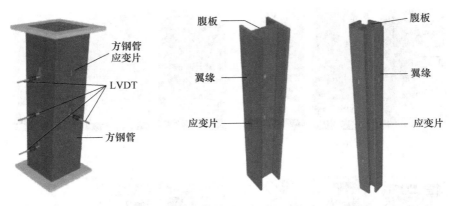

图 3-5 方钢管型钢再生混凝土组合柱的位移和应变测量布置

3.1.6 试验过程及破坏形态

通过观察方钢管型钢再生混凝土组合柱的轴压破坏过程及特征，如图 3-6 所示。下面按照不同长细比下方钢管型钢再生混凝土组合柱的轴压破坏过程及破坏形态进行分别描述分析。

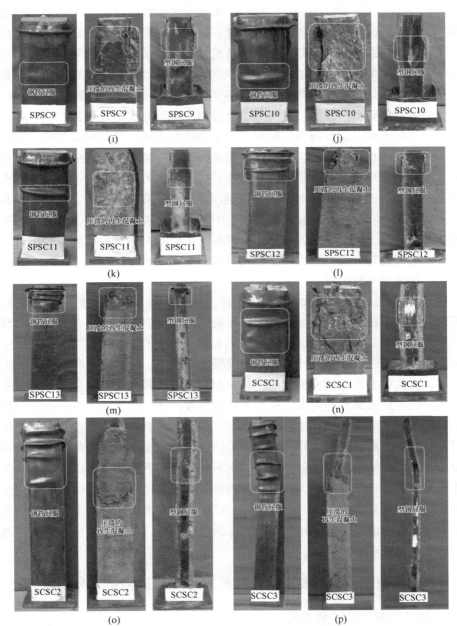

图 3-6 方钢管型钢再生混凝土组合柱试件的轴压破坏形态

（a）SPSC1 试件破坏图；（b）SPSC2 试件破坏图；（c）SPSC3 试件破坏图；（d）SPSC4 试件破坏图；

（e）SPSC5 试件破坏图；（f）SPSC6 试件破坏图；（g）SPSC7 试件破坏图；（h）SPSC8 试件破坏图；

（i）SPSC9 试件破坏图；（j）SPSC10 试件破坏图；（k）SPSC11 试件破坏图；（l）SPSC12 试件破坏图；

（m）SPSC13 试件破坏图；（n）SCSC1 试件破坏图；（o）SCSC2 试件破坏图；（p）SCSC3 试件破坏图

（1）短柱：SPSC1~SPSC11 试件和 SCSC1 试件破坏过程较为相似，以试件 SPSC5 为例进行说明。加载初期，方钢管型钢再生混凝土组合柱试件处于弹性阶段，试件轴向压缩变形随荷载增加基本呈线性增长，试件轴压变形不明显；当荷载增至峰值荷载的 60% 左右时，方钢管中部表面有轻微鼓曲，试件轴压变形较为明显；轴向荷载增加至峰值荷载的 75% 左右时，试件中上部钢管出现较小鼓曲，同时试件内部伴随着持续的再生混凝土劈裂声，试件刚度退化加快；当荷载加载至峰值荷载附近时，试件荷载与轴向变形呈非线性关系，即此时试件进入弹塑性阶段，试件下部也出现鼓曲，且中部鼓曲较为明显；加载至峰值荷载时，试件内部再生混凝土出现较大的劈裂声，峰值过后试件承载力逐渐下降；当试件承载力下降至峰值荷载的 90% 附近时，试件的轴压承载力下降较为缓慢，表明试件具有较好的变形能力；试件发生破坏时方钢管中上部鼓曲较为明显。为进一步观察试件内部再生混凝土和型钢的破坏形态，试验结束后将方钢管沿高度方向剖开，通过观察发现方钢管型钢再生混凝土组合柱试件内部再生混凝土为典型压溃破坏，型钢中上部压屈变形明显。

（2）中长柱：SPSC12 和 SPSC13 试件、SCSC2 和 SCSC3 试件轴压中长柱的破坏过程及形态较为相似。加载初期，方钢管型钢再生混凝土组合柱试件位移与荷载呈线性关系，试件无明显变化；加载至峰值荷载的 40% 左右时，试件的中部方钢管有轻微鼓起，且伴有较小的再生混凝土劈裂声；当加载至峰值荷载的 75% 左右时，试件中上部钢管明显鼓曲，其中 SCSC3 试件较为明显；随着轴压荷载继续增加，试件进入弹塑性阶段，加载至峰值荷载的 90% 左右时，在距离试件顶部约 1/4 处出现局部凸曲，且柱上端四周均出现明显的鼓曲；当荷载达到其峰值荷载附近时，在距离试件 1/3 处试件的侧向挠度快速发展，试件内部有较大的再生混凝土压碎声；峰值荷载过后，试件轴向承载力开始下降，由于试件局部凸曲位置的再生混凝土已经被压碎，相应位置的侧向挠度迅速发展，即试件侧向挠度变形十分明显。试验结束，将方钢管剖开，观察可知方钢管型钢再生混凝土组合柱试件中上部再生混凝土被压碎，发生明显的压溃破坏；与短柱相比，中长柱的型钢中上部压屈变形更为明显。

3.2 方钢管型钢再生混凝土组合柱的轴心受压试验结果分析

3.2.1 试件轴向荷载-位移曲线

方钢管型钢再生混凝土组合柱的轴压荷载-位移曲线如图 3-7 所示。由图 3-7 可知，总体来看，方钢管型钢再生混凝土组合柱具有刚度大和轴压承载力高的优势；峰值荷载过后，试件轴向荷载-位移曲线下降段较为平缓，表明试件轴压承载力下降速率较慢，即试件变形能力较好，即该组合柱具有良好的力学性能。试验设计参数对该组合柱轴向荷载-位移曲线的影响规律描述如下。

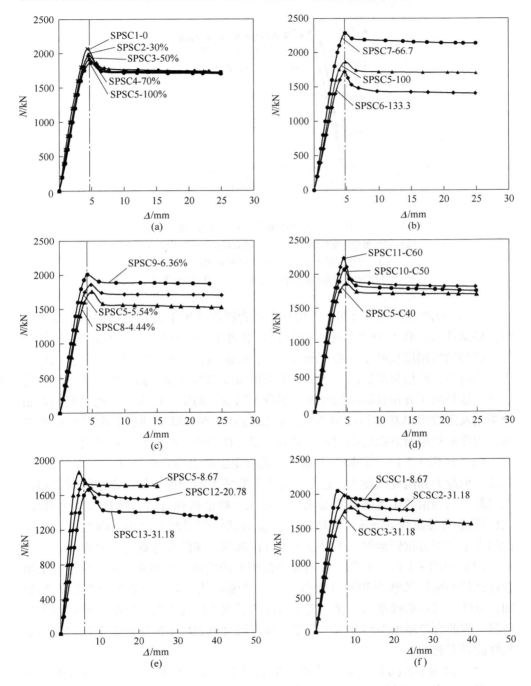

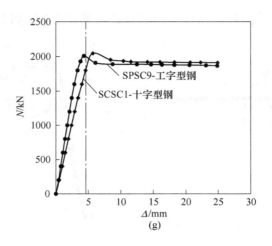

图 3-7　组合柱轴向荷载-位移曲线

(a) 再生粗骨料取代率；(b) 方钢管宽厚比；(c) 型钢配钢率；

(d) 再生混凝土强度；(e) 十字型 H 钢试件长细比；

(f) 十字型钢截面试件长细比；(g) 型钢截面形式

（1）由图 3-7（a）可知，不同再生粗骨料取代率下方钢管型钢再生混凝土组合柱试件的荷载-位移曲线基本类似，随着再生粗骨料取代率的增加，试件峰值荷载和轴压刚度呈减小趋势。加载初期，荷载与位移基本呈线性变化，试件处于弹性阶段；峰值荷载过后，各试件下降段曲线基本重合，轴压承载力下降较为缓慢，这是由于方钢管和型钢对再生混凝土的双重约束，内部再生粗骨料的原始微裂缝及附着水泥基体被压紧致密，使得组合柱在加载后期仍具有较高的承载力，因此取代率对方钢管型钢再生混凝土组合柱的变形能力影响相对较小。

（2）由图 3-7（b）可知，方钢管型钢再生混凝土组合柱试件的宽厚比越小，其轴压承载力和刚度则越大，这是因为方钢管壁厚的增加，使得方钢管对内部再生混凝土的约束效应增强且自身刚度也增大。峰值荷载过后，随着宽厚比增加，试件荷载-位移曲线下降速率逐渐增大，表明试件变形能力减小，因此控制宽厚比的大小对于方钢管型钢再生混凝土组合柱轴压性能的发挥具有重要影响。

（3）由图 3-7（c）可知，随着型钢配钢率的增加，方钢管型钢再生混凝土组合柱试件的轴压承载力和刚度逐渐增大；峰值荷载过后，随着型钢配钢率的增加，试件下降段曲线越加平缓，表明试件的延性变形能力随型钢配钢率的增大而增强，因此合理增加型钢配钢率对于提高方钢管型钢再生混凝土组合柱的轴压承载性能是有利的。

（4）由图 3-7（d）可知，随着再生混凝土强度的提高，尽管方钢管型钢再生混凝土组合柱试件轴压承载力和刚度有所增大，但峰值荷载过后的曲线下降速率加快，表明试件延性变形能力随再生混凝土强度的增大而降低，因此在工程应用中需采用与方钢管及型钢相匹配的再生混凝土强度等级，当采用高强再生混凝土时需考虑改善其材料变形能力以保证试件的延性。

（5）图 3-7（e）和（f）的破坏形式较为相似，随着方钢管型钢再生混凝土组合柱试件长细比增大，轴压承载力曲线上升段的斜率逐渐变小，说明试件刚度随长细比的增大而减小；峰值荷载后，长细比大的试件轴压承载力下降速率明显快于长细比较小的试件；实际上，绝对的轴心受压是不存在的，试件存在一定偏心，侧向挠曲产生的二阶效应对长细比较大的试件影响更明显，因此需要设计合理长细比以尽量减少长细比对方钢管型钢再生混凝土组合柱轴压性能不利的影响。

（6）由图 3-7（g）可知，用钢量相同的条件下，内配工字型钢的方钢管型钢再生混凝土组合柱试件的初始刚度较内配十字型钢试件的截面刚度大，但随着轴向荷载的增大，由于工字型钢存在强弱轴之分，而十字型钢则对称布置，故与工字型钢相比，十字型钢对内部再生混凝土约束作用有所增强，从而使得内配十字型钢试件承载力和变形能力均优于内配工字型钢试件，因此采用十字型钢对提高方钢管型钢再生混凝土组合柱试件的轴压性能是有利的。

3.2.2 方钢管的轴压荷载-应变关系曲线

将试验测得的方钢管环向应变（ε_h）值进行算数平均求得试件环向平均应变，同理将试验测得的方钢管的纵向应变（ε_l）进行算数平均求得试件纵向平均应变，从而得到方钢管型钢再生混凝土组合柱试件的竖向荷载与方钢管环向和纵向平均应变的关系曲线，如图 3-8 所示。在这里规定试件环向拉应变为正，纵向压应变为负。如图 3-8 中 S1、S2、S3、S4、S5 分别为从下至上对应试件 5 个截面位置所布置的电阻应变片所测量的应变（S 为 Section 的简称），S1-L 和 S1-H 中的 L（Longitudinal Strain）和 H（Hoop Strain）分别为纵向和环向应变英文单词的简写，代表所测得的纵向和环向应变值。

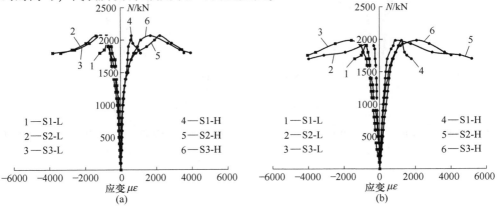

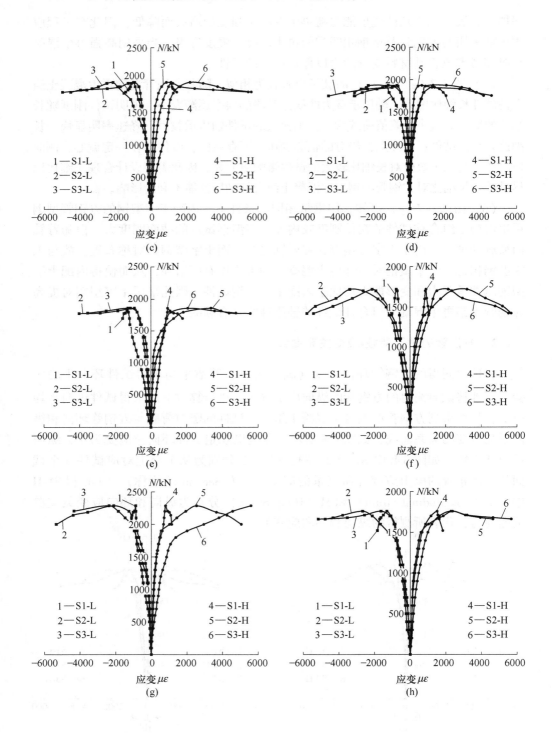

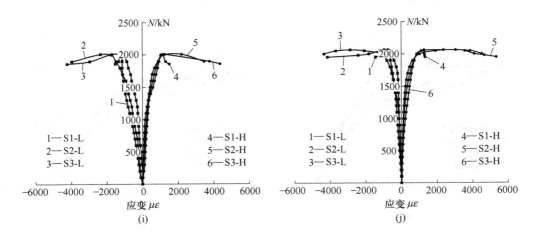

图 3-8　部分试件方钢管的轴压荷载-应变关系曲线

（a）试件 SPSC1；（b）试件 SPSC2；（c）试件 SPSC3；（d）试件 SPSC4；（e）试件 SPSC5；

（f）试件 SPSC6；（g）试件 SPSC7；（h）试件 SPSC8；（i）试件 SPSC9；（j）试件 SPSC10

加载初期，轴压作用下方钢管型钢再生混凝土组合柱试件压应力沿整个截面均匀分布，再生混凝土侧向膨胀小，方钢管的环应力较小，方钢管纵向应变的增长快于环向；此阶段，方钢管应变随轴向荷载的增加呈线性增长，方钢管无明显现象；随着轴向荷载增加，方钢管环向变形增大，其对内部再生混凝土的约束能力增强；当加载至峰值荷载的 90% 左右时，曲线出现明显拐点，此时方钢管外鼓变形较为明显，基本达到屈服状态；峰值荷载过后，试件轴压变形明显，方钢管应变增长速率加剧，此后试件轴压承载力逐渐下降，但因方钢管对内部再生混凝土起到较明显的约束效应，从而使组合柱具有良好的变形能力。

3.2.3　型钢的轴压荷载-应变关系曲线

将试验测得型钢应变（ε_l）进行算数平均得到型钢平均应变，从而可得同一加载时间所对应的型钢平均应变和轴向荷载关系曲线，如图 3-9 所示，其中拉应变为正，压应变为负。由图 3-9 可知，型钢应变曲线在加载初期基本处于线弹性阶段，当荷载增加至峰值荷载 80% 左右时，曲线呈明显非线性变化，型钢应变增长速率逐渐变大，型钢基本达到屈服状态。峰值荷载过后，试件轴压承载力逐渐降低，此时型钢应变迅速增大，型钢完全屈服，直至试件不宜继续加载。

比较方钢管和型钢的荷载-应变曲线可知，型钢应变增长速率普遍快于方钢管，且型钢先于方钢管屈服，这表明在轴向荷载作用下方钢管型钢再生混凝土组合柱试件破坏始于内部型钢屈服，随后试件内部再生混凝土被压碎，最终方钢管外鼓屈曲变形加剧导致组合柱不宜继续承载而发生破坏。

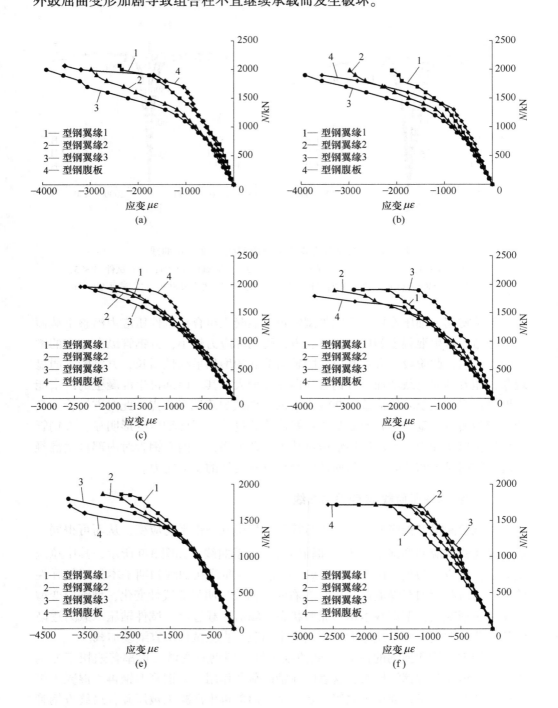

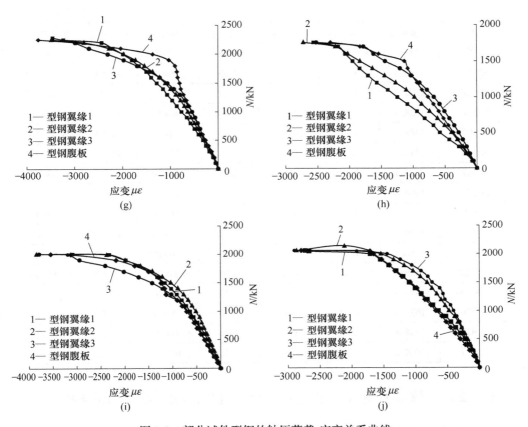

图 3-9 部分试件型钢的轴压荷载-应变关系曲线

（a）试件 SPSC1；（b）试件 SPSC2；（c）试件 SPSC3；（d）试件 SPSC4；

（e）试件 SPSC5；（f）试件 SPSC6；（g）试件 SPSC7；（h）试件 SPSC8；

（i）试件 SPSC9；（j）试件 SPSC10

设计参数对方钢管型钢再生混凝土组合柱试件承载力及变形的影响见表 3-4，主要为组合柱试件的主要试验特征值，其中屈服位移为型钢屈服时的位移，峰值位移为试件峰值荷载对应的位移，峰值应变为试件峰值荷载对应的轴向应变，破坏位移为试件荷载-位移曲线下降至峰值荷载的 90% 时对应的位移，破坏应变为组合柱试件破坏荷载对应的轴向应变。

表 3-4 方钢管型钢再生混凝土组合柱试件的轴心受压试验主要特征值

试件编号	屈服荷载/kN	屈服位移/mm	峰值荷载/kN	峰值位移/mm	峰值应变 ε	破坏位移/mm	破坏应变 ε
SPSC1	1653.9	2.94	2067.4	4.41	8.82×10^3	10.01	20.02×10^3

试件 编号	屈服荷载 /kN	屈服位移 /mm	峰值荷载 /kN	峰值位移 /mm	峰值应变 ε	破坏位移 /mm	破坏应变 ε
SPSC2	1585.4	3.01	1981.8	4.53	9.06×10^3	10.64	21.28×10^3
SPSC3	1572.9	3.03	1966.2	4.62×10^3	9.24×10^3	11.24	22.48×10^3
SPSC4	1528.9	3.07	1911.1	4.70	9.40×10^3	11.37	22.74×10^3
SPSC5	1489.7	3.21	1862.1	4.89	9.78×10^3	11.54	23.08×10^3
SPSC6	1375.7	3.28	1719.6	4.76	9.52×10^3	10.71	21.42×10^3
SPSC7	1828.1	3.19	2285.1	4.84	9.68×10^3	14.54	29.08×10^3
SPSC8	1406.6	3.32	1758.3	5.01	10.02×10^3	11.40	22.8×10^3
SPSC9	1607.5	3.04	2009.4	4.34	8.68×10^3	14.47	28.94×10^3
SPSC10	1650.6	3.09	2063.3	4.62	9.24×10^3	11.25	22.5×10^3
SPSC11	1783.9	2.89	2229.9	4.55	9.10×10^3	10.98	21.96×10^3
SPSC12	1426.2	3.90	1782.7	6.05	5.04×10^3	16.62	13.85×10^3
SPSC13	1330.7	4.62	1663.4	7.31	4.06×10^3	17.44	9.69×10^3
SCSC1	1636.6	4.02	2045.7	5.70	11.40×10^3	15.06	30.12×10^3
SCSC2	1584.4	4.89	1980.5	7.49	6.24×10^3	17.21	14.34×10^3
SCSC3	1444.2	5.23	1805.3	9.15	5.08×10^3	18.03	10.02×10^3

3.3　设计参数对方钢管型钢再生混凝土组合柱轴压承载力的影响

3.3.1　再生粗骨料取代率

由表 3-4 和图 3-10 可知，方钢管型钢再生混凝土组合柱试件的轴压承载力随

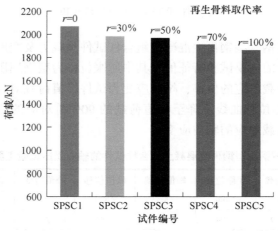

图 3-10　再生粗骨料取代率对试件轴压承载力影响

着再生粗骨料取代率的增大而减小。与普通混凝土试件 SPSC1 相比，取代率100%的再生混凝土试件 SPSC5 的轴压承载力降幅约为9.8%；此外，随着再生粗骨料取代率的增加，试件屈服位移、峰值应变和破坏应变逐渐增加，这是由于废弃混凝土破碎后再生粗骨料内部存在较多的微裂缝及表面存在水泥砂浆颗粒，使其力学性能劣于天然粗骨料，同时在轴向荷载作用下方钢管和型钢对内部再生混凝土产生共同约束，使得再生混凝土的微裂缝被压紧致密，在一定程度上提高了组合柱的变形能力。

3.3.2 方钢管宽厚比

由表3-4和图3-11可知，方钢管型钢再生混凝土组合柱试件的轴压承载力随着宽厚比的增大而减小，试件 SPSC5（宽厚比为100）的峰值荷载较试件 SPSC6（宽厚比为133.3）的峰值荷载提高7.6%，较试件 SPSC7（宽厚比为66.7）降低18.5%；此外，试件宽厚比越大，其屈服位移和破坏应变也越大，可知宽厚比对试件轴压承载力影响较为显著，主要原因如下：

（1）随着宽厚比的增大，方钢管厚度减少，导致自身轴压承载力逐渐降低；

（2）较大宽厚比的方钢管较易发生局部屈曲，从而使方钢管对内部再生混凝土约束能力降低。因此，适当减少方钢管宽厚比可以提高该组合柱的轴压性能。

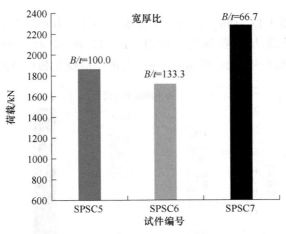

图 3-11 方钢管宽厚比对试件轴压承载力影响

3.3.3 型钢配钢率

由表3-4和图3-12可知，随着型钢配钢率的增加，方钢管型钢再生混凝土组合柱试件的轴压承载力逐渐增大，与试件 SPSC8（配钢率为4.44%）相比，试件

SPSC5（配钢率为 5.54%）的轴压承载力提高 5.9%，试件 SPSC9（配钢率为 6.46%）则提高 14.3%。由于本试验采用的方钢管壁厚较薄，因此轴向荷载主要由型钢和再生混凝土承担，故提高型钢配钢率不仅可提高组合柱的轴压承载力，还可以提高组合柱的局部稳定性。

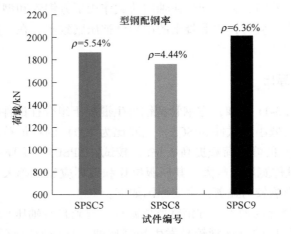

图 3-12　型钢配钢率对试件轴压承载力的影响

3.3.4　再生混凝土强度

由表 3-4 和图 3-13 可知，提高再生混凝土强度对方钢管型钢再生混凝土组合柱试件的轴压承载力是有利的，试件 SPSC11 较 SPSC5 的轴压承载力提高 19.8%，相对于试件 SPSC10 提高 8.1%；但再生混凝土强度越高，试件的峰值位

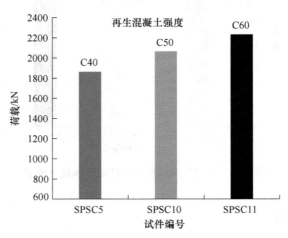

图 3-13　再生混凝土强度对试件轴压承载力的影响

移及破坏位移越小，即变形能力越差，脆性越大，表明提高再生混凝土强度对方钢管型钢再生混凝土组合柱试件的延性变形是不利的。

3.3.5 型钢截面形式

由表 3-4 可知，在相同型钢用量条件下，与工字型钢截面试件相比，十字型钢截面组合柱试件轴压承载力提高 2% 左右，可知型钢截面形式对组合柱轴压承载力影响较小，但试件轴压变形却增大 30% 左右，这主要因为十字型钢对内部的再生混凝土起到了较强的约束作用，从而提高方钢管型钢再生混凝土组合柱试件的轴压承载力和变形能力。

3.3.6 长细比

由表 3-4 和图 3-14 可知，方钢管型钢再生混凝土组合柱的轴压承载力随着长细比的增加而降低，但峰值位移及破坏位移增大；试件承载力下降速率随长细比的增加而加快，这是因为试件不可避免地存在初始偏心距，使得长细比越大的试件产生附加弯矩和相应的侧向挠度越大；且随长细比增大试件的峰值及破坏应变均呈下降趋势，故需要严格控制组合柱的长细比。

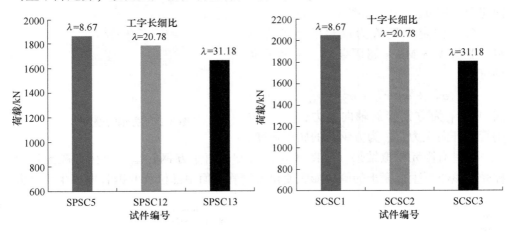

图 3-14 长细比对试件轴压承载力的影响

3.4 方钢管型钢再生混凝土组合柱的轴压承载力计算方法

根据方钢管型钢再生混凝土组合柱的轴压受力过程和破坏形态可知，试件内部型钢先于方钢管达到屈服，随后内部核心再生混凝土被压溃，最终方钢管鼓曲导致试件发生破坏；加载后期，方钢管的膨胀变形较为明显，表明该组合柱不能继续承受轴向荷载。组合柱内部型钢主要受轴向荷载所产生纵向应力的影响，由于方钢管的约束作用，组合柱内部的再生混凝土处于三向压缩应力状态，从而在一定程度上提高了核心再生混凝土的力学性能。此外，型钢有效地延缓了再生混凝土裂缝的发展，并与方钢管一起限制了再生混凝土的膨胀。因此，在计算方钢管型钢再生混凝土组合柱的轴向承载力时，需要分别考虑方钢管、型钢和内置再生混凝土的贡献。根据该组合柱的轴压受力特点，推导了方钢管型钢再生混凝土组合柱的轴向承载力计算公式。

（1）方钢管型钢再生混凝土组合柱中的核心再生混凝土和内置型钢均处于三向受压的复杂应力状态，内置再生混凝土和型钢的轴向抗压强度 σ_c 和 σ_s 与侧向约束应力 p_r 之间呈线性关系。

$$\sigma_c = f_c + k p_r \tag{3-1}$$

$$\sigma_s = f_{yp} \tag{3-2}$$

式中，f_c、f_{yp} 分别为内置再生混凝土和型钢轴心抗压强度；k 为侧压力系数。

（2）方钢管处于轴向受压、环向受拉的双向应力状态。且方钢管壁比较薄，一般为 $a/t \geqslant 20$（a 为方钢管边长，t 为方钢管壁厚）。从而可以近似忽略方钢管的横向应力，即 $\sigma_{3s} = 0$，如图 3-15 所示。

（3）假定方钢管为理想的弹塑性材料，服从 Von Mises 屈服条件。由屈服条件可得：

$$\sigma_{1s}^2 + \sigma_{1s}\sigma_{2s} + \sigma_{2s}^2 = f_{ys}^2 \tag{3-3}$$

式中，σ_{1s} 为方钢管的轴向应力；σ_{2s} 为方钢管的环向应力；f_{ys} 为方钢管的屈服强度。

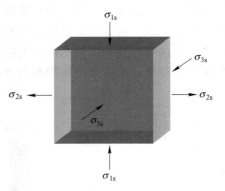

图 3-15　方钢管壁应力

通过有限元模拟结果（见图 3-16）可知，由于方钢管型钢再生混凝土组合柱受到核心再生混凝土的侧向膨胀使得方钢管截面中部位置的钢管壁产生水平方

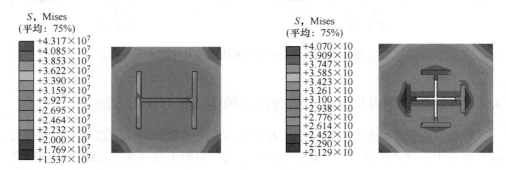

图 3-16　方钢管型钢再生混凝土组合柱的核心再生混凝土应力云图

向弯曲，而截面中部位置方钢管壁的刚度一般较角部位置小，对核心再生混凝土的约束作用也相对较小。而钢管管角处的刚度相对较大，变形较小，故两个垂直方向合成的拉力形成对核心再生混凝土对角线（45°）方向的强力约束效应，如图 3-17 所示。同时，研究结果表明：截面中部位置对内部再生混凝土的约束作用较脚部的小，因此，两个垂直方向的合成拉力形成对核心再生混凝土对角线（45°）方向的强力约束效应。

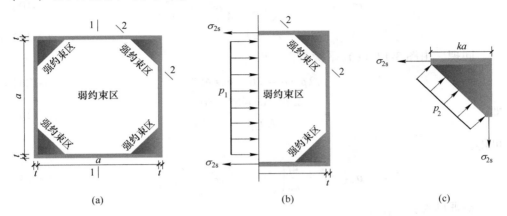

图 3-17　方钢管型钢再生混凝土组合柱的约束受力示意图
（a）截面的整体受力示意图；（b）弱约束区受力示意图；（c）强约束区受力示意图

方钢管型钢再生混凝土组合柱的轴压承载力可以看作四部分组成：弱约束区再生混凝土的贡献、强约束区再生混凝土的贡献、内置型钢和方钢管的贡献，即：

$$N = A_{c1}\sigma_{c1} + A_{c2}\sigma_{c2} + A_s\sigma_s + A_{1s}\sigma_{1s} \tag{3-4}$$

式中，A_{c1}、A_{c2}、A_s 和 A_{1s} 分别为弱强约束区再生混凝土面积及内配型钢和方钢管截面的面积；σ_{c1}、σ_{c2}、σ_s 和 σ_{1s} 分别为弱强约束区再生混凝土的轴心抗压强度及内配型钢和方钢管的抗压强度。由图 3-17（b）平衡条件，可得：

$$p_1 a = 2t\sigma_{2s} \tag{3-5a}$$

$$p_1 = \frac{2t\sigma_{2s}}{a} \tag{3-5b}$$

对于方钢管型钢再生混凝土组合柱，约束区核心再生混凝土和型钢强度，根据假定，弱约束区再生混凝土和型钢抗压强度分别取为：

$$\sigma_{c1} = f_c + 2p_1 \tag{3-6}$$

$$\sigma_s = f_{yp} \tag{3-7}$$

强约束区再生混凝土取为：

$$\sigma_{c2} = f_c + 4p_2 \tag{3-8}$$

其中，为便于推导，根据有限元试算，侧压力系数分别取为 2 和 4。又由方钢管 Von Mises 屈服条件，可得：

$$\sigma_{2s} = \sqrt{f_{ys}^2 - \frac{3}{4}\sigma_{1s}^2} - \frac{\sigma_{1s}}{2} \tag{3-9}$$

代入式（3-6）可得：

$$\sigma_{c1} = f_c + \frac{4t}{a}\left(\sqrt{f_{ys}^2 - \frac{3}{4}\sigma_{1s}^2} - \frac{\sigma_{1s}}{2}\right) \tag{3-10}$$

$$\sigma_s = f_{yp} \tag{3-11}$$

同理，由图 3-17（c）平衡条件，得：

$$\sqrt{2}p_2 ka = 2t\sigma_{2s}\cos 45° \tag{3-12a}$$

即

$$p_2 = \frac{2t\sigma_{2s}\cos 45°}{\sqrt{2}ka} = \frac{t\sigma_{2s}}{ka} \tag{3-12b}$$

可得：

$$\sigma_{c2} = f_c + \frac{4t}{ka}\left(\sqrt{f_{ys}^2 - \frac{3}{4}\sigma_{1s}^2} - \frac{\sigma_{1s}}{2}\right) \tag{3-13}$$

整理可得：

$$\begin{aligned}
N &= A_{c1}\sigma_{c1} + A_{c2}\sigma_{c2} + A_s\sigma_s + A_{1s}\sigma_{1s} \\
&= \left[a^2 - 4 \times \frac{1}{2}(ka)^2 - A_s\right]\left[f_c + \frac{4t}{a}\left(\sqrt{f_{ys}^2 - \frac{3}{4}\sigma_{1s}^2} - \frac{\sigma_{1s}}{2}\right)\right] + \\
&\quad 4 \times \frac{1}{2}(ka)^2\left[f_c + \frac{4t}{ka}\left(\sqrt{f_{ys}^2 - \frac{3}{4}\sigma_{1s}^2} - \frac{\sigma_{1s}}{2}\right)\right] + A_s f_{yp} + 4at\sigma_{1s}
\end{aligned} \tag{3-14}$$

由 $\dfrac{dN}{d\sigma_{1s}} = 0$，可得：

$$\sigma_{1s} = \frac{2f_{ys}}{\sqrt{\beta^2 + 3}} \tag{3-15}$$

其中

$$\beta = \frac{3\left(1 - 2k^2 + 2k - \dfrac{A_s}{a^2}\right)}{1 + 2k^2 - 2k + \dfrac{A_s}{a^2}} \tag{3-16}$$

可得：

$$N = (a^2 - A_s)f_c + \left[4at(\beta - 1) - 8at - (8k^2 at - 8kat)(\beta - 1) - \frac{4tA_s(\beta - 1)}{a}\right]\frac{f_{ys}}{\sqrt{\beta^2 + 3}} +$$

$$A_s f_{yp} = \frac{A_{1s} f_{ys}}{\sqrt{\beta^2 + 3}} \left[(\beta - 1) \left(1 - 2k^2 + 2k - \frac{A_s}{A_c + A_s} \right) - 2 \right] + A_c f_c + A_s f_{yp}$$

$$(3-17)$$

综上所述，方钢管型钢再生混凝土组合柱的轴压承载力考虑了核心再生混凝土、钢管和内置型钢的贡献及方钢管对核心再生混凝土的约束效应，其中参数 k 的取值范围为：$0 \leq k \leq 0.5$，本书取 k 的平均值 0.25，可得：

$$N = \frac{A_{1s} f_{ys} k_1}{8(A_c + A_s) \sqrt{\beta^2 + 3}} [A_c(11\beta - 27) + \eta A_s(3\beta - 19)] + A_c f_c + A_s f_{yp}$$

$$(3-18)$$

式中，结合再生骨料取代率对试件轴压承载力的影响规律，本书提出再生混凝土强度折减系数 η，当再生骨料取代率 $r = 0$ 时，$\eta = 1$；$r = 1$ 时，$\eta = 0.9$；其他情况按线性内插法计算；A_c 为试件内部再生混凝土的截面面积，$A_c = A_{c1} + A_{c2}$。为考虑长细比对试件轴压承载力影响，在推导出的轴压承载力计算公式基础上考虑长柱对轴压承载力的影响，提出稳定系数 k_1，计算公式如下：

$$k_1 = \begin{cases} 1 & (\lambda \leq 0.2) \\ \dfrac{1}{\phi + \sqrt{\phi^2 - \lambda^2}} & (\lambda > 0.2) \end{cases}$$

$$(3-19)$$

式中，λ 为构件相对长细比，$\lambda = \sqrt{N_k / N_E}$，$N_k$ 计算公式如下：

$$N_k = f_{yp} A_s + f'_{ck} A_{rc} + f_a A_a$$

$$(3-20)$$

N_E 为欧拉临界力，按式（3-21）计算：

$$N_E = \frac{\pi^2 [E_s I_s + 0.6(E_{rc} I_{rc} + E_a I_a)]}{L^2}$$

$$(3-21)$$

ϕ 为计算参数，按式（3-22）计算：

$$\phi = 0.5 \times [1 + 0.21(\lambda - 0.2) + \lambda^2]$$

$$(3-22)$$

式中，f_y、f_a 和 f'_{ck} 分别为方钢管、型钢及再生混凝土的抗压强度；A_s、A_a 和 A_{rc} 分别为方钢管、型钢及再生混凝土的截面面积；E_s、E_a 和 E_{rc} 分别为方钢管、型钢和再生混凝土的弹性模量；I_s、I_a 和 I_{rc} 分别为钢管、型钢和再生混凝土的惯性矩；L 为构件计算长度。

为了验证算式的正确性，采用上述计算公式对方钢管型钢再生混凝土组合柱试件的轴压承载力进行验证，计算结果见表 3-5，其中 N_{exp} 为试验实测的试件轴压承载力；N_{cal} 为计算所得试件轴压承载力。方钢管型钢再生混凝土组合柱的承载力计算值与试验值的平均值为 1.006，均方差为 0.0016，计算理论值与试验值吻合较好，且离散程度较小。计算结果表明，本书提出的计算公式可较好的应用于方钢管型钢再生混凝土组合柱轴压承载力的理论计算。

表 3-5   方钢管型钢再生混凝土组合柱的轴压承载力计算值与试验值比较

试件编号	再生骨料取代率/%	再生混凝土强度	柱高/mm	壁厚/mm	型钢配钢率/%	f_{ys}/MPa	f_{yp}/MPa	f_{ck}/MPa	N_{exp}/kN	N_{cal}/kN	$\dfrac{N_{cal}}{N_{exp}}$
SPSC1	0	C40	500	2.0	5.55	271	310	29.2	2067.4	2051.5	0.992
SPSC2	30	C40	500	2.0	5.55	271	310	28.9	1981.8	2008.1	1.013
SPSC3	50	C40	500	2.0	5.55	271	310	28.5	1966.2	1973.3	1.004
SPSC4	70	C40	500	2.0	5.55	271	310	27.8	1911.1	1930.2	1.010
SPSC5	100	C40	500	2.0	5.55	271	310	27.3	1862.1	1884.7	1.012
SPSC6	100	C40	500	1.5	5.55	271	310	27.3	1719.6	1818.8	1.058
SPSC7	100	C40	500	3.0	5.55	271	310	27.3	2285.1	2104.5	0.921
SPSC8	100	C40	500	2.0	4.45	271	310	27.3	1758.3	1769.6	1.006
SPSC9	100	C40	500	2.0	6.46	271	310	27.3	2009.4	1971.0	0.981
SPSC10	100	C50	500	2.0	5.55	271	310	34.4	2063.3	2113.9	1.025
SPSC11	100	C60	500	2.0	5.55	271	310	40.1	2229.9	2299.4	1.031
SPSC12	100	C40	1200	2.0	5.55	271	310	27.3	1782.7	1823.9	1.023
SPSC13	100	C40	1800	2.0	5.55	271	310	27.3	1663.4	1766.7	1.062
SCSC1	100	C40	500	2.0	6.46	271	310	27.3	2045.7	1971.0	0.964
SCSC2	100	C40	1200	2.0	6.46	271	310	27.3	1980.5	1847.6	0.933
SCSC3	100	C40	1800	2.0	6.46	271	310	27.3	1805.3	1907.4	1.056

注：N_{exp} 为轴压承载力的试验实测值；N_{cal} 为轴压承载力的计算值。

本 章 小 结

本章设计制作了 16 根方钢管型钢再生混凝土组合柱试件，并对各试件进行了轴心受压试验，分析了组合柱的破坏过程和破坏形态，研究了方钢管型钢再生混凝土组合柱在轴心荷载作用下的荷载-位移、荷载-应变关系曲线，重点分析了再生骨料取代率、型钢配钢率、方钢管宽厚比、再生混凝土强度、型钢截面形式及长细比等设计参数对组合柱轴压力学性能的影响，主要得到以下结论。

（1）加载前期，方钢管纵向应变快于横向应变，加载后期则横向应变明显快于纵向应变，表明方钢管约束核心再生混凝土的能力增强；此外，型钢应变增大速率明显大于方钢管，说明型钢先于方钢管达到屈服。

（2）随着再生粗骨料取代率的增大，方钢管型钢再生混凝土组合柱试件的承载力逐渐降低，降低幅度最大为 11.5%，但再生粗骨料取代率对试件横向变形系数影响较小，曲线变化趋势相似，整个过程中方钢管型钢再生混凝土组合柱试件呈现出较好的延性变形能力。

（3）随着钢管宽厚比的增大，方钢管型钢再生混凝土组合柱试件承载力逐渐降低，降低幅度最大为 7.6%，试件的轴压刚度及延性均有较大幅度的降低，这也表明在一定范围内减小试件方钢管宽厚比，可以提高方钢管型钢再生混凝土组合柱的轴压力学性能。

（4）随着型钢配钢率的增加，方钢管型钢再生混凝土组合柱试件的轴压刚度和承载力随之增加，最大幅度为 7.9%，此外较小的型钢配钢率，使得方钢管所承担纵向荷载较大，最终使得横向变形系数较大，增大型钢配钢率总体上来说有利于提高试件轴压性能。

（5）提高再生混凝土强度可以明显提高方钢管型钢再生混凝土组合柱试件的轴向承载力，但构件变形能力有所降低；内配工字型钢截面的试件承载力较十字型截面试件有较小的降幅，但明显提高了方钢管型钢再生混凝土组合柱试件的轴向变形能力。

（6）随着方钢管型钢再生混凝土组合柱试件长细比的增大，组合柱的轴压刚度降低，延性降低；组合柱的轴压承载力有着明显降低，且随着长细比的增大，承载力降低幅度变大，最大降幅为 11.7%。因此，在实际工程中，需控制方钢管型钢再生混凝土组合柱的长细比大小，避免对构件产生不利影响。

（7）根据方钢管型钢再生混凝土组合柱在轴心荷载作用下的受力机理，提出了适用于方钢管型钢再生混凝土组合柱的极限承载力计算公式，并与试验结果进行比较分析，表明该计算公式精度较好。

4 圆钢管型钢再生混凝土组合柱偏压性能及计算方法

4.1 圆钢管型钢再生混凝土组合柱的偏心受压性能试验

4.1.1 试件设计与制作

为研究圆钢管型钢再生混凝土组合柱的偏压力学性能，本次试验共制作了17根试件，主要设计参数为再生粗骨料取代率、圆钢管径厚比、型钢配钢率、再生混凝土强度等级、偏心距、长细比及型钢截面形式，并对试件进行强轴单调静力偏心加载试验研究，设计参数及对应参数水平见表4-1。

表 4-1　圆钢管型钢再生混凝土组合柱偏压试验设计参数水平

水平参数	水平 1	水平 2	水平 3	水平 4
再生骨料取代率 r/%	0	50	100	—
再生混凝土强度等级	C40	C50	C60	—
长径比 L/D	3.9	7	9.6	—
钢管径厚比 D/t	115	76.7	57.5	—
型钢配钢率 α/%	4.43	5.3	6.3	—
偏心距 e	0	30	45	60

注：再生骨料取代率 r 为再生粗骨料质量占全部粗骨料质量的百分比；型钢配钢率 $\alpha = A_s/A$，A_s 为型钢截面面积，A 为组合柱截面面积；偏心距 e 为试验加载点距试件形心轴的距离。

不同型钢配钢率对应的尺寸见表4-2，试件截面形式及几何尺寸如图4-1所示。圆钢管型钢再生混凝土组合柱偏压试件加工制作部分成品如图4-2所示。试验设计参数见表4-3。

表 4-2　组合柱试件的型钢尺寸

型 钢 类 型	配钢率/%	型钢尺寸	
		翼 缘	腹 板
工字型钢	4.43	85 mm×8 mm×2 个	80 mm×6 mm
	5.3	85 mm×8 mm×2 个	140 mm×6mm
	6.3	125 mm×8 mm×2 个	100 mm×6 mm
十字型钢	6.3	50 mm×8 mm×4 个	85 mm×6 mm×2 个

表 4-3　试验设计参数

试件编号	再生混凝土等级	再生混凝土取代率 $r/\%$	长细比 l_0/i	截面直径 /mm	柱高 /mm	壁厚 /mm	径厚比 D/t	型钢配钢率 $\alpha/\%$	偏心距 /mm	型钢类型
CECS-1	NC40	0	15.6	230	900	3	76.7	5.3	30	工字型钢
CECS-2	RC40	50	15.6	230	900	3	76.7	5.3	30	工字型钢
CECS-3	RC40	100	15.6	230	900	3	76.7	5.3	30	工字型钢
CECS-4	RC40	100	15.6	230	900	2	115	5.3	30	工字型钢
CECS-5	RC40	100	15.6	230	900	4	57.5	5.3	30	工字型钢
CECS-6	RC40	100	15.6	230	900	3	76.7	4.43	30	工字型钢
CECS-7	RC40	100	15.6	230	900	3	76.7	6.3	30	工字型钢
CECS-8	RC40	100	15.6	230	900	3	76.7	5.3	0	工字型钢
CECS-9	RC40	100	15.6	230	900	3	76.7	5.3	45	工字型钢
CECS-10	RC40	100	15.6	230	900	3	76.7	5.3	60	工字型钢
CECS-11	RC50	100	15.6	230	900	3	76.7	5.3	30	工字型钢
CECS-12	RC60	100	15.6	230	900	3	76.7	5.3	30	工字型钢
CECS-13	RC40	100	27.8	230	1600	3	76.7	5.3	30	工字型钢
CECS-14	RC40	100	38.3	230	2200	3	76.7	5.3	30	工字型钢
CECS-15	RC40	100	15.6	230	900	3	76.7	6.3	30	十字型钢
CECS-16	RC40	100	27.8	230	1600	3	76.7	6.3	30	十字型钢
CECS-17	RC40	100	38.3	230	2200	3	76.7	6.3	30	十字型钢

注：长细比 l_0/i，其中 l_0 为圆钢管型钢再生混凝土组合柱计算长度，i 为回转半径，对于圆形截面 $i = D/4$。

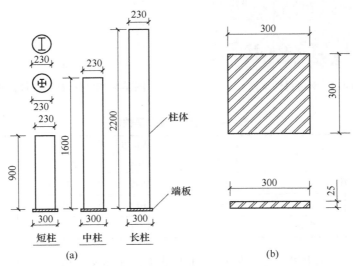

图 4-1　试件截面形式及几何尺寸

（a）工字型钢组合柱；（b）十字型钢组合柱

图 4-2 试件加工制作部分成品

4.1.2 试验材料力学性能

试验为获得所用钢材的屈服强度及极限强度，根据规范规定，在不同规格钢材原材料的规定位置截取一部分材料，每种规格钢材制作三个标准拉伸试件，然后对每个试件进行拉伸试验，得到试件拉伸曲线，如图 4-3 和图 4-4 所示。根据钢材拉伸试验得到的不同规格钢材的基本力学性能见表 4-4。

图 4-3 钢材材性试件

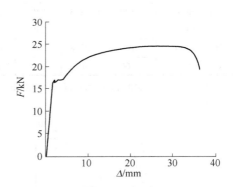

图 4-4 钢材材性试件拉伸曲线

表 4-4 试件钢材力学性能

钢材类型	钢材厚度	屈服强度 f_y/MPa	屈服应变 ε/$\mu\varepsilon$	极限强度 f_u/MPa	弹性模量 E_s/MPa
圆钢管		324.1	1645	411.8	1.97×10^5
型钢	腹板	325.6	1612	416.1	2.02×10^5
	翼缘	336.2	1733	405.9	1.94×10^5

在压力试验机上进行立方体抗压强度试验，如图 4-5 和图 4-6 所示，再生混凝土立方体平均抗压强度及基本力学性能见表 4-5。

图 4-5　再生混凝土试块

图 4-6　立方体试块加载

表 4-5　再生混凝土的基本力学性能

强度等级	再生骨料取代率 r/%	立方体抗压强度 f_{rcu}/MPa	轴心抗压强度 f_{rc}/MPa	抗拉强度 f_{rt}/MPa	弹性模量 E_{rc}/MPa
C40	0	44.8	34.0	10.8	2.71×10^4
C40	50	42.3	32.1	10.2	2.67×10^4
C40	100	41.2	31.3	9.9	2.65×10^4
C50	100	52.4	39.8	12.6	2.8×10^4
C60	100	61.1	46.4	14.7	2.89×10^4

注：f_{rcu} 为再生混凝土立方体抗压强度；f_{rc} 为再生混凝土棱柱体轴心抗压强度；f_{rt} 为再生混凝土抗拉强度；E_{rc} 为再生混凝土弹性模量。$f_{rc} = 0.76f_{rcu}$，$f_{rt} = 0.24f_{rcu}$。

4.1.3　试验加载装置及加载制度

本次试验采用 5000 kN 微机控制电液伺服试验机对圆钢管型钢再生混凝土组合柱进行偏压加载试验。由安装在组合柱两端的可自由调节位置的刀口铰来调节偏心矩，试验加载装置如图 4-7 所示。试验过程中圆钢管及型钢的应变数据是通过与 TDS-630 数据采集仪连接的应变片采集获得，根据加载方式不同，每间隔固定荷载（位移）进行采集。

为获得圆钢管型钢再生混凝土组合柱偏压试验的荷载-位移全程曲线，本次试验加载制度采用荷载-位移联合控制加载。试验正式加载前首先对组合柱进行 50 kN 预加载，用以消除组合柱与试验机加载板之间的间隙，减小试验误差。正式加载时再卸去预加载并调零，对组合柱单调加载之后，首先采用荷载控制，在荷载达到 $0.8P_{max}$（P_{max} 为预估峰值荷载）之前，可取每级荷载为 $(1/15 \sim 1/12)P_{max}$ 进行加载，且每级荷载持续加荷 1 min，当荷载接近至预估峰值荷载时，加载方式则采用位移控制加载，其加载速度控制为 1.0 mm/min，直至组合柱变形过大不宜继续承载、承载力下降到 85%峰值荷载或者试件轴向变形达到 25 mm 时停止加载，试验加载结束。

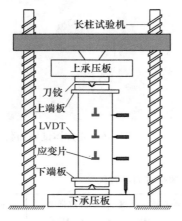

图 4-7 圆钢管型钢再生混凝土组合柱偏压试验加载装置

4.1.4 圆钢管型钢再生混凝土组合柱的偏心受压破坏形态

本次试验采用的是强轴单调静力偏心加载试验，对 17 根圆钢管型钢再生混凝土组合柱主要是通过工字型钢短柱、工字型钢中长柱、十字型钢短柱以及十字型钢中长柱来对组合柱的偏压破坏形态进行对比分析的。

4.1.4.1 CECS-1~CECS-13（工字型钢短柱）

图 4-8~图 4-15 是工字型钢短柱的破坏形态，不同再生粗骨料的组合柱的破坏形态比较相似，所以本书选取对试验结果影响较大的设计参数进行分类分析。

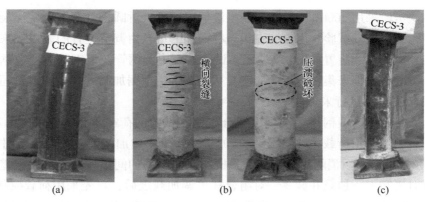

图 4-8 CECS-3 试件各组成部分破坏形态

（a）圆钢管破坏图；（b）再生混凝土破坏图；（c）型钢破坏图

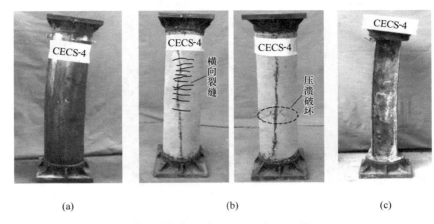

(a)　　　　　　　　　　(b)　　　　　　　　　　(c)

图 4-9　CECS-4 试件各组成部分破坏形态

（a）圆钢管破坏图；（b）再生混凝土破坏图；（c）型钢破坏图

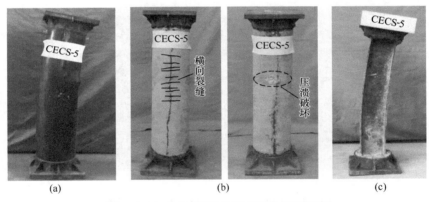

(a)　　　　　　　　　　(b)　　　　　　　　　　(c)

图 4-10　CECS-5 试件各组成部分破坏形态

（a）圆钢管破坏图；（b）再生混凝土破坏图；（c）型钢破坏图

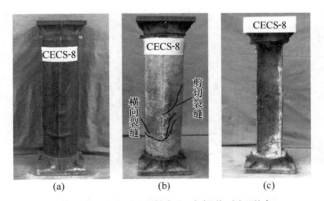

(a)　　　　　　　　(b)　　　　　　　　(c)

图 4-11　CECS-8 试件各组成部分破坏形态

（a）圆钢管破坏图；（b）再生混凝土破坏图；（c）型钢破坏图

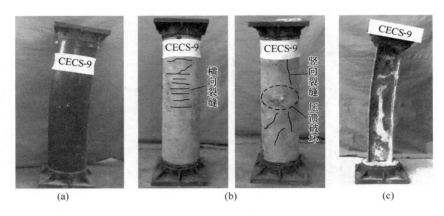

图 4-12   CECS-9 试件组成部分破坏形态

（a）圆钢管破坏图；（b）再生混凝土破坏图；（c）型钢破坏图

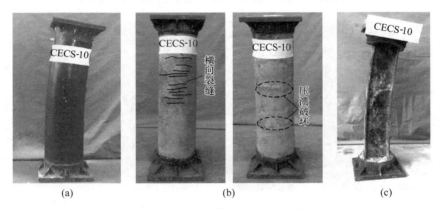

图 4-13   CECS-10 试件各组成部分破坏形态

（a）圆钢管破坏图；（b）再生混凝土破坏图；（c）型钢破坏图

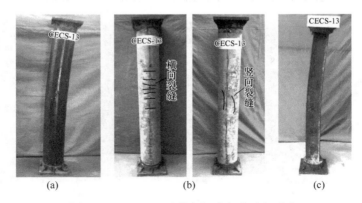

图 4-14   CECS-13 试件各组成部分破坏形态

（a）圆钢管破坏图；（b）再生混凝土破坏图；（c）型钢破坏图

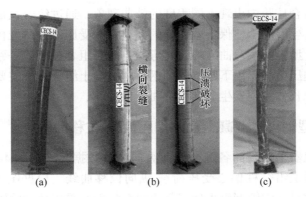

图 4-15　CECS-14 试件组成部分破坏形态

(a) 圆钢管破坏图；(b) 再生混凝土破坏图；(c) 型钢破坏图

(1) 对于圆钢管径厚比。加载初期，偏压试件均处于弹性阶段，荷载随着位移的增大线性增加，此时试件表面无明显变形；当荷载加至 CECS-4 试件的 50% 峰值荷载时，试件中上部向受压区方向弯曲，圆钢管表面氧化层开始脱落，且受压区中部钢管出现局部鼓曲，此时圆钢管及内部型钢先后进入屈服阶段，刚度开始降低，试件进入弹塑性阶段；峰值荷载过后，试件承载力开始下降，但试件的压缩变形继续增大；当承载力下降至 80% 峰值荷载时，试件承载力随位移的不断增加而下降缓慢，试验结束，试件整体呈上下对称弯曲，此次试验过程试件表现了良好的延性。由图 4-8～图 4-10 (b) 及 (c) 可以看出，再生混凝土仍保持较好的整体性，再生混凝土表面布满水平方向的细长裂缝，在受压区局部鼓曲处再生混凝土出现局部压碎现象，型钢中上部弯曲明显。

(2) 对于偏心距。偏心距为 0 的组合柱试件 CECS-8 破坏形态，如图 4-11 所示。由图 4-12 和图 4-13 (b) 及 (c) 可知，试件内部仍保持较好的整体性，再生混凝土受拉区表面布满水平方向的细长裂缝，在受压区局部鼓曲处再生混凝土出现压溃破坏，型钢中上部弯曲明显，且型钢的弯曲程度随偏心距的增大而增大。

4.1.4.2　CECS-3、CECS-13 和 CECS-14（工字型钢长细比）

由图 4-14、图 4-15 与图 4-8 对比可以看出，工字型钢长细比不同的试件 CECS-13、CECS-14 与试件 CECS-3 破坏形态相似，且由于在上节已对试件 CECS-3 进行分析，因此本节选取试件 CECS-13（长细比为 27.8）与试件 CECS-14（长细比为 38.3）进行分析。由图 4-14 和图 4-15 中 (b) 及 (c) 可知，核心再生混凝土与内部型钢仍然保持较好的整体性，再生混凝土受拉区中部表面布满水平方向的细长裂缝，试件受压区发生局部鼓曲的部位核心再生混凝土发生压溃破坏，型钢中部弯曲明显，且型钢的弯曲程度随试件长细比的增大而增大。

综上所述，偏压试件破坏时侧向受压区明显弯曲，且是以组合柱跨中呈上下对称弯曲，在组合柱跨中出现不同程度的鼓曲现象，通过组合柱剖开图可见，去除钢管的型钢再生混凝土柱保持着良好的完整性，受压侧鼓曲处再生混凝土发生局部压溃破坏，型钢发生弯曲破坏，其弯曲方向与组合柱整体一致。通过破坏机理分析可知，偏压荷载作用下圆钢管型钢再生混凝土组合短柱主要发生材料强度破坏，而组合中长柱主要发生非弹性弯曲失稳破坏。

4.2　圆钢管型钢再生混凝土柱的偏压荷载-位移曲线

根据试验仪器采集到的各级荷载及纵向位移数据，绘制图 4-16 所示的圆钢管型钢再生混凝土组合柱偏心受压荷载-纵向位移曲线。根据图 4-16 分析可知，各试验设计参数对圆钢管型钢再生混凝土组合柱偏心受压性能的影响规律如下。

（1）图 4-16（a）为再生粗骨料取代率对圆钢管型钢再生混凝土组合柱偏心受压性能的影响曲线。由图 4-16（a）可知，随着再生粗骨料取代率的增加，组合柱偏压承载力及试件刚度逐渐降低。加载初期，试件均处于弹性工作阶段，荷载与纵向位移基本呈线性变化，再生混凝土组合柱刚度较普通混凝土组合柱略有降低，但整体影响不大。当荷载达到峰值荷载的 70% 左右时，试件刚度开始降低，说明此时钢管及型钢已开始屈服，组合柱进入弹塑性阶段。峰值荷载过后，试件承载力开始降低，但曲线下降段整体较为平缓，表明组合柱在偏心荷载作用下仍具有较好的变形能力。这可能是由于再生粗骨料虽存在微裂缝，但圆钢管和型钢对再生混凝土起到双重约束效应，使其处于三向应力状态下，致使内部微裂缝被压紧致密，从而保证了组合柱较好的整体变形能力。

（2）图 4-16（b）为圆钢管径厚比对圆钢管型钢再生混凝土组合柱偏心受压性能的影响曲线。由图 4-16（b）可知，随着圆钢管壁厚的增加，组合柱偏压承载力及刚度逐渐增大。这可能是由于圆钢管壁厚的增加不仅增强了钢管对内部再生混凝土的约束力，而且提高了其自身承载力。峰值荷载过后，组合柱偏压承载力开始下降，径厚比较小的试件承载力下降相对较为平缓，即随着圆钢管壁厚的增加，组合柱的刚度及延性均有一定的提高。因此，在实际应用中可以通过适当增加圆钢管壁厚来提高组合柱偏心受压力学性能。

（3）图 4-16（c）为型钢配钢率对圆钢管型钢再生混凝土组合柱偏心受压性能的影响曲线。由图 4-16（c）可知，随着型钢配钢率的增加，组合柱承载力及偏压刚度逐渐增大。原因可能为在组合柱截面尺寸一定的情况下，增大型钢配钢率即增大截面内型钢截面积，提高型钢截面惯性矩，从而提高组合柱的抗弯刚度。峰值荷载过后，组合柱偏压承载力开始下降，但型钢配钢率越大，组合柱荷载-位移曲线的下降段相对越平缓，说明增大配钢率对组合柱试件的偏压受力性能是有利的。

（4）图 4-16（d）为再生混凝土强度等级对圆钢管型钢再生混凝土组合柱偏

心受压性能的影响曲线。随着再生混凝土强度等级的提高，曲线上升段斜率逐渐增大并逐渐向纵向坐标轴偏移，说明试件承载力及刚度随再生混凝土强度的提高而提高。峰值荷载过后，再生混凝土强度较高的试件承载力下降速率明显快于强度较低的试件，分析原因可能为随着再生混凝土的强度的提高，其脆性逐渐变大，在偏心荷载作用下，再生混凝土逐渐被压碎，导致其承载力下降速率较快。当承载力下降至峰值荷载的85%左右时，其下降速率逐渐缓慢，曲线斜率趋于平稳，表明组合柱仍具有良好的变形能力。

（5）图4-16（e）为偏心距对圆钢管型钢再生混凝土组合柱偏心受压性能的影响曲线。由图4-16（e）可知，偏心距对组合柱偏压受力性能具有显著影响，随着偏心距的增大，组合柱整体刚度及承载力显著降低。此外，峰值荷载过后，偏心距较小的试件承载力下降速率较偏心距大的试件较为缓慢，即曲线的下降段相对较为平缓，当荷载下降到峰值荷载的85%左右时，承载力下降逐渐变缓，说明组合柱在不同偏心荷载作用下仍具有较好的偏压受力性能。另外，从图中可看出，CECS-8轴压试件的轴压刚度、承载力及峰值过后的变形能力远远优于偏压试件的受力性能，因此，在实际工程中应采取适当措施尽量避免偏心受压构件。

（6）图4-16（f）为工字型钢长细比对圆钢管型钢再生混凝土组合柱偏心受压性能的影响曲线。从图4-16（f）中可以看出，随着试件长细比的增大，试件偏压承载力及峰值前试件的偏压刚度逐渐降低，峰值荷载过后，长细比较大的试件的偏压承载力的下降速率明显快于长细比较小的试件。这可能是由于长细比较大试件在加工制作过程中产生一定初始缺陷及初始偏心距，同时试验加载过程中，长细比较大的组合柱在偏心荷载作用下产生明显的侧向挠曲变形，受二阶效应的影响，其轴向荷载在组合柱截面上引起较大的附加偏心距及附加挠曲变形，试件为维持整体平衡，其峰值承载力随长细比的增大逐渐降低。因此，在实际工程中，需控制组合柱的长度，尽量避免构件过长对其受力性能产生不利影响。

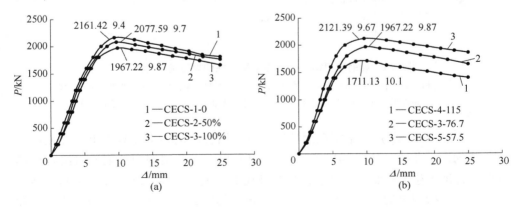

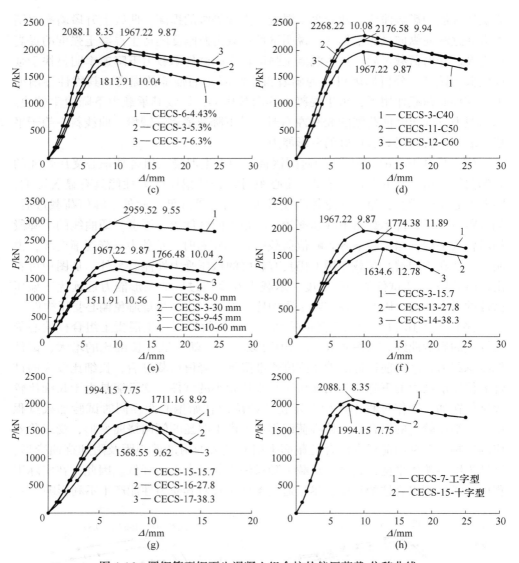

图 4-16　圆钢管型钢再生混凝土组合柱的偏压荷载-位移曲线

（a）再生粗骨料取代率；（b）圆钢管径厚比；（c）型钢配钢率；（d）再生混凝土强度等级；
（e）偏心距；（f）工字型钢长细比；（g）十字型钢长细比；（h）型钢截面形式

（7）图 4-16（g）为十字型钢长细比对圆钢管型钢再生混凝土组合柱偏心受压性能的影响曲线。从图 4-16（g）中可以看出，十字型钢的长细比对组合柱偏压受力性能产生显著影响，随着试件长细比的增大，试件偏压承载力及刚度逐渐降低，峰值荷载过后，长细比较大的试件的偏压承载力的下降速率明显快于长细比较小的试件，说明长细比较小的试件偏压受力性能优于长细比较大的试件，因此，在实际工程中根据型钢类型合理选择构件长细比。

（8）图 4-16（h）为型钢截面形式对圆钢管型钢再生混凝土组合柱偏心受压性能的影响曲线。从图 4-16（h）中可以看出，内置工字型的试件的承载力及偏压刚度均大于内置十字型钢的试件，峰值荷载后，承载力开始下降，内置工字型钢的试件承载力下降速率较内置十字型钢的试件平缓，且其具有较好的延性性能。分析原因可能为本次试验为强轴加载试验，在相同截面面积及型钢配钢率的情况下，工字型钢的翼缘长度大于十字型钢的翼缘长度，导致工字型钢翼缘对再生混凝土的约束作用强于十字型钢翼缘对再生混凝土的约束作用，同时工字型钢的截面惯性矩大于十字型钢的截面惯性矩，从而提高了试件整体的抗弯刚度。

4.3 圆钢管型钢再生混凝土组合柱试件的侧向挠度变形

部分组合柱试件在不同加载阶段的侧向挠度曲线如图 4-17 所示（CECS-8 试件为轴压试件除外）。图中 f 为挠度值，即试件受压变形后偏离初始加载位置的挠度，n 为试件上各点距柱底高度与试件高度的比值（x/L），图中荷载值为各级

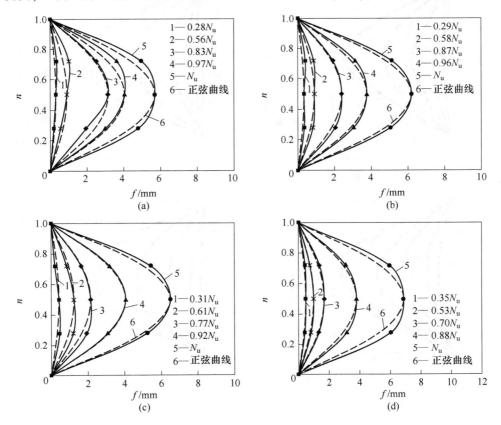

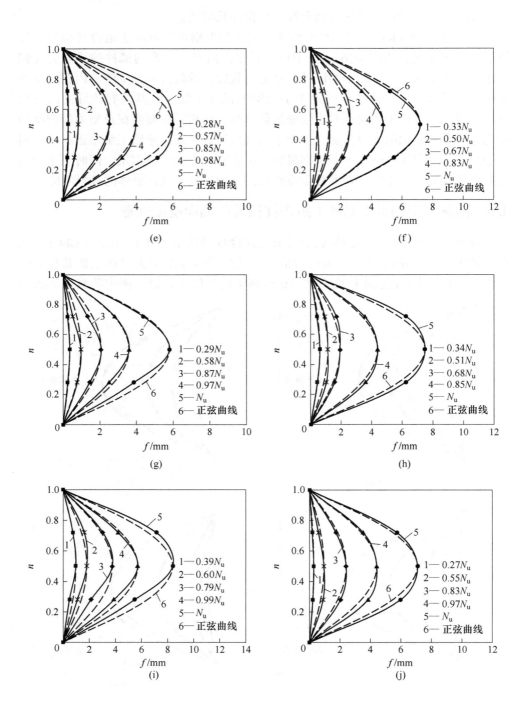

(e)

(f)

(g)

(h)

(i)

(j)

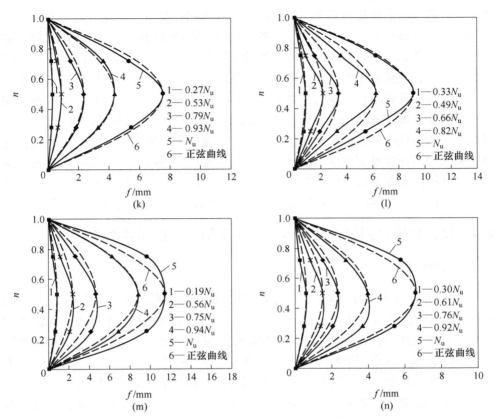

图 4-17 偏压荷载下部分圆钢管型钢再生混凝土组合柱的侧向挠度曲线

(a) CECS-1；(b) CECS-2；(c) CECS-3；(d) CECS-4；(e) CECS-5 (f) CECS-6；

(g) CECS-7；(h) CECS-9；(i) CECS-10；(j) CECS-11；

(k) CECS-12；(l) CECS-13；(m) CECS-14；(n) CECS-15

荷载（N）与峰值荷载（N_u）的比值，图中虚线为各级荷载下标准正弦函数曲线 $f = u\sin(n\pi)$，其中 u 为各级荷载下试件中部最大侧向挠度值，将其与试验所得各级荷载下侧向挠度曲线对比，由图 4-17 可知，随着荷载的增大，各试件侧向挠度也随之逐渐增大，当荷载达到峰值荷载的 70%～80%，其侧向挠度的增长速率明显高于荷载的增长速率，这种增长趋势后期越加明显，同时可以看出，在加载初期，长细比较小的试件上下两端侧向变形并非完全的对称，这可能是由于试验加载装置上部为球铰较为灵活，下部为单纯的偏压刀铰灵活性相对较差，因此导致试件上端部弯曲程度较下端部明显。但随着荷载的增大，上述影响因素逐渐减弱，挠度曲线上下部分趋于对称，并逐渐接近正弦曲线。对比图 4-17 中各级荷载下的挠度曲线可知，再生粗骨料取代率对试件加载前期的侧向挠度影响不大，这可能与再生粗骨料和天然粗骨料在加载初期具有相似的受力性能有关。随着偏心距与长细比的增加，试件加载各阶段及最终侧向挠度均呈非线性增加，随着型钢配钢率的增加，试件对侧向变形的抵抗能力逐渐增强，随着试件钢管套箍系数增大，相同荷载下所产生的侧向挠度逐渐减小，由此可证明侧向挠度的增长除了与长细比及偏心距有较大关系外，还可以得出其与套箍系数和型钢配钢率均有一定关系，即在相同偏心距和长细比的情况下，套箍系数和型钢配钢率越小，开始产生侧向挠度的荷载就越小，产生一定侧向挠度时所对应的偏心荷载也就越小。将其与圆钢管型钢再生混凝土组合柱轴压相比，偏压试验中没有出现轴压试验中达到极限承载力后强度出现反弹的现象。这可能是由于偏压柱在达到极限承载力后，所产生的侧向挠度使附加偏心距越来越大，导致承载力逐渐下降。

4.4　设计参数对圆钢管型钢再生混凝土组合柱偏压性能的影响

4.4.1　取代率

图 4-18 为再生粗骨料取代率对圆钢管型钢再生混凝土组合柱偏心受压性能的影响，其中挠度值（f）为试件受压变形后偏离初始加载位置的挠度。由图 4-18 可知，在加载初期，试件处于弹性工作阶段，试件中截面侧向挠度随着荷载的增加呈线性变化，且挠度值较小，弹性阶段结束时，挠度基本在 3~4 mm。随着偏心荷载的继续增加，曲线开始偏离初始直线，且随着再生粗骨料取代率的增加，曲线斜率逐渐降低，此时试件侧向挠度随荷载增长逐渐变快。随着荷载增加至峰值荷载，当再生粗骨料取代率由 0 增加至 100% 时，组合柱跨中截面挠度由 5.7 mm 增加至 6.5 mm，分析原因可能为再生粗骨料中的初始微裂缝在压缩过程中闭合，导致试件侧向发生挠曲。

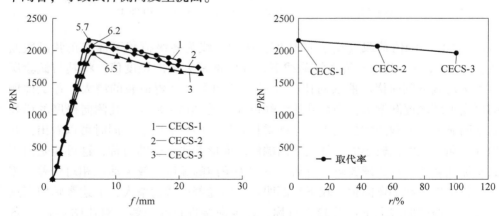

图 4-18　取代率对圆钢管型钢再生混凝土组合柱的偏压受力性能影响

峰值荷载过后，试件侧向挠度迅速发展，且随着再生粗骨料取代率的增加，曲线下降段越平缓，试件破坏时所对应的侧向挠曲变形越大，说明组合柱具有较好的偏压受力性能。同时可知，再生粗骨料取代率由 0 增加至 50%，承载力降低 4.2%，由 50% 增加至 100%，承载力降低 4.9%，这与再生混凝土材料强度随再生粗骨料取代率的增加而降低的规律是一致的，表明由于再生粗骨料内部存在微裂缝以及旧的水泥砂浆，使其力学性能劣于天然粗骨料，导致试件偏心受压承载力随着再生粗骨料取代率的增加而减小。

4.4.2 径厚比

图 4-19 为圆钢管径厚比对圆钢管型钢再生混凝土组合柱偏压受力性能的影响。由图 4-19 可知，在加载初期，试件处于弹性工作阶段，试件中截面侧向挠度随着荷载的增加呈线性变化，且挠度值较小，弹性阶段结束时，组合柱跨中截面侧向挠度基本在 4 mm 左右。随着偏心荷载的继续增加，曲线逐渐开始偏离初始直线，且随着圆钢管径厚比的增加，曲线斜率逐渐降低，试件进入弹塑性阶段，此时试件侧向挠度随荷载增长呈非线性变化。随着荷载增加至峰值荷载，圆钢管径厚比由 57.5 增加至 115 时，组合柱跨中截面侧向挠度由 6 mm 增加至 6.9 mm，分析原因可能为圆钢管壁厚的增加不仅增强了其对内部再生混凝土及型钢的约束，同时提高了截面钢管的截面惯性矩，从而提高了组合柱整体抗弯刚度，有效抑制了组合柱侧向挠度的发展。峰值荷载过后，圆钢管及内部型钢均已屈服，其对内部再生混凝土的约束作用逐渐减弱，随着轴向位移的增加，混凝土也随之被压碎，试件逐渐将轴向位移转化为侧向挠度，此后试件侧向挠度增长逐渐加快，且随着圆钢管径厚比的增加，曲线下降段越平缓，其发生破坏时对应的

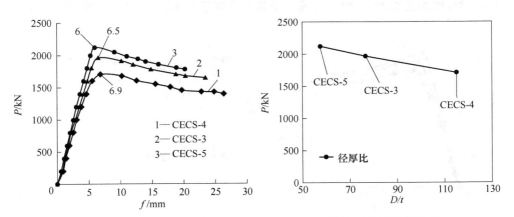

图 4-19　径厚比对圆钢管型钢再生混凝土组合柱偏压受力性能的影响

侧向挠曲随圆钢管径厚比的增大而增加，但增长速度相对缓慢，说明组合柱具有较好的偏压变形性能；同时从圆钢管径厚比对组合柱承载力的影响曲线可知，圆钢管径厚比由 57.5 增加至 76.7，组合柱偏压承载力降低 7.3%，由 76.7 增加至 115，组合柱偏压承载力降低 13%，表明圆钢管径厚比对组合柱偏压承载力具有显著影响，分析原因可能为随着钢管径厚比的增大，即圆钢管壁厚变小，其对内部再生混凝土的约束相对较弱，在偏压荷载作用下，钢管所能承受的最大荷载也相对较小，随荷载的增加钢管壁受压侧极易出现局部屈曲，这在一定程度上也减弱了圆钢管对内部再生混凝土的约束作用。

4.4.3 型钢配钢率

图 4-20 为型钢配钢率对圆钢管型钢再生混凝土组合柱偏压受力性能的影响。由图 4-20 可知，在加载初期，试件中截面侧向挠度随着荷载的增加呈线性变化，处于弹性工作阶段，此时挠度值较小，弹性阶段结束时，侧向挠度基本在 4～5 mm，此后随着偏心荷载的增加，曲线开始偏离初始直线，且随着型钢配钢率的减小，曲线斜率逐渐降低，试件开始进入弹塑性阶段，此时试件侧向挠度随荷载增长逐渐呈现非线性。随着荷载增加至峰值荷载，当型钢配钢率由 6.3% 减少至 4.43% 时，组合柱中截面挠度由 5.8 mm 增加至 7.2 mm，分析原因可能为型钢配钢率的增加提高了试件整体抗弯刚度，从而抑制试件侧向挠曲变形。峰值荷载过后，圆钢管及内部型钢已达屈服，试件逐渐将轴向位移转化为侧向挠度，此后试件侧向挠度增长逐渐加快，且随着型钢配钢率的降低，曲线下降段越平缓，其发生破坏时对应的侧向挠曲变形越大，但变化幅度不大，说明组合柱具有较好的偏压变形性能；同时从型钢配钢率对组合柱承载力的影响曲线可知，型钢配钢率由 4.43% 增加至 5.3%，组合柱偏压承载力提高了 8.5%，由 5.3% 增加至 6.3%，

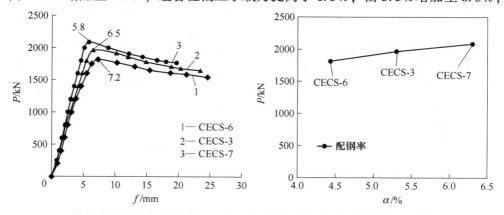

图 4-20 配钢率对圆钢管型钢再生混凝土组合柱偏压受力性能的影响

组合柱偏压承载力提高 6.1%，分析原因可能为在偏压荷载作用下，再生混凝土和型钢为主要持力部件，增大型钢配钢率，即增大了型钢截面面积，一定程度上增强了试件整体抗弯刚度及型钢持荷能力，从而提高了试件整体偏压承载力。

4.4.4 偏心距

图 4-21 为偏心距对圆钢管型钢再生混凝土组合柱偏压受力性能的影响。由图 4-21 可知，在加载初期，偏压试件处于弹性工作阶段，受拉侧侧向挠度随着荷载的增加基本呈线性变化，且挠度值相对较小，弹性阶段结束时，侧向挠度基本为 4~5 mm，此后随着偏心荷载的增加，曲线开始偏离初始直线，且随着偏心距的增大，曲线斜率逐渐降低，试件开始进入弹塑性阶段，此时试件侧向挠曲变形随荷载增长逐渐变快。随着荷载增加至峰值荷载，当偏心距由 30 mm 增加至 60 mm 时，组合柱中截面挠度由 6.5 mm 增加至 8.4 mm，分析原因可能为偏心距越大，试件为维持整体平衡，逐渐将轴向变形转化为侧向挠曲变形。峰值荷载过后，圆钢管及内部型钢已达屈服，试件侧向挠度变形增长速率明显快于轴向位移的增长速率，且随着偏心距的增大，曲线下降段越平缓，发生破坏时对应的侧向挠曲变形越大，偏心距为 60 mm 的试件较偏心距为 30 mm 的试件，侧向挠度增长了 57%，由此可见偏心距是圆钢管型钢再生混凝土组合柱偏压受力性能的主要影响因素；同时从偏心距对组合柱承载力的影响曲线可知，偏心距由 0 增加至 30 mm，组合柱偏压承载力降低了 34%，由 30 mm 增加至 45 mm，组合柱偏压承载力降低了 10.2%，由 45 mm 增加至 60 mm，组合柱偏压承载力降低了 14.4%，其承载力在偏心荷载作用下呈现非线性降低，其降幅显著，由此可说明偏心距为影响圆钢管型钢再生混凝土组合柱承载力的重要参数，实际工程中应尽量避免出现偏心受压构件。

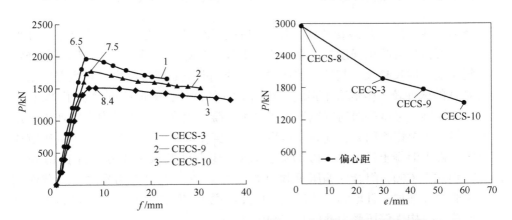

图 4-21 偏心距对圆钢管型钢再生混凝土组合柱偏压受力性能的影响

4.4.5　再生混凝土强度

图 4-22 为再生混凝土强度等级对圆钢管型钢再生混凝土组合柱偏压受力性能的影响。由图 4-22 可知，在加载初期，试件处于弹性工作阶段，受拉侧侧向挠度随着荷载的增加基本呈线性变化，且挠度值相对较小，弹性阶段结束时，侧向挠度基本为 3~4 mm，此后随着偏心荷载的增加，曲线开始偏离初始直线，且随着再生混凝土强度的降低，曲线斜率逐渐降低，此时试件进入弹塑性阶段，试件侧向挠度随荷载增长逐渐变快，试件整体刚度开始下降。随着荷载增加至峰值荷载，当再生混凝土强度等级由 C40 增加至 C60 时，组合柱中截面挠度由 6.5 mm 增加至 7.55 mm，分析原因可能为再生混凝土强度越高，其脆性越大，导致在偏心荷载作用下，其受压区再生混凝土被压碎，发生塑性流动，使受压区钢管发生局部鼓曲，进而导致组合柱整体向受压区弯曲。

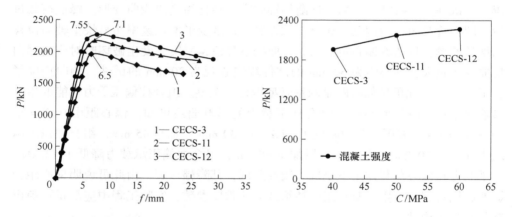

图 4-22　再生混凝土强度等级对圆钢管型钢再生混凝土组合柱偏压受力性能的影响

峰值荷载过后，圆钢管及内部型钢已达屈服，试件侧向挠度呈现非线性增长，且随着再生混凝土强度的提高，曲线下降段相对越平缓，即在相同荷载降幅内，侧向挠度增长越大，其发生破坏时对应的侧向挠曲变形越大。再生混凝土强度为 C40 的试件较再生混凝土强度等级为 C60 的试件，侧向挠度增长了 23.6%，说明再生混凝土强度等级对圆钢管型钢再生混凝土组合柱偏压受力性能产生一定影响，但非重要影响因素；同时从再生混凝土强度等级对组合柱承载力的影响曲线可知，再生混凝土强度由 C40 增加至 C50，组合柱偏压承载力提高了 10.6%，由 C50 增加至 C60，组合柱偏压承载力提高了 4.2%，其承载力在偏心荷载作用下呈现非线性增加，且增幅先快后慢，由此可说明实际工程中适当提高再生混凝土强度等级对构件偏压受力性能是有利的。

4.4.6　工字型钢长细比

图 4-23 为工字型钢长细比对圆钢管型钢再生混凝土组合柱偏压受力性能的影响。由图 4-23 可知，在加载初期，试件处于弹性工作阶段，其受拉侧侧向挠度随着荷载的增加基本呈线性变化，长细比为 27.8 的 CECS-13 试件和长细比为 38.3 的 CECS-14 试件，由于受到二阶效应及试件初始缺陷的影响，其在加载初期的侧向挠度较长细比为 15.7 的 CECS-3 试件大，弹性阶段结束时，侧向挠度基本为 4~6 mm，此后随着轴向荷载的增加，曲线开始偏离初始直线，且随着长细比的增加，曲线斜率越早出现降低，说明试件开始进入弹塑性阶段，此时试件侧向挠度随荷载增长变快，试件整体刚度开始下降。随着荷载增加至峰值荷载，当工字型钢长细比由 15.7 增加至 38.3 时，组合柱中截面挠度由 6.5 mm 增加至 11.45 mm，分析原因可能为随着试件长细比的增大，试件在加工过程中存在的初始缺陷及初始挠度就越大，在偏心荷载作用下导致其缺陷相对发展较快，试件弯曲程度不断加剧，另外，由于长细比的增大，试件受到的二阶效应的影响越明显。峰值荷载过后，圆钢管及内部型钢已达屈服，试件侧向挠度呈现非线性增长，且随着工字型钢长细比的增加，曲线下降段相对越平缓，发生破坏时对应的侧向挠曲变形越大，长细比为 38.3 的 CECS-14 试件较长细比为 15.7 的 CECS-3 试件，侧向挠度增长 99%，说明工字型钢长细比是圆钢管型钢再生混凝土组合柱偏压受力性能的主要影响因素；同时从工字型钢长细比对组合柱承载力的影响曲线可知，长细比由 15.7 增加至 27.8，组合柱偏压承载力降低了 9.8%，由 27.8 增加至 38.3，组合柱偏压承载力降低了 7.9%，其承载力随长细比的增加基本呈线性降低。因此在实际工程中应根据具体条件适当设计构件长细比。

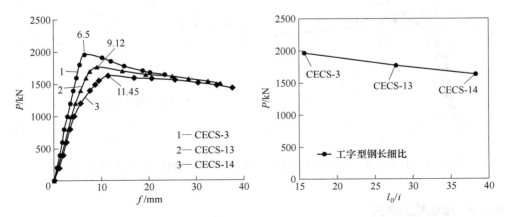

图 4-23　工字型钢长细比对圆钢管型钢再生混凝土组合柱偏压受力性能的影响

4.4.7   十字型钢长细比

图 4-24 为十字型钢长细比对圆钢管型钢再生混凝土组合柱偏压受力性能的影响。由图 4-24 可知，在加载初期，试件处于弹性工作阶段，侧向挠度随着荷载的增加基本呈线性变化，且随着试件长细比的增加，其侧向挠度的增长速度越快，即曲线斜率越小，弹性阶段结束时，侧向挠度基本为 5~6 mm，此后随着偏心荷载的增加，曲线开始偏离初始直线，且随着长细比的增加，曲线斜率越早出现降低，说明试件开始进入弹塑性阶段，此时试件侧向挠度随轴向位移的增加变快，试件整体刚度开始下降。随着荷载增加至峰值荷载，当十字型钢长细比由 15.7 增加至 38.3 时，组合柱中截面挠度由 6.6 mm 增加至 11.66 mm，分析原因可能为随着试件长细比的增大，试件在加工过程中存在的初始缺陷越大且受到的二阶效应影响也越显著，导致试件在偏心荷载作用下侧向弯曲程度不断加剧。峰值荷载过后，圆钢管及内部型钢已达屈服，试件侧向挠度呈现非线性增长，且随着十字型钢长细比的增加，曲线下降段相对越平缓，发生破坏时对应的侧向挠曲变形越大，长细比为 38.3 的 CECS-17 试件较长细比为 15.7 的 CECS-15 的试件，侧向挠度增长了 86.5%，说明十字型钢长细比也是圆钢管型钢再生混凝土组合柱偏压受力性能的主要影响因素；同时从十字型钢长细比对组合柱承载力的影响曲线可知，长细比由 15.7 增加至 27.8，组合柱偏压承载力降低了 14.2%，由 27.8 增加至 38.3，组合柱偏压承载力降低了 8.3%，表明在一定范围内，其偏压承载力随长细比的增加下降速率先快后慢，因此在实际工程中应根据具体条件适当设计构件长细比。

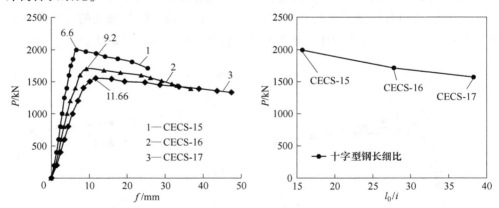

图 4-24   十字型钢长细比对圆钢管型钢再生混凝土组合柱偏压受力性能的影响

4.4.8   型钢截面形式

图 4-25 为型钢截面形式对圆钢管型钢再生混凝土组合柱偏压受力性能的影

响。由图 4-25 可知，加载初期，偏压试件处于弹性阶段，试件中截面侧向挠度随着荷载的增加呈线性变化，且挠度值较小，弹性阶段结束时，侧向挠度基本为 3~5 mm。随着偏心荷载的继续增加，曲线开始偏离初始直线，且随着钢管径厚比的增加，曲线斜率逐渐降低，试件开始进入弹塑性阶段，此时试件侧向挠度随荷载增长变快。随着荷载增加至峰值荷载，截面形式为工字型钢的侧向挠度为 5.8 mm，十字型钢的截面挠度为 6.6 mm，峰值荷载过后，圆钢管及内部型钢已达屈服，试件逐渐将轴向位移转化为侧向挠度，此后试件侧向挠度增长逐渐加快，内置十字型钢的试件下降段较工字型钢试件下降段平缓且其破坏时对应的侧向挠度较大，说明十字型钢试件比工字型试件具有更好的偏压侧向变形能力；同时从型钢截面形式比对组合柱承载力的影响曲线可知，工字型钢试件偏压承载力较十字型钢试件偏压承载力提高了 5%，分析原因可能是由于此次偏压试验沿强轴方向加载，在偏心荷载作用下，型钢翼缘和外钢管对再生混凝土起到双层约束作用，相比较而言，在相同配钢率的情况下，十字型钢翼缘长度较工字型钢短，且十字型钢截面惯性矩较小，其抗弯能力相对较弱，因此十字型钢对再生混凝土的约束作用相对较弱，导致其侧向挠度较工字型大，偏压承载力较工字型钢低。

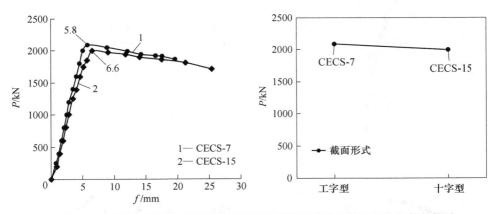

图 4-25　型钢截面形式对圆钢管型钢再生混凝土组合柱偏压受力性能的影响

4.5　圆钢管型钢再生混凝土组合柱的应变分析

4.5.1　型钢应变

将实测的型钢应变进行算数平均得到型钢的平均纵向应变，从而得到试件的轴向荷载与型钢平均纵向应变关系，如图 4-26 所示，其中规定受压应变为负，受拉应变为正。由于有些应变片在制作加载过程中有损坏，故每个试件选取三条典型曲线进行说明，即型钢腹板、型钢受压翼缘和型钢受拉翼缘各选一条。

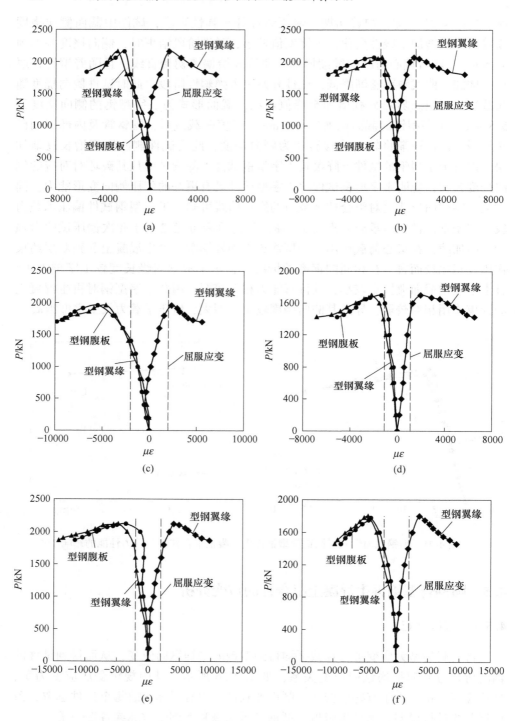

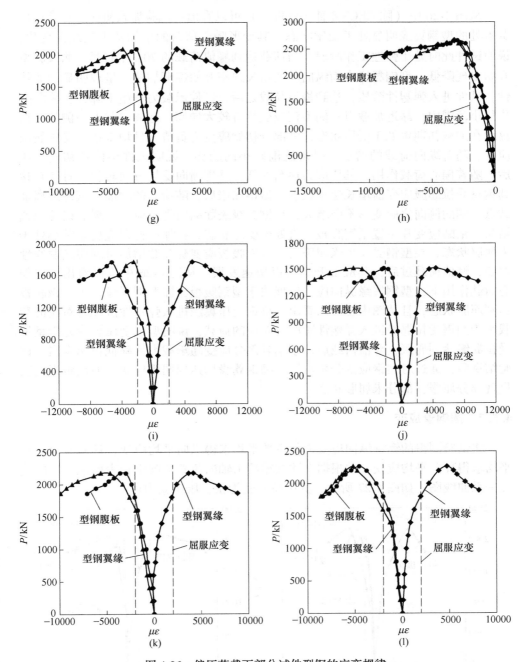

图 4-26　偏压荷载下部分试件型钢的应变规律

（a）CECS-1；（b）CECS-2；（c）CECS-3；（d）CECS-4；（e）CECS-5；（f）CECS-6；
（g）CECS-7；（h）CECS-8；（i）CECS-9；（j）CECS-10；（k）CECS-11；（l）CECS-12

从图 4-26 中（除 CECS-8 轴压试件外）可以看出：试验加载初期，在靠近加载点处的型钢翼缘明显处于受压状态，其变形随着荷载的增加基本呈线性变化，说明试件此时处于弹性工作阶段，当荷载达到峰值荷载的 70% 左右时，曲线斜率开始出现降低，型钢翼缘表面纵向应变增长速率开始逐渐加快，呈现明显的非线性，试件进入弹塑性阶段，达到峰值荷载之后，试件承载力开始下降，在荷载变化很小范围内，靠近加载点一侧型钢应变具有较大增幅。远离加载点一侧的型钢翼缘在加载初期也处于受压状态，大部分初始应变为负值，且均未达到受压屈服应变，随着纵向荷载的增加，呈现逐渐减小的趋势，说明试件整体在初期受压后，随着偏心荷载作用，其压应力逐渐降低，并逐渐向受拉方向转移，且其在达到钢材受拉屈服应变前增长速率缓慢，型钢屈服后，随荷载的增加，试件远离加载点一侧的侧向挠曲变形不断增大，型钢翼缘表面纵向受拉应变呈现非线性快速增长。粘贴应变片位置型钢腹板一直处于受压状态，在加载初期应变非常小处于未屈服状态，在型钢受压翼缘屈服后，型钢腹板应变随荷载增加呈现明显非线性增长，峰值荷载过后，其应变开始得以快速发展。从图 4-26 中可以看出，在偏心荷载作用下，型钢翼缘纵向应变发展快于型钢腹板，即型钢翼缘先于型钢腹板达到屈服状态，且从图中也可以看出，型钢受压翼缘进入弹塑性阶段时对应的荷载小于型钢受拉翼缘进入弹塑性阶段时对应的荷载，说明型钢受压翼缘先于型钢受拉翼缘达到屈服，峰值荷载后，型钢各部分应变随承载力的降低快速发展。试验结束后，通过对型钢应变分析可知，型钢翼缘均达到屈服应变，型钢腹板应变呈现部分屈服，部分未屈服状态。

4.5.2 圆钢管应变

将试验测得的钢管纵向应变进行算数平均求得纵向平均应变，环向应变算数平均求得环向平均应变，并根据上述数据绘出轴向荷载与圆钢管表面纵、环向应变关系曲线图，如图 4-27 所示，其中拉应变为正，压应变为负。

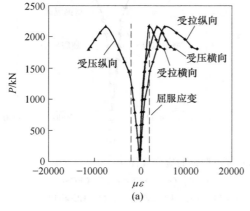

(a)

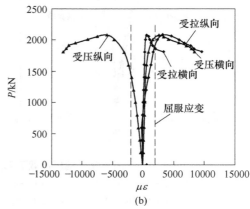

(b)

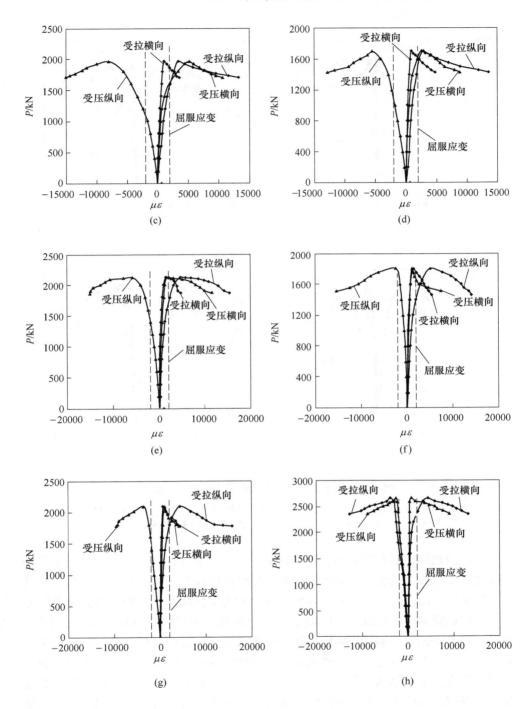

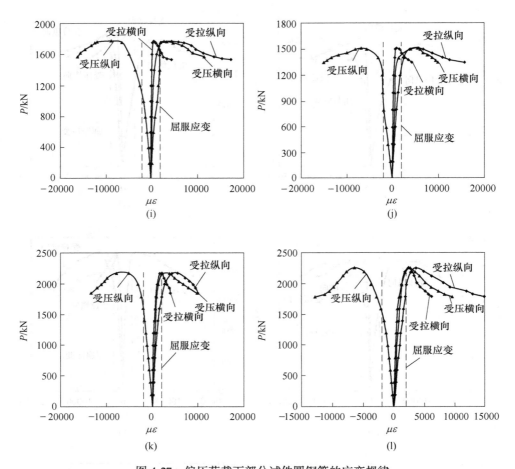

图 4-27　偏压荷载下部分试件圆钢管的应变规律

（a）CECS-1；（b）CECS-2；（c）CECS-3；（d）CECS-4；（e）CECS-5；（f）CECS-6；
（g）CECS-7；（h）CECS-8；（i）CECS-9；（j）CECS-10；（k）CECS-11；（l）CECS-12

　　在加载初期，圆钢管表面应变随荷载增加基本呈线性变化，说明此时试件处于弹性工作阶段，随着偏心荷载的增加，试件纵向应变开始有较快的发展，且其增长速度快于环向应变，钢管四周纵向应变均为受压状态，且均未达到钢管屈服应变，圆钢管表面未出现明显鼓曲变形。当荷载增加至峰值荷载的 50% 左右时，远离加载点一侧的圆钢管表面纵向压应变逐渐变小，说明试件初期受压后，在偏心荷载的作用下，其压应力在逐渐减小，开始向受拉方向转换，此后靠近加载点一侧的压应力不断加大，其纵向应变开始出现非线性增长，并逐渐达到屈服应变。屈服前，远离加载点一侧圆钢管表面的纵向压应变一直很小，屈服之后逐渐转变为受拉状态，其纵向拉应变随着荷载增加呈现非线性增长。

在试验加载初期阶段，靠近加载点一侧的再生混凝土压应力较大，该侧再生混凝土受压膨胀，在黏结摩擦的作用下，受力初期，钢管即与再生混凝土、型钢共同承担纵向荷载，且钢管的泊松比大于混凝土的泊松比，因此表现为在加载初期该侧的钢管环向应变很小，进入弹塑性阶段后，靠近加载点一侧型钢屈服，远离加载点一侧钢管侧向挠度开始发展，内部混凝土开始膨胀，此时钢管的环向应变也随之增大，圆钢管的约束作用逐渐体现，随后，靠近加载点一侧的钢管达到屈服状态，内部再生混凝土逐渐被压碎，峰值过后，由于偏心荷载的作用，远离加载点一侧试件侧向挠曲变形迅速发展，钢管部分进入强化阶段，靠近加载点一侧试件中部开始出现不同程度的局部鼓曲，导致相应侧钢管环向应变继续增大。对于远离加载点一侧，由于试件发生弯曲，钢管中部纵向受拉，导致钢管的约束力有所增强，在偏心荷载的作用下，内部再生混凝土随试件整体弯曲，体积逐渐膨胀，峰值荷载后，由于钢管的屈服，导致其对再生混凝土的约束力减弱，因此钢管环向应变也有所增长，但由于再生混凝土的膨胀程度较弱，故其应变较靠近加载点一侧的偏小。

4.6 截面应变分布规律

目前，钢筋混凝土类构件的正截面承载力计算公式推导大部分假定截面应变分布为线性，且在大量试验中得到很好的验证。而对于圆钢管型钢再生混凝土组合柱偏心受压时是否遵循此假定，可依据试验实测应变数据进行检验。如图 4-28 为各级荷载作用下偏压试件跨中截面纵向应变与截面高度的关系曲线，其中 n 为各级荷载（N）与峰值荷载（N_u）的比值。由图 4-28 可知，在加载过程中，跨中截面纵向应变沿截面高度变化大致符合平截面假定，且在加载前期，荷载相对较小的情况下，平截面假定的吻合程度更高，说明在偏心荷载作用前期，圆钢管、再生混凝土及型钢三者能够较好地协同工作。随着轴向偏心荷载的增加，圆

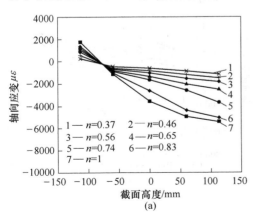

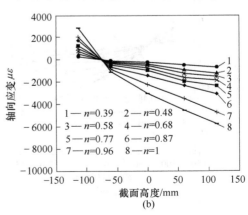

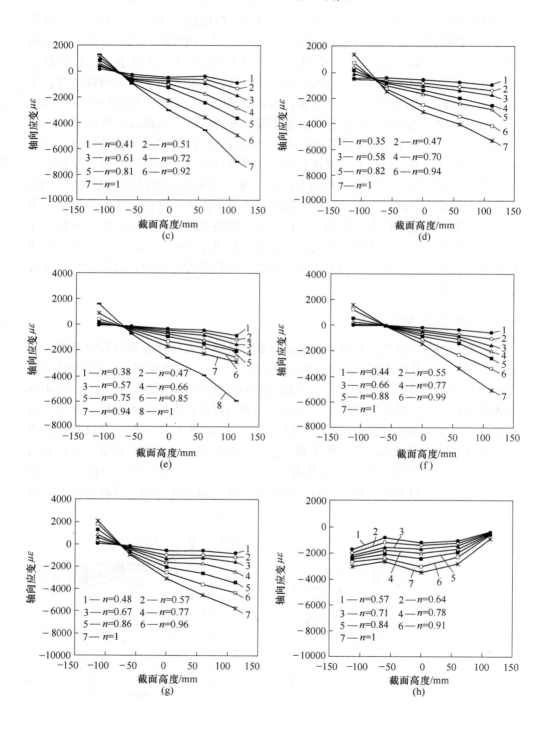

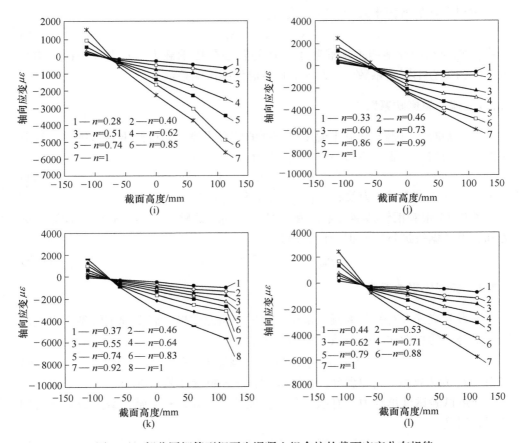

图 4-28 部分圆钢管型钢再生混凝土组合柱的截面应变分布规律

(a) CECS-1；(b) CECS-2；(c) CECS-3；(d) CECS-4；(e) CECS-5；(f) CECS-6；
(g) CECS-7；(h) CECS-8；(i) CECS-9；(j) CECS-10；(k) CECS-11；(l) CECS-12

钢管受压侧表面及侧边出现不同程度的轻微鼓曲，受拉侧钢管随荷载的增加逐渐向受压侧弯曲，此时钢管表面应变增长速率出现差异，曲线开始出现逐渐偏离原始直线，但此时钢管受拉区、受压区及侧面应变仍近似满足平截面假定。

4.7 圆钢管型钢再生混凝土组合柱的偏心受压承载力计算方法

本书圆钢管型钢再生混凝土组合柱的偏压承载力计算方法是在组合柱的轴压承载力的基础上进行推导，采用经验系数法进行公式拟合，在圆钢管型钢再生混凝土组合柱轴压承载力 N_0 的基础上考虑长细比、偏心率以及再生骨料取代率等参数对圆钢管型钢再生混凝土组合柱的偏压承载力影响程度，即圆钢管型钢再生混凝土组合柱偏心受压承载力 N_{cu} 是在 N_0 的基础上乘以不同参数承载力折减系数，故组合柱的偏压承载力计算公式为：

$$N_{cu} = \eta\varphi_1\varphi_e N_0 \qquad (4-1)$$

式中，N_0 为圆钢管型钢再生混凝土短柱的轴心受压承载力；φ_1 为长细比影响系数；φ_e 为偏心率影响系数，η 为再生骨料取代率影响系数。

4.7.1　偏心率影响系数

参考刘晓等对钢与混凝土偏压组合柱的研究成果，假设圆钢管型钢再生混凝土组合柱的偏心率影响系数 φ_e 计算公式为：

$$\varphi_e = a(e/r_0) + b \qquad (4-2)$$

式中，a、b 为常数；e 为偏心距；r_0 为组合柱截面半径。

通过 17 根圆钢管型钢再生混凝土组合柱偏压试验承载力、有限元计算承载力和文献数据等进行回归拟合计算得到：

$$\varphi_e = 1 - 0.4213(e/r_0) \qquad (4-3)$$

4.7.2　长细比影响系数

参考刘晓等人对钢与混凝土偏压组合柱的研究成果，假设圆钢管型钢再生混凝土组合柱的长细比影响系数 φ_1 计算公式为：

$$\varphi_1 = a(4l_0/D)^2 + b(4l_0/D) + c \qquad (4-4)$$

式中，a、b 为常数；l_0 为组合柱计算长度；D 为组合柱截面直径。

通过试验试件承载力、有限元参数扩展计算承载力和文献承载力数据进行回归拟合得到：

$$\varphi_1 = 1.0204 - 0.0094(4l_0/D) + 0.0001(4l_0/D)^2 \qquad (4-5)$$

4.7.3　再生骨料影响系数

通过圆钢管型钢再生混凝土组合柱试件偏压承载力、有限元计算承载力和文献数据等进行回归拟合得到：

$$\eta = 1 - 0.0974r + 0.0026r^2 \qquad (4-6)$$

由上面拟合计算得到偏心率影响系数 φ_e、长细比影响系数 φ_1 以及再生骨料影响系数 η 的计算公式，将三者代入式（4-5）可得：

$$N_{cu} = \eta\varphi_1\varphi_e N_0 = [1.0204 - 0.0094(4l_0/D) + 0.0001(4l_0/D)^2] \times$$
$$(1 - 0.0974r + 0.0026r^2) \times [1 - 0.4213(e/r_0)] \times N_0 \qquad (4-7)$$

为验证所得公式的正确性，把圆钢管型钢再生混凝土组合柱偏压承载力试验值 N_u 与公式计算值 N_{cu} 进行对比，见表 4-6。由表 4-6 可知，N_u 与 N_{cu} 两者之间相对误差平均值为 1.043，方差为 0.003，公式计算值较为保守，表明用经验系数拟合得到的圆钢管型钢再生混凝土组合柱偏压承载力计算公式能够较为准确地计算出组合柱偏压承载力，此计算公式可为设计提供参考。

表 4-6　圆钢管型钢再生混凝土组合柱偏压试验值与公式计算值的比较

试件编号	偏心率（e/r_0）	长细比（$4l_0/D$）	再生骨料取代率/%	N_u/ kN	N_{cu}/ kN	N_u/N_{cu}
CECS-1	0.26	15.6	0	2161.42	1993.64	1.08
CECS-2	0.26	15.6	50	2070.69	1902.40	1.09
CECS-3	0.26	15.6	100	1967.22	1813.62	1.08
CECS-4	0.26	15.6	100	1711.13	1599.94	1.07
CECS-5	0.26	15.6	100	2121.39	2025.41	1.05
CECS-6	0.26	15.6	100	1813.91	1762.89	1.03
CECS-7	0.26	15.6	100	2088.1	1869.99	1.12
CECS-8	0	15.6	100	2959.52	—	—
CECS-9	0.39	15.6	100	1766.48	1702.07	1.04
CECS-10	0.52	15.6	100	1511.91	1590.52	0.95
CECS-11	0.26	15.6	100	2176.58	1995.18	1.09
CECS-12	0.26	15.6	100	2268.22	2144.20	1.06
CECS-13	0.26	27.8	100	1774.38	1688.96	1.05
CECS-14	0.26	38.3	100	1634.6	1629.80	1.00
CECS-15	0.26	15.6	100	1994.15	1872.81	1.06
CECS-16	0.26	27.8	100	1711.16	1744.08	0.98
CECS-17	0.26	38.3	100	1568.55	1682.99	0.93

本 章 小 结

本章考虑再生粗骨料取代率、圆钢管径厚比、型钢配钢率、再生混凝土强度等级、偏心距、工字型钢长细比、十字型钢长细比等试验参数，设计制作了 17 根圆钢管型钢再生混凝土组合柱，并完成了强轴单调静力偏心加载试验研究，观察了不同试验设计参数对圆钢管型钢再生混凝土组合柱偏压性能的影响规律，揭示了圆钢管型钢再生混凝土组合柱偏压破坏机理，主要结论如下。

（1）圆钢管型钢再生混凝土偏压柱侧向挠度曲线沿柱高基本呈正弦半波曲线分布，且随着偏心荷载的增加其吻合程度更好；试件在受压过程中圆钢管跨中截面基本保持平截面变形，且受压区高度在受力过程中变化不大，因此可以近似地认为该偏压组合柱符合平截面假定。

（2）加载前期，圆钢管、型钢应变呈线性增长，且纵向应变发展快于环向应变，加载后期则环向应变明显快于纵向应变，表明圆钢管对核心再生混凝土的约束能力逐渐增强；此外，型钢应变增大速率明显大于圆钢管，当荷载达到峰值荷载的70%时型钢翼缘受压侧达到屈服,当荷载达到峰值荷载的80%左右时圆钢管屈服,说明型钢受压翼缘先于圆钢管达到屈服。

(3) 随着再生粗骨料取代率的增大,试件偏压承载力逐渐降低,最大降幅为14%,其峰值侧向挠度逐渐增加,最大增幅为9%;随着钢管径厚比的增大,试件偏压承载力逐渐降低,降低幅度最大为19%,其峰值侧向挠度的最大增幅为15%;随着型钢配钢率的增加,试件初始刚度及偏压承载力均有所增加,最大增幅为15.2%,其峰值侧向挠度增加了1.4 mm。

(4) 随着再生混凝土强度等级的提高,试件偏压承载力最大增幅为15.3%,其峰值对应侧向挠度最大增幅16.2%;偏心距及长细比对试件初始刚度、承载力产生显著影响,其偏压承载力最大降幅分别为48%、16.9%、21.3%,其峰值侧向挠度分别增长29.2%、43.2%、76.7%。

(5) 在组合柱的整个偏压加载过程中,圆钢管对内部再生混凝土的约束作用逐渐增强,峰值荷载过后,受压区的横向变形大于轴向变形,受拉区的轴向变形远大于横向变形。再生粗骨料取代率对试件横向变形影响不大,曲线具有相似的走势;圆钢管径厚比越小,曲线上升段越陡峭;随着配钢率的增大,试件横向变形逐渐减小,随着偏心距、长细比的增加,试件整体侧向挠曲变形较大。

(6) 再生混凝土的延性系数大于普通混凝土,随再生粗骨料取代率增加,其刚度退化逐渐变快,耗能能力有所提高;随着试件径厚比的增大、型钢配钢率的减小、再生混凝土强度等级的提高、偏心距的增大及试件长细比的增大,试件变形延性逐渐变好,耗能能力逐渐提高,但其刚度退化逐渐变快。

(7) 本书提出了圆钢管型钢再生混凝土组合柱的偏压承载力实用计算方法,偏压承载力计算值与试验值吻合较好,可为其偏压计算提供参考。

5　方钢管型钢再生混凝土组合柱偏压性能及计算方法

5.1　方钢管型钢再生混凝土组合柱的偏心受压试验

5.1.1　试件设计与制作

本书以再生粗骨料取代率、方钢管径厚比、型钢配钢率、再生混凝土强度等级、偏心距、试件长细比及型钢截面形式为主要设计参数，设计制作了 17 根方钢管型钢再生混凝土偏压柱，对其进行强轴单调静力偏心加载试验研究，试验参数水平见表 5-1。

表 5-1　方钢管型钢再生混凝土偏压柱的试验参数水平

设计参数	水平 1	水平 2	水平 3	水平 4
再生骨料取代率/%（$r=m_r/M$）	0	50	100	—
再生混凝土强度等级	C40	C50	C60	—
长细比 l_0/i（$i=D/4$）	13.84	27.71	36.67	—
宽厚比 B/t	100	66.7	50	—
型钢配钢率/%（$\alpha=A_s/A$）	4.5	5.5	6.3	—
偏心距 e	0	20	40	60

17 根方钢管型钢再生混凝土偏压柱的试件设计参数见表 5-2。型钢分为焊接工字型钢和焊接十字型钢两种，钢管采用直焊缝焊接方钢管，均采用 Q235 钢材。在型钢及钢管柱脚处分别焊接钢板以固定其在组合柱中的位置，钢板尺寸为 300 mm×300 mm×25 mm。型钢配钢率为型钢截面面积与柱截面面积之比，型钢翼缘均采用 8 mm 的钢板，腹板均采用 6 mm 厚的钢板，配钢率分别为 4.5%、5.5% 及 6.3%。

表 5-2　方钢管型钢再生混凝土偏压柱的试件设计参数

试件编号	再生混凝土等级	再生混凝土取代率 r/%	长细比 l_0/i	方钢管截面 B/mm	柱高 L/mm	壁厚 t/mm	宽厚比 D/t	型钢配钢率 α/%	偏心距 e/mm	型钢类型
SECS-1	NC40	0	13.86	200	800	3	66.7	5.5	20	工字型钢
SECS-2	RC40	50	13.86	200	800	3	66.7	5.5	20	工字型钢

试件编号	再生混凝土等级	再生混凝土取代率 r/%	长细比 l_0/i	方钢管截面 B/mm	柱高 L/mm	壁厚 t/mm	宽厚比 D/t	型钢配钢率 α/%	偏心距 e/mm	型钢类型
SECS-3	RC40	100	13.86	200	800	3	66.7	5.5	20	工字型钢
SECS-4	RC40	100	13.86	200	800	2	100	5.5	20	工字型钢
SECS-5	RC40	100	13.86	200	800	4	50	5.5	20	工字型钢
SECS-6	RC40	100	13.86	200	800	3	66.7	4.5	20	工字型钢
SECS-7	RC40	100	13.86	200	800	3	66.7	6.3	20	工字型钢
SECS-8	RC40	100	13.86	200	800	3	66.7	5.5	0	工字型钢
SECS-9	RC40	100	13.86	200	800	3	66.7	5.5	40	工字型钢
SECS-10	RC40	100	13.86	200	800	3	66.7	5.5	60	工字型钢
SECS-11	RC50	100	13.86	200	800	3	66.7	5.5	30	工字型钢
SECS-12	RC60	100	13.86	200	800	3	66.7	5.5	20	工字型钢
SECS-13	RC40	100	27.71	200	1600	3	66.7	5.5	20	工字型钢
SECS-14	RC40	100	36.37	200	2100	3	66.7	5.5	20	工字型钢
SECS-15	RC40	100	15.6	200	800	3	66.7	6.3	20	十字型钢
SECS-16	RC40	100	27.71	200	1600	3	66.7	6.3	20	十字型钢
SECS-17	RC40	100	36.37	200	2100	3	66.7	6.3	20	十字型钢

5.1.1.1 方钢管及型钢的制作

本次试验所用的方钢管及型钢均为 Q235 钢，部分加工完成后的方钢管及型钢如图 5-1 所示。

图 5-1 方钢管型钢再生混凝土偏压柱试件的加工制作部分成品

5.1.1.2 再生混凝土的配制

本试验所制备的再生混凝土强度分为 3 种，分别为 C40、C50、C60，试验所用再生粗骨料均源于同一拆迁废弃建筑物，经过破碎、筛分、清洗、晾干所得，再生混凝土配合比见表 5-3。

表 5-3 再生混凝土的配合比

再生混凝土强度	再生粗骨料取代率 r/%	水胶比	单位体积用量/(kg·m⁻³)						
			水泥	砂	天然粗骨料	再生粗骨料	水	粉煤灰	减水剂
C40	0	0.44	443	576	1171	0	195	0	0
C40	50	0.45	443	576	585.5	585.5	200.8	0	0
C40	100	0.466	443	576	0	1171	206.7	0	0
C50	100	0.360	358	649	0	1138	163	94	3.5
C60	100	0.312	422	528	0	1072	164.5	105.36	6.3

5.1.1.3 试件浇筑

制备再生混凝土所用工具为盘式强制式搅拌机拌制，制备再生混凝土前预先对搅拌机内壁及托盘进行洒水润湿，然后根据计算配合比加入足量材料，配置所需的再生混凝土。采取分层浇筑的方法，前层再生混凝土浇筑振捣密实后，进行后层浇筑。浇筑完成后，使用同强度等级的水泥砂浆对试件上部进行找平处理。在试件浇筑的同时，制备三组尺寸为 100 mm×100 mm×100 mm 的标准立方体试块用来测定该组再生混凝土的抗压强度。再生混凝土拌制如图 5-2 所示，试件浇筑成品如图 5-3 所示。

图 5-2 再生混凝土拌制

图 5-3 方钢管型钢再生混凝土偏压柱的试件浇筑成品

5.1.2 材料力学性能

5.1.2.1 钢材力学性能指标

试验钢材均为 Q235 低碳钢，钢材拉伸试验试件具体尺寸如图 5-4 所示。为获取钢材性能指标，试验采用万能试验机进行拉伸试验，测得的不同规格钢材的基本力学性能见表5-4。

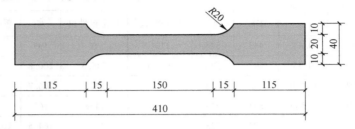

图 5-4 钢材拉伸试验试件

表 5-4 试件钢材力学性能

钢材类型	钢材厚度	屈服强度 f_y/MPa	屈服应变 $\mu\varepsilon$	极限强度 f_u/MPa	弹性模量 E_s/MPa
方钢管		298.5	1493	413.1	1.97×10^5
型钢	腹板	325.1	1626	405.7	2.02×10^5
	翼缘	328.6	1643	408.6	1.94×10^5

5.1.2.2 再生混凝土力学性能指标

再生混凝土立方体试块在人工养护28天后拆模（见图5-5），依据《普通混凝土力学性能试验方法标准》（GB/T 50081）规定，在万能试验机上进行立方体抗压强度试验（见图5-6），测得立方体平均抗压强度及基本力学性能见表5-5。

图 5-5 再生混凝土试块

图 5-6 再生混凝土试块加载

表 5-5 再生混凝土基本力学性能

强度等级	取代率 r/%	立方体抗压强度 f_{rcu}/MPa	轴心抗压强度 f_{rc}/MPa	抗拉强度 f_{rt}/MPa	弹性模量 E_c/MPa
C40	0	44.67	33.94	10.73	2.70×10^4
C40	50	42.92	32.62	10.3	2.68×10^4

强度等级	取代率 $r/\%$	立方体抗压强度 f_{rcu}/MPa	轴心抗压强度 f_{rc}/MPa	抗拉强度 f_{rt}/MPa	弹性模量 E_c/MPa
C40	100	41.87	31.82	10.04	2.66×10^4
C50	100	51.08	38.82	12.26	2.79×10^4
C60	100	60.6	46.05	14.54	2.89×10^4

5.1.3 加载装置及加载制度

本次方钢管型钢再生混凝土组合柱的偏压性能试验采用电液伺服 500 t 长柱压力机进行加载，试验加载装置如图 5-7 所示。加载前，调整组合柱的上下偏压装置使其中心与压力试验机上下承压板中心重合，且在组合柱试件的顶端和底部抹 15 mm 厚水泥砂浆找平，以防止组合柱的局部压坏并保证传力均匀。

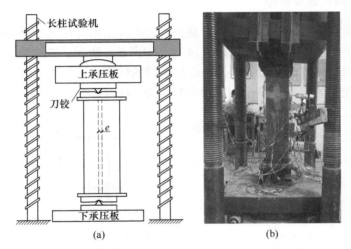

图 5-7 方钢管型钢再生混凝土组合柱的偏压试验装置
（a）加载装置示意图；（b）加载现场图

方钢管型钢再生混凝土组合柱偏心受压加载采用荷载-位移联合控制的加载方法进行，具体如下：

（1）试验前对试件进行预加载，在保证偏压组合柱试件仍处于线弹性阶段的前提下检查试验装置工作状况，做到尽可能消除试件内部存在的间隙；

（2）卸去预加载，调零后对组合柱试件开始进行单调加载，采用分级加载制度，在荷载达到 $0.7P_{max}$（P_{max} 为估算峰值荷载）前采用荷载控制，按每级 $P_{max}/15$ 施加；

（3）0.7P_{max}之后，按位移控制，加载速率为 1.0 mm/min，直至组合柱试件的荷载-位移曲线下降后较稳定或不适于继续承载时终止加载，试验结束。

5.1.4 试验测量内容

（1）组合柱试件加载相对位移，通过微机控制电液伺服试验机自动采集荷载位移曲线获得，组合柱试件偏压过程侧向挠度，通过在试件受拉侧均匀布置 3 个位移计测得；

（2）在组合柱的方钢管及型钢的适当位置布置若干应变片测量相应位置的竖向应变和横向应变；

（3）方钢管、核心再生混凝土及型钢偏压试验后的破坏形态，试验结束后，剥开试件外部方钢管观察核心再生混凝土及型钢破坏形态；试验过程中方钢管及型钢实时应变由 TDS-630 采集仪采集各级荷载下试件各个截面的应变数据。

5.1.5 试件偏压破坏形态

以设计参数为标准来描述方钢管型钢再生混凝土组合柱偏压破坏过程和破坏形态，对试件受压区和受拉区做以下区分，如图 5-8 所示，Y 轴为偏心试验加载轴，编号按顺时针方向分布，靠近偏心加载轴的柱面为试件受压区 A 面；远离偏心加载轴的柱面为 C 面；剩余两个面分别为 B、D 面。

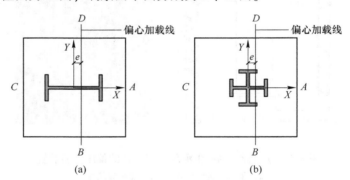

图 5-8　方钢管型钢再生混凝土组合柱试件的偏压截面示意图

（a）工字型钢试件；（b）十字型钢试件

5.1.5.1 再生骨料取代率（SECS-1~SECS-3）

试件 SECS-1~SECS-3 在试验过程中，破坏现象及特点较为相似，现以典型试件 SECS-3 为例，描述加载过程中详细破坏现象，SECS-1~SECS-3 试件破坏形态如图 5-9~图 5-11 所示。试件在加载初期，整体变形较小，无明显现象，侧向挠度变形随荷载的增加呈线性变化，当荷载增加至峰值荷载的 40%~50% 时，可以听到试件内部发出轻微响声，可能是内部再生混凝土开始被压碎，当荷载增至峰值荷载的 60% 左右时，在方钢管 A 面距离端部 $100\sim150$ mm 处出现轻微局部鼓曲，此时方钢管上部已经屈服；当荷载增至峰值荷载的 90% 左右时，试件 A 面中部开始出现轻微鼓曲；当荷载增至峰值荷载时，试件 A 面中部局部鼓曲加剧，C 面弯曲加剧。峰值荷载后，试件承载力下降，侧向挠度迅速发展，试件 A 面中部局部鼓曲加剧且延伸至 B、D 面。最终试件被破坏，整体表现出良好的延性。试验结束后将方钢管沿纵向剥开发现：试件核心再生混凝土具有良好的整体性，弯曲方向和试件整体弯曲方向一致，试件 A 面方钢管发生局部鼓曲的相应部位再生混凝土被压碎，试件 C 面中部再生混凝土表面出现数道横向裂缝；将再生混凝土与型钢剥离，发现型钢变形与试件整体变形一致，型钢中上部弯曲较为明显。

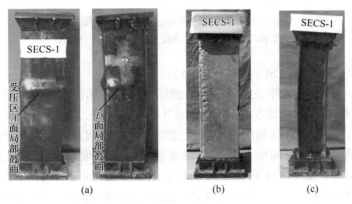

图 5-9 SECS-1 组合柱试件的各组成部分破坏图 （$r=0$）

（a）方钢管破坏图；（b）再生混凝土破坏图；（c）型钢破坏图

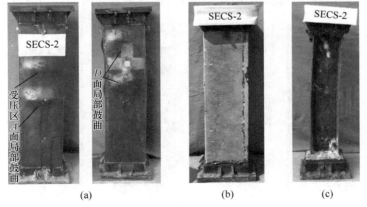

图 5-10 SECS-2 组合柱试件的各组成部分破坏图 （$r=50\%$）

（a）方钢管破坏图；（b）再生混凝土破坏图；（c）型钢破坏图

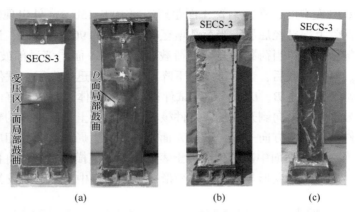

图 5-11　SECS-3 组合柱试件的各组成部分破坏图（r = 100%）

（a）方钢管破坏图；（b）再生混凝土破坏图；（c）型钢破坏图

5.1.5.2　宽厚比（SECS-3~SECS-5）

SECS-3~SECS-5 试件在加载过程中破坏现象和破坏形态较为相似，本次主要分析试件 SECS-4 和 SECS-5 在偏压作用下的破坏形态，试件破坏如图 5-12 和图 5-13 所示。试件在加载初期没有明显变形，跨中挠度较小，随着荷载的增加，试件侧向挠曲变形及竖向变形开始缓慢发展，当荷载增至峰值荷载的 60% 左右时，试件 SECS-5 受压区 A 面在距离上端部 150~200 mm 位置，出现两处轻微鼓曲，并且水平位置上 B、D 面也出现轻微鼓曲，轻敲鼓曲位置的方钢管壁可以听到空洞声，当荷载增至峰值荷载的 85% 左右时，试件 A 面及两侧面 B、D 面处的鼓曲加剧，受压区两处位置的鼓曲开始向两侧面 B、D 延伸，此时组合柱的刚度开始下降；当荷载增至峰值荷载时，试件弯曲变形较为明显；当荷载下降至峰值

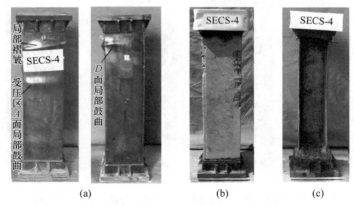

图 5-12　SECS-4 组合柱试件的各组成部分破坏图（D/t = 100）

（a）方钢管破坏图；（b）再生混凝土破坏图；（c）型钢破坏图

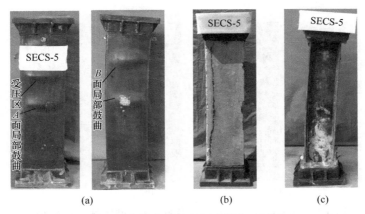

图 5-13 SECS-5 组合柱试件的各组成部分破坏图 （D/t = 50）

（a）方钢管破坏图；（b）再生混凝土破坏图；（c）型钢破坏图

荷载的 85% 左右时，试件整体呈现上下对称弯曲，表现出良好的变形能力。试验结束后剥开方钢管，发现再生混凝土弯曲方向与试件整体弯曲一致，试件 A 面鼓曲位置处的再生混凝土被压碎，且出现不同程度的裂缝；将再生混凝土与型钢剥离后发现：型钢与试件整体弯曲方向一致，型钢基本呈现上下弯曲对称。

5.1.5.3 型钢配钢率（SECS-3、SECS-6 和 SECS-7）

试件 SECS-3、SECS-6 及 SECS-7 在加载过程中具有类似的破坏现象及破坏形态，现以试件 SECS-7 为例对比分析在偏心荷载作用下的破坏形态。偏压柱再生混凝土及型钢变形如图 5-14 和图 5-15 所示。加载初期，试件处于弹性阶段，试件整体无明显变化。当加载至峰值荷载的 70% 左右时，试件 A 面距上部 200 mm 左右处出现轻微局部鼓起，柱端向 A 面开始轻微弯曲，方钢管及型钢已部分达屈服状态，试件进入弹塑性阶段；当荷载增至峰值荷载的 90% 左右时，试件中部鼓

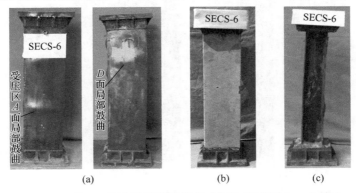

图 5-14 SECS-6 组合柱试件的各组成部分破坏图 （α = 4.5%）

（a）方钢管破坏图；（b）再生混凝土破坏图；（c）型钢破坏图

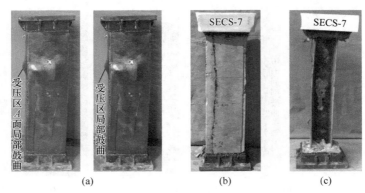

图 5-15 SECS-7 组合柱试件的各组成部分破坏图 （$\alpha=6.3\%$）

（a）方钢管破坏图；（b）再生混凝土破坏图；（c）型钢破坏图

曲加剧；当荷载增至峰值荷载时，内部再生混凝土发出轻微撕裂声，轻敲 A 面中部可以听到轻微空洞响声；峰值荷载过后，试件承载力开始下降。试验结束后剖开方钢管发现：内部型钢和再生混凝土柱体依然保持良好的整体性，试件 C 面中部再生混凝土表面出现较为集中的数道横向水平裂纹，将再生混凝土与型钢剥离，可发现型钢与试件弯曲方向一致。

5.1.5.4 偏心距（SECS-3、SECS-8~SECS-10）

试件 SECS-3、SECS-9 和 SECS-10 在偏心荷载作用下具有类似的破坏现象和过程，现以试件 SECS-10 为例分析在不同偏心距下试件的破坏现象，SECS-8 为轴压试件，单独对其进行分析。偏压柱各组成部分破坏图如图 5-16~图 5-18 所示。试件 SECS-8 在轴压荷载作用初期，轴向变形较小，处于弹性阶段；当荷载增至峰值荷载的 50% 左右时，试件中上部出现轻微局部鼓曲；当荷载增至峰值荷

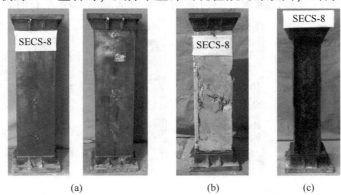

图 5-16 SECS-8 组合柱试件的各组成部分破坏图 （$e=0$）

（a）方钢管破坏图；（b）再生混凝土破坏图；（c）型钢破坏图

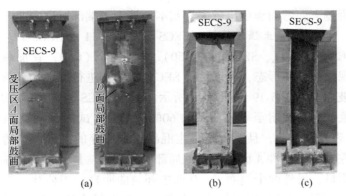

图 5-17　SECS-9 试件各组成部分破坏图（$e = 40$ mm）

（a）方钢管破坏图；（b）再生混凝土破坏图；（c）型钢破坏图

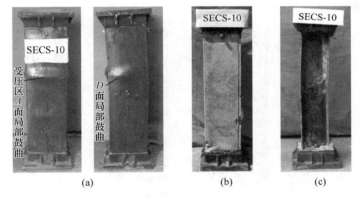

图 5-18　SECS-10 组合柱试件的各组成部分破坏图（$e = 60$ mm）

（a）方钢管破坏图；（b）再生混凝土破坏图；（c）型钢破坏图

载时，试件中上部局部鼓曲开始加剧，并且向四面开始延伸，同时伴有持续的再生混凝土压碎声音；峰值荷载过后，试件承载力开始下降，试验结束后，剥开外部方钢管可见试件中部位置再生混凝土发生压溃破坏。

偏压试件 SECS-9 和 SECS-10 在加载初期，均处于弹性阶段，当荷载增至峰值荷载的 75% 左右时，试件 A 面中上部出现轻微局部鼓曲，并听到内部再生混凝土轻微压碎声，且试件上端部开始向试件 A 面发生轻微弯曲；当荷载增至峰值荷载的 90% 左右时，试件侧面 B、D 面开始出现轻微局部鼓曲，试件 C 面明显开始向受压区弯曲；当荷载增至峰值荷载时，A 面中部局部鼓曲加剧，鼓曲部位开始向两侧面 B、D 延伸；当荷载下降至峰值荷载的 85% 左右时，承载力下降速率变得缓慢，试件表现出良好的变形能力。试验结束后，剥开方钢管，清晰地发现：内部型钢再生混凝土弯曲方向和试件整体弯曲方向一致，A 面再生混凝土中部位置出现数道横向裂缝，剥开再生混凝土后发现型钢弯曲方向与试件弯曲方向一致，且偏心距越大，弯曲程度也越大，基本呈现上下端部对称弯曲。

5.1.5.5　再生混凝土强度等级（SECS-3、SECS-11 和 SECS-12）

试件 SECS-3（C40）、SECS-11（C50）、SECS-12（C60）在加载过程中具有类似的破坏现象和破坏形态，现以试件 SECS-12 为例进行描述和分析试件的破坏现象。最终破坏图如图 5-19 和图 5-20 所示。试件 SECS-12 在加载初期，试件整体无明显现象，当荷载增至峰值荷载的 60% 左右时，试件 A 面在距离端部 50~100 mm 处出现轻微鼓曲，且能听到再生混凝土被压碎的声音，当荷载增至峰值荷载的 85% 左右时，试件 A 面中部出现局部明显鼓曲，且 C 面弯曲加剧，试件整体弯曲逐渐明显，另外两个侧面 B、D 面中部鼓曲明显；当荷载下降至 90% 左右时，B、D 面中部鼓曲部位逐渐与 A 面相贯通。试验结束后剥开外部方钢管可见：试件 A 面再生混凝土中部附近出现大量的横向裂缝，B、D 面中部及中上部出现少量横向裂缝。

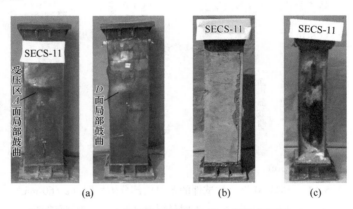

图 5-19　SECS-11 组合柱试件的各组成部分破坏图（C50）

（a）方钢管破坏图；（b）再生混凝土破坏图；（c）型钢破坏图

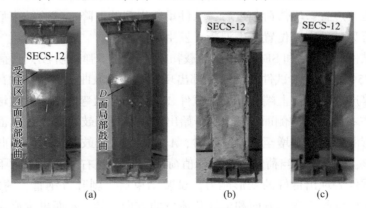

图 5-20　SECS-12 试件各组成部分破坏图（C60）

（a）方钢管破坏图；（b）再生混凝土破坏图；（c）型钢破坏图

5.1.5.6　试件长细比（工字型钢：SECS-3、SECS-13 和 SECS-14）

试件 SECS-3（长细比 13.84）、SECS-13（长细比 27.71）及 SECS-14（长细比 36.37）在偏心荷载作用下的试验加载过程，其破坏现象及破坏形态差异较大，现对 SECS-13 和 SECS-14 两个试件为例进行分析。试件各部分最终破坏形态如图 5-21 和图 5-22 所示。加载初期，试件跨中挠度较小，处于弹性阶段；当荷载增至峰值荷载的 60% 左右时，试件 SECS-13 A 面上端部出现轻微局部鼓曲，试件 SECS-14 A 面下端部出现轻微鼓曲；当荷载增至峰值荷载左右时，试件 SECS-13 A 面上端部局部鼓曲加剧，试件 SECS-14 A 面下端部局部鼓曲加剧，且在两试件局部鼓曲部位的相应位置的两个侧面 B、D 面也出现明显的鼓曲现象，试件整体向受压区弯曲；峰值荷载过后，承载力逐渐开始下降，由于 SECS-13 和 SECS-14 长细比较大，在偏心荷载作用下受二阶效应影响较为明显，施加相同的轴向位移，SECS-14 试件侧向挠曲变形发展更为迅速。试验结束后，剥开外部方钢管可见：内部型钢再生混凝土柱体与试件整体发生同侧弯曲，内部再生混凝土在方钢管鼓曲相应部位发生压溃破坏，试件 A 面及 C 面出现水平横向裂缝。

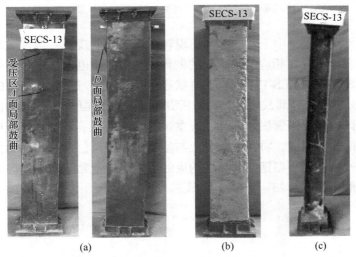

图 5-21　SECS-13 组合柱试件的各组成部分破坏图（$l_0/i = 27.8$）

（a）方钢管破坏图；（b）再生混凝土破坏图；（c）型钢破坏图

5.1.5.7　试件长细比（十字型钢：SECS-15~SECS-17）

试件 SECS-15（长细比 13.84）、SECS-16（长细比 27.71）及 SECS-17（长细比 36.37）在偏心荷载作用下，其破坏现象及破坏形态差异较大。现对三个不同长细比试件的破坏过程进行对比分析。加载初期，三个试件整体挠度变形较小，没有明显局部鼓曲现象，试件处于弹性变形阶段；当荷载增至峰值荷载的 60% 左右时，试件 SECS-15 A 面中部及中上部出现轻微局部鼓曲，试件 SECS-16

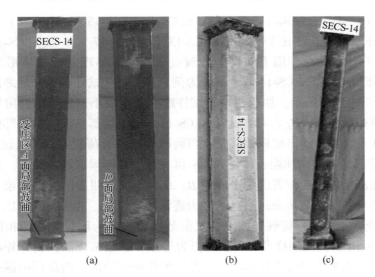

图 5-22　SECS-14 组合柱试件的各组成部分破坏图（$l_0/i = 38.3$）

（a）方钢管破坏图；（b）再生混凝土破坏图；（c）型钢破坏图

及 SECS-17 A 面中上、中下及中部都出现轻微局部鼓曲现象；当荷载增至峰值荷载左右时，三个试件在相应鼓曲位置的两侧面 B、D 面也出现明显局部鼓曲，此时试件 SECS-16 及 SECS-17 整体弯曲状态明显加剧，试件 SECS-16 A 面每隔 20 mm 相继出现明显局部鼓曲，且可以听到内部再生混凝土被压碎的声音；试验结束后，将试件沿方钢管纵向剖开，观察试件 C 面可见：再生混凝土中上部分布着较为密集的横向裂缝，将再生混凝土与型钢剖开可见，内部型钢弯曲方向与试件弯曲方向一致，十字型钢与其翼缘约束的再生混凝土黏结在一起，试件的各组成部分破坏形态如图 5-23～图 5-25 所示。

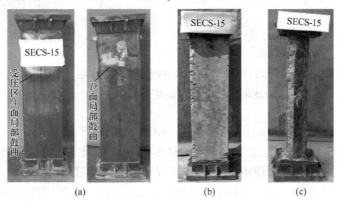

图 5-23　SECS-15 组合柱试件的各组成部分破坏图（$l_0/i = 15.7$）

（a）方钢管破坏图；（b）再生混凝土破坏图；（c）型钢破坏图

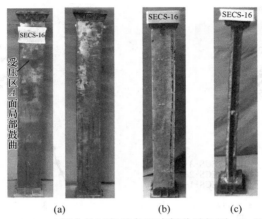

图 5-24　SECS-16 组合柱试件的各组成部分破坏图（$l_0/i = 27.8$）

（a）方钢管破坏图；（b）再生混凝土破坏图；（c）型钢破坏图

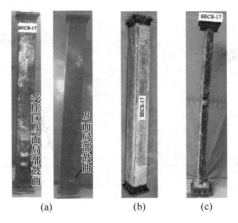

图 5-25　SECS-17 组合柱试件的各组成部分破坏图（$l_0/i = 38.3$）

（a）方钢管破坏图；（b）再生混凝土破坏图；（c）型钢破坏图

5.2　方钢管型钢再生混凝土组合柱的偏压性能试验结果分析

5.2.1　试件偏压荷载-位移关系曲线

根据偏压试验采集的竖向荷载和位移的相关数据并进行处理，可得到方钢管型钢再生混凝土组合柱偏心受压全过程的荷载-位移关系曲线，如图 5-26 所示。

（1）由图 5-26（a）可知，在再生骨料取代率的影响下，方钢管型钢再生混凝土组合柱试件的荷载-位移关系曲线经历了弹性阶段、塑性发展阶段以及峰值过后的缓慢下降阶段。随着再生骨料取代率的增加，试件偏心受压峰值荷载也随之降低；在加载初期，试件处于弹性工作阶段，试件荷载与变形基本呈线性关系

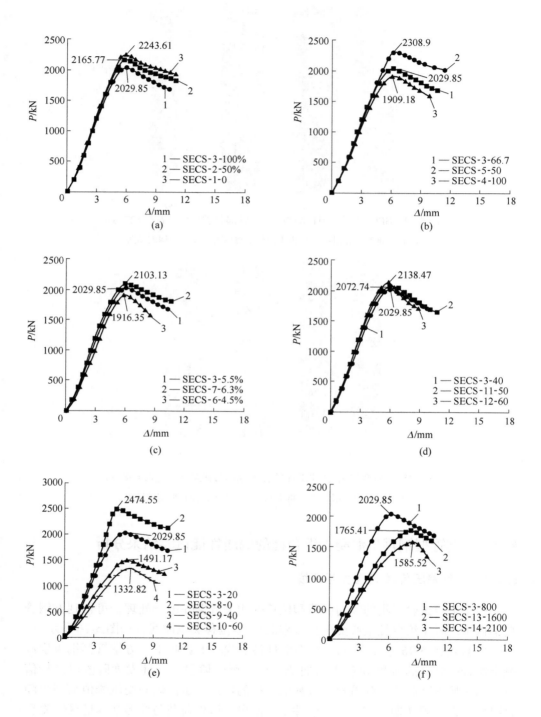

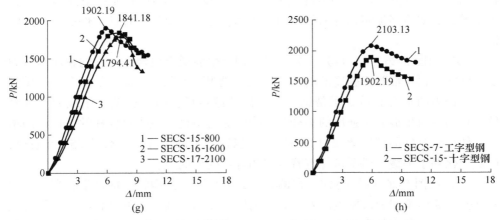

图 5-26 方钢管型钢再生混凝土组合柱的偏压荷载-位移关系曲线

（a）再生粗骨料取代率；（b）方钢管宽厚比；（c）型钢配钢率；（d）再生混凝土强度等级；
（e）偏心距；（f）工字型钢长细比；（g）十字型钢长细比；（h）型钢截面形式

缓慢发展，试件的刚度基本保持不变；发现随着再生骨料取代率的增加，试件荷载-位移曲线上升段刚度存在降低趋势，但整体影响并不明显，可能是因为再生骨料空隙较大表面附着着水分，随着轴向压力的增大，再生骨料空隙变小；随着荷载增大到峰值的 80% 前后时，此时荷载-位移曲线刚度变小，此时位移相对于荷载开始有明显的增长，说明此时试件进入弹塑性工作阶段，组合柱中方钢管及型钢均已屈服；峰值荷载过后，轴向位移迅速增长，但整体曲线表现较为平缓。说明在方钢管及型钢的双重约束下，该构件具有良好的稳定性。

（2）由图 5-26（b）可知，在方钢管宽厚比的影响下，方钢管型钢再生混凝土组合柱试件的偏压峰值荷载及刚度随着方钢管壁厚的增加而增大。这是由于方钢管壁厚的增加，使得外部方钢管对内部再生混凝土及型钢的约束作用增大，组合柱自身承载力也随之提高；峰值荷载过后，试件承载力开始下降，方钢管宽厚比较小的试件下降段曲线相比宽厚比大的试件较为平缓，说明试件的延性变形能力随着方钢管壁厚的增加而增强。即随着方钢管壁厚的增大，试件的偏压刚度及延性性能均得到提高，这表明在一定范围内减小试件钢管宽厚比，可提高方钢管型钢再生混凝土组合柱的偏压力学性能。

（3）由图 5-26（c）可知，在型钢配钢率的影响下，方钢管型钢再生混凝土组合柱试件的偏压承载力及曲线刚度随着型钢配钢率的增大而增大。这是由于随着型钢配钢率的增大，当试件整体截面面积不变的前提下，试件内部型钢截面面积随之增大，提高了内部型钢的惯性矩，从而使试件抗弯刚度得到提高，增强了型钢对试件整体的支撑作用；峰值荷载过后，试件偏压承载力不断下降，其整体过程较为缓慢。另外，随着型钢配钢率的增大，试件荷载-位移曲线下降段相对更为平缓，表明适当提高构件内部型钢配钢率，有利于提升组合柱试件的偏压力学性能。

（4）由图 5-26（d）可知，方钢管型钢再生混凝土组合柱试件的偏压承载力及刚度随着再生混凝土强度的增大而增大，说明再生混凝土强度的提升，对试件极限承载力的提升有着显著帮助；当峰值荷载过后，组合柱偏压承载力逐渐降低，且随着再生混凝土强度的提升，下降段更为明显，说明组合柱的脆性逐渐增大，使得组合柱的偏压承载力下降更快；当荷载下降至峰值荷载的 85% 左右时，荷载变化趋于平缓，说明试件有着良好的延性变形能力。

（5）由图 5-26（e）可知，在偏心距的影响下，方钢管型钢再生混凝土组合柱试件的偏压承载力及刚度随着偏心距的增大而明显减小，可以看出偏心距对试件偏心受压承载力的影响十分明显；当峰值荷载过后，试件偏压承载逐渐下降，发现偏心距小的试件相对于偏心距大的试件偏压承载力下降段更为平缓；当荷载下降至峰值荷载的 85% 左右时，试件的偏压荷载变化均较为平缓，说明该组合柱具有良好的延性性能。

（6）由图 5-26（f）可知，在工字型钢长细比的影响下，方钢管型钢再生混凝土组合柱试件的偏压承载力及刚度随着工字型钢长细比的增大而明显减小，可以看出长细比对试件偏压承载力的影响十分明显；当峰值荷载过后，试件的偏压承载力逐渐下降，而长细比小的试件相对于长细比大的试件下降段更为平缓。可能原因：一是试件在加载过程中由于加工工艺问题存在一定的初始偏心，对于长细比大的试件影响更为明显；二是由于长细比大的试件由于存在的二阶效应，综合两方面的原因使得试件长细比大的试件下降段更为明显。因此，在实际工程中应尽量考虑长细比对试件的影响，尽量避免对工程造成不良影响。

（7）由图 5-26（g）可知，在十字型钢长细比的影响下，方钢管型钢再生混凝土组合柱试件的偏压承载力及刚度随着十字型钢长细比的增大而明显减小。当峰值荷载过后，组合柱试件的偏压承载力逐渐下降，而长细比大的试件相对于长细比小的试件下降速率更快，说明长细比小的试件偏压性能更好。

（8）由图 5-26（h）可知，在不同截面形式的影响下，内置工字型钢的试件相比内置十字型钢的方钢管型钢再生混凝土组合柱试件偏压承载力以及刚度均增大；当峰值荷载过后，试件荷载逐渐下降，两种截面形式均较为平缓；相对而言，内置十字型钢的试件下降段较快，说明内置工字型钢的试件具有更好的延性变形能力。原因可能是本次试验加载采用强轴加载，初始试件设计时工字型钢的翼缘长度相对更长，使得工字型钢相对于十字型钢对内部再生混凝土的约束作用更为明显。

5.2.2 试件偏压荷载-应变关系曲线

5.2.2.1 型钢的荷载-应变关系曲线

将 TDS-630 采集仪所采集到的应力应变数据进行处理，其中实测的型钢应变进行算数平均得到型钢的平均纵向应变，从而得到试件的轴向荷载与型钢平均轴向应变关系曲线图，如图 5-27 所示。本书将选取每根试件的三条典型应变数据进行分析说明，包括型钢腹板、受拉侧翼缘以及受压侧翼缘，其中规定受压为负，受拉为正。

由于本次试验设计包括 1 根轴压构件在内的 17 根方钢管型钢再生混凝土组合柱试件，故将其分开进行描述。由图 5-27 可知，轴压构件加载初期，轴压试件竖向荷载及纵向应变处于线性关系缓慢增长，随着曲线不断发展；当荷载缓慢增长至峰值荷载的 80% 左右时，由于此时竖向荷载发展仍然十分缓慢，而纵向应变发展开始逐渐变快，故曲线开始呈现非线性发展；达到峰值荷载后，型钢应变继续增大直至构件不宜继续承受竖向荷载。

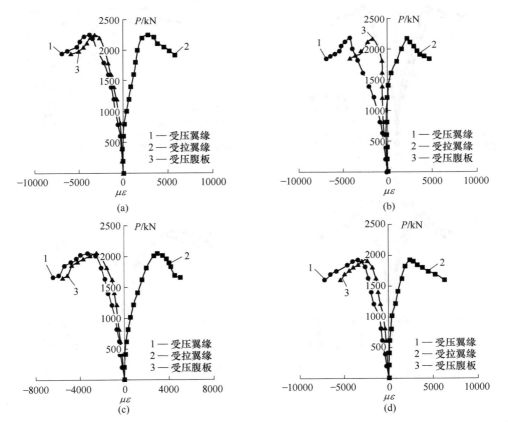

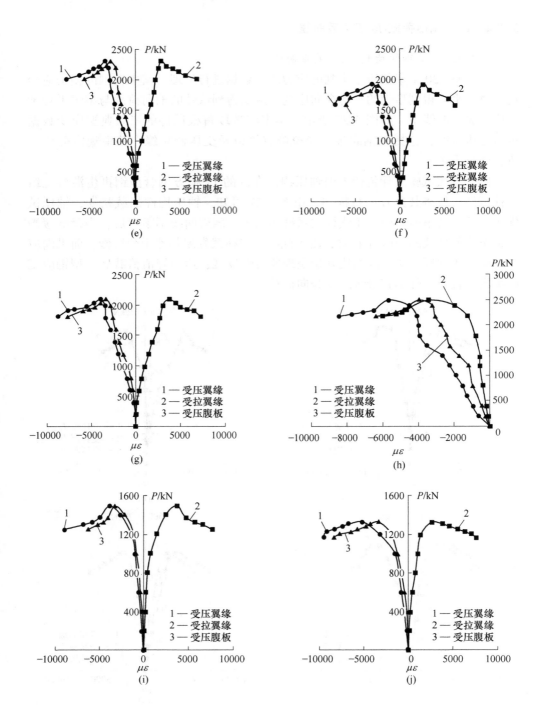

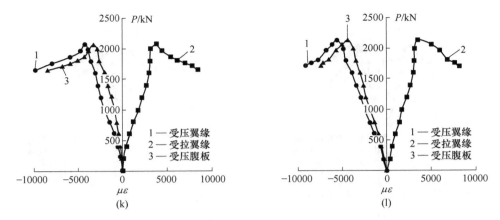

图 5-27　部分试件型钢的偏压荷载-应变关系曲线
（a）SECS-1；（b）SECS-2；（c）SECS-3；（d）SECS-4；（e）SECS-5；（f）SECS-6；
（g）SECS-7；（h）SECS-8；（i）SECS-9；（j）SECS-10；（k）SECS-11；（l）SECS-12

对于方钢管型钢再生混凝土组合柱偏压试件由图 5-27 可知，偏压构件型钢受压侧翼缘及腹板应变片在加载过程中均处于受压状态，而另一层翼缘均处于受拉状态。在试验加载初期，构件竖向荷载及纵向应变呈线性关系发展，说明此时试件处于弹性工作阶段；随着荷载的不断增大，偏压试件的应变逐渐发展，当荷载增大至峰值荷载的 75%左右时，此时荷载增大速率基本保持不变，而应变增长速率开始逐渐加快，曲线整体斜率开始变小，整体曲线呈非线性发展，进入弹塑性阶段；当达到峰值荷载前后时，试件峰值荷载变化已经不明显，而应变变化速率很快；达到峰值荷载后，型钢应变继续增大直至构件不宜继续承受竖向荷载。通过曲线图发现，部分构件远离加载点一侧的翼缘应变加载初期应变为负值，型钢受压翼缘进入弹塑性阶段时对应的荷载小于型钢受拉翼缘进入塑性阶段时对应的荷载，说明型钢受压翼缘先于型钢受拉翼缘达到屈服。试件在偏心荷载作用下，型钢腹板一直处于受压状态，且型钢翼缘处应变变化均比型钢腹板处应变变化更为明显，说明型钢翼缘先于型钢腹板达到屈服强度，峰值荷载过后，型钢各部位应变随荷载开始快速发展。

5.2.2.2　方钢管的荷载-应变关系曲线

将方钢管竖向应变以及纵向应变进行算数平均求得试件的相应平均应变，从而得到试件的轴向荷载与方钢管竖向平均应变以及纵向平均应变的关系曲线，如图 5-28 所示。本书将选取每根试件相对典型的一组受压应变以及一组受拉应变数据进行分析说明，其中规定受压为负，受拉为正。

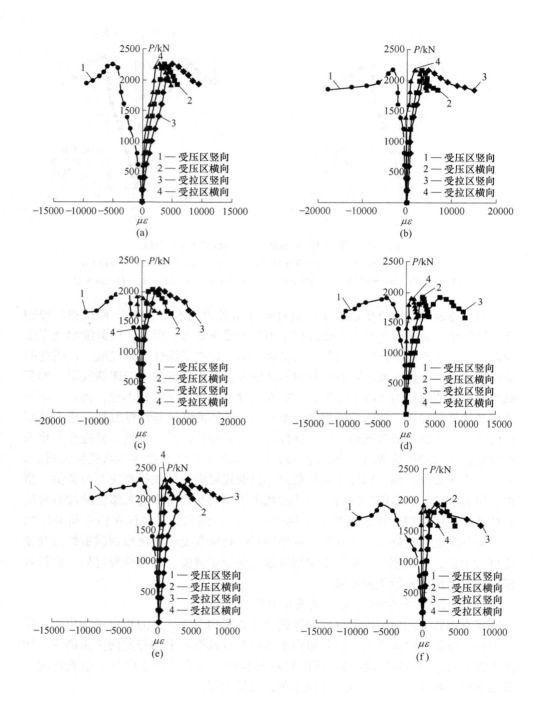

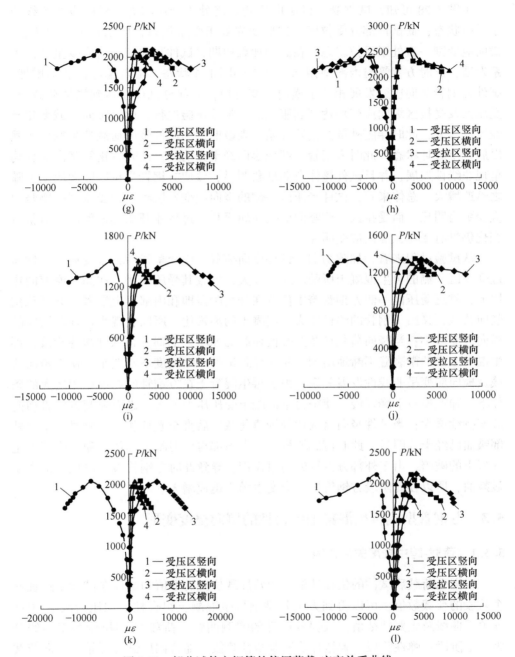

图 5-28 部分试件方钢管的偏压荷载-应变关系曲线

(a) SECS-1; (b) SECS-2; (c) SECS-3; (d) SECS-4; (e) SECS-5;

(f) SECS-6; (g) SECS-7; (h) SECS-8; (i) SECS-9;

(j) SECS-10; (k) SECS-11; (l) SECS-12

由图 5-28 可知，试件受压区竖向应变始终处于受压状态、横向应变始终处于受拉状态；而试件部分受拉区竖向应变先处于受压状态，后期处于受拉状态、横向应变则一直处于受拉状态。在试验加载初期，试件竖向荷载与应变呈线性关系发展，此时方钢管与内部型钢基本处于协同工作状态；随着偏心荷载的增加，试件方钢管竖向应变发展相较于横向应变更快，大部分试件在达到峰值荷载前，受压区及受拉区纵向应变均达到屈服状态，随着试验进行，此时竖向荷载变化已经比较缓慢，此时伴随外部方钢管开始出现鼓曲；当试件竖向荷载达到峰值荷载以后直至破坏状态，此时方钢管外部变形已经十分明显，此时方钢管竖向应变均呈现非线性发展，并且试件整体弯曲现象明显，致使方钢管受拉区竖向应变也随之迅速增大。总体来看，试件受压区一侧的竖向应变发展相对于受拉区一侧竖向应变更为明显，而受拉区一侧竖向应变在屈服状态过后才开始迅速发展，但整体变化仍没有受压区竖向应变明显。

从试验过程来看，加载初期，试件横向荷载与应变呈线性关系发展，试件靠近受压区一侧的再生混凝土所受压应力较大，导致其受压膨胀，在黏结摩擦的作用下，靠近受压区一侧方钢管跨中位置在开始阶段即和内部再生混凝土共同承担竖向荷载，又由于钢管的泊松比大于混凝土的泊松比，所以表现为在加载初期的横向应变较小；当竖向荷载加载至峰值荷载的 80% 左右时，进入弹塑性阶段，再生混凝土中的微裂缝不断地增加，从而导致试件压缩刚度不断变小，使得竖向荷载及横向应变呈非线性发展关系，由于再生混凝土在方钢管的约束作用增大的条件下，弹性模量下降缓慢，使得再生混凝土受压压力增大，进而致使方钢管横向应变持续增大；当试件竖向荷载达到峰值荷载以后直至破坏状态，此时方钢管外部皱曲已经十分明显，此时荷载增量主要由内部再生混凝土提供，随着内部再生混凝土的破碎，由于外部方钢管的约束作用，导致此时方钢管表面出现大范围明显鼓曲，所以在此阶段方钢管横向应变也随之迅速增大。

5.3   方钢管型钢再生混凝土组合柱的侧向挠度变形

5.3.1   荷载-跨中挠度关系曲线

根据受荷载后试件的位移计偏离初始加载位置的数值和试件在试验全过程各个阶段的荷载数值，可以得到方钢管型钢再生混凝土组合柱的偏压荷载-跨中挠度关系曲线及主要特征值，根据各试件的实测曲线，荷载-跨中挠度关系曲线分为三个阶段：弹性阶段、弹塑性阶段及塑性阶段。随着偏压试验开始，竖向荷载不断增加，当荷载增加至峰值荷载的 60%~75% 时，此时试件荷载与跨中挠度变形呈线性发展，整体处于弹性阶段；当荷载加载至峰值荷载的 80% 左右时，此时荷载增大速率明显减慢而跨中挠度变形逐渐增快，此时整体进入弹塑性阶段；随着试验的不断进行,试件跨中挠度变形不断增大,而试件荷载出现下降,此时试件整体处于塑性阶段,直至试验结束。

图 5-29 为再生骨料取代率对方钢管型钢再生混凝土组合柱偏压性能的影响关系曲线。通过观察可知,在试验加载初期,试件处于弹性阶段,此时不同取代率条件下曲线上升段变化均呈现线性增长关系,而取代率偏小的试件上升段刚度略微偏大,三根试件侧向挠度基本达到 2.3 mm 左右;随着试验的进行,当荷载增大至峰值荷载的 80% 左右时,荷载增大速率缓慢,而挠度变化速率逐渐增快;直至荷载加载至峰值荷载时,随取代率 0~100%,侧向挠度也变化为 3.01~3.59 mm;峰值荷载过后,试件竖向荷载开始下降,侧向挠度开始出现迅速变化,直至试验结束。通过观察发现随着取代率的增大,试件侧向挠曲变化更为明显,说明取代率越大的试件偏压力学性能具有降低趋势。通过观察试件峰值荷载可得,随着再生骨料取代率的增大,由 0 到 50%,试件荷载下降了 4.9%,而由 50% 到 100%,则荷载下降了 8.2%。这主要是由于再生粗骨料内部存在微裂缝以及旧的水泥砂浆,使其力学性能劣于天然粗骨料,导致方钢管型钢再生混凝土组合柱试件的偏压承载力随着再生骨料取代率的增加而减小。

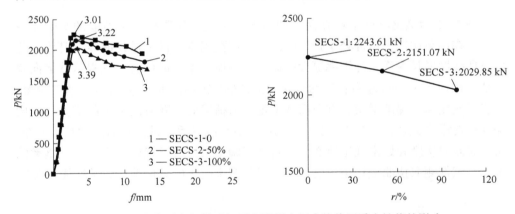

图 5-29 取代率对方钢管型钢再生混凝土组合柱偏压受力性能的影响

图 5-30 为方钢管宽厚比对组合柱偏压性能的影响关系曲线。通过观察得出,加载初期,试件处于弹性阶段,宽厚比偏小的试件曲线上升段刚度略微偏大,三根试件侧向挠度基本达到 2.5 mm 左右;随着偏压试验的进行,当荷载增大至峰值荷载的 80% 前后时,荷载增大速率缓慢,而挠度变化速率逐渐增快;直至加载至峰值荷载时,宽厚比由 50 增大至 100,侧向挠度也从 3.3 mm 增大至 3.7 mm;峰值荷载过后,试件竖向荷载开始下降,而此时侧向挠度开始出现迅速变化,直至试验结束。通过观察发现随着宽厚比的增大,试件侧向挠曲变化更为明显,说明宽厚比越大对试件的偏压力学性能是不利的;通过观察试件峰值荷载可得,随

着试件宽厚比的增大，由 50 到 66.7，荷载下降了 16.06%；由 66.7 到 100，荷载下降了 6.3%，说明方钢管宽厚比对方钢管型钢再生混凝土组合柱试件偏压承载力有着显著影响，这是由于宽厚比的增大（钢管壁厚的减小），试件在荷载作用下更易发生侧向鼓曲，使得方钢管约束作用减小导致承载力更低。

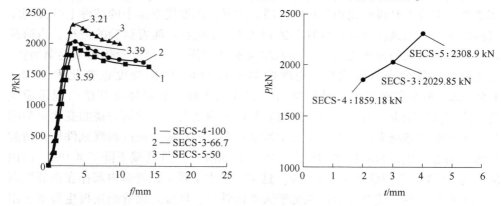

图 5-30　宽厚比对方钢管型钢再生混凝土组合柱偏压受力性能的影响

图 5-31 为型钢配钢率对方钢管型钢再生混凝土偏压柱力学性能的影响关系曲线。在加载初期，试件处于弹性阶段，不同配钢率条件下试件曲线上升段变化均呈现线性增长关系，配钢率更大的试件上升段刚度略微偏大，三根试件侧向挠度基本达到 2.33 mm 左右；当增至峰值荷载的 80% 左右时，荷载增大速率缓慢，而挠度变化速率逐渐增快；直至荷载增至峰值荷载时，随着配钢率的增大，侧向挠度存在递增关系，为 3.27~3.46 mm；峰值荷载过后，试件竖向荷载开始下降，而此时侧向挠度开始出现迅速变化，直至试验结束。通过观察发现随着配钢率的减小，试件侧向挠曲变化更为明显，说明配钢率越小的试件偏压力学性能相对较

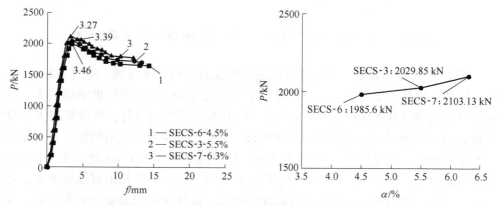

图 5-31　配钢率对方钢管型钢再生混凝土组合柱偏压受力性能的影响

差。随着试件配钢率的增大，由 4.5%到 5.5%，荷载增加了 2.2%；由 4.5%到
6.3%，荷载增加了 5.9%，这是由于在偏压荷载条件下，随着试件内部配钢率的
增大，试件抗弯刚度得到增强，使得试件偏压承载力得到增大。

图 5-32 为再生混凝土强度对方钢管型钢再生混凝土组合柱偏压性能的影响
关系曲线。通过观察得出，加载初期，此时不同再生混凝土强度等级条件下的曲
线上升段变化均呈现线性增长关系，再生混凝土强度更高的试件上升段刚度略微
偏大，试件侧向挠度基本达到 2 mm 左右；当荷载增大至峰值荷载的 80%左右
时，荷载增大速率缓慢，而挠度变化速率逐渐增快；直至荷载加载至峰值荷载
时，此时随着再生混凝土强度的提高，侧向挠度也存在递增关系，为 3.39 ~
3.56 mm；峰值荷载过后，试件竖向荷载开始下降，而此时侧向挠度开始出现迅
速变化，直至试验结束。通过观察发现随着再生混凝土强度等级的提高，试件侧
向挠曲变化更为明显，说明再生混凝土强度等级相对较高的组合柱试件偏压破坏
脆性越大，变形能力越差；通过观察试件峰值荷载可得，随着再生混凝土强度由
C40 提高到 C60，试件的偏压荷载增大了 5.2%；总体上，随着再生混凝土强度
的提高，试件偏压承载力总体呈增长趋势，但提高相对并不明显。

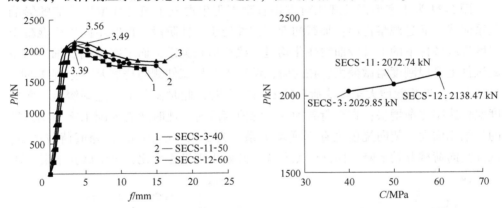

图 5-32 再生混凝土强度对方钢管型钢再生混凝土组合柱偏压受力性能的影响

图 5-33 为偏心距（此处不考虑 SECS-8 轴压试件）对方钢管型钢再生混凝土
组合柱偏压性能的影响关系曲线。加载初期，试件处于弹性阶段，此时不同再生
混凝土强度等级条件下的曲线上升段变化均呈现线性增长关系，而偏心距越小的
试件上升段刚度略微偏大，在此阶段结束下三根试件侧向挠度基本达到 2.54 ~
3.71 mm；当荷载增大至峰值荷载的 80%左右时，荷载增大速率缓慢，而挠度变
化速率逐渐增快；直至荷载加载至峰值荷载时，随着试件偏心距的增大，侧向挠
度也存在递增关系，为 3.39~4.68 mm；峰值荷载过后，试件竖向荷载开始下降，
侧向挠度开始出现迅速变化，直至试验结束。通过观察发现，随着试件偏心距的

增大，试件侧向挠曲变化更为明显，偏心距 40 mm 的试件相对于偏心距 20 mm 的试件最终挠曲大 17.9%，而偏心距60 mm的试件相对于偏心距 40 mm 的试件最终挠曲大 7.8%，说明偏心距对试件的偏压力学性能影响显著。

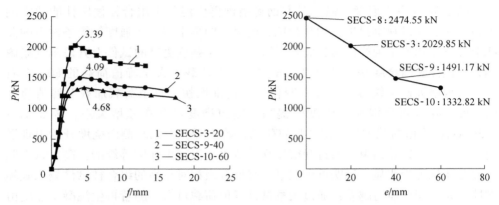

图 5-33　偏心距对方钢管型钢再生混凝土组合柱偏压受力性能的影响

　　图 5-34 为工字型钢长细比对方钢管型钢再生混凝土组合柱偏压性能的影响关系曲线。通过观察得出：加载初期，试件处于弹性阶段，此时不同再生混凝土强度等级条件下的上升段曲线变化均呈现线性增长关系，而工字型钢长细比越小的试件上升段刚度略微偏大，在此阶段结束下三根试件侧向挠度基本达到 2.54 ~ 4.56 mm；当荷载增大至峰值荷载的 80% 左右时，此时荷载增大速率缓慢，而挠度变化速率逐渐增快；直至荷载加载至峰值荷载时，此时随着内配工字型钢试件的长细比增大，侧向挠度也存在递增关系，为 3.39 ~ 6.16 mm；峰值荷载过后，试件竖向荷载开始下降，而此时侧向挠度开始出现迅速变化，直至试验结束。通

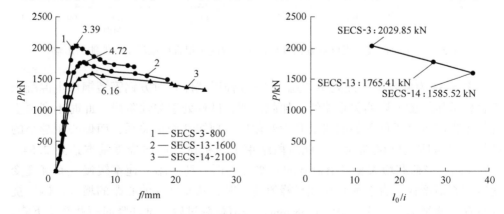

图 5-34　工字型钢长细比对方钢管型钢再生混凝土组合柱偏压受力性能的影响

过观察发现随着试件长细比的增大，试件侧向挠曲变化更为明显，长细比 27.71 的试件相对于长细比 13.84 的试件最终挠曲大 29.4%，而长细比 36.37 的试件相对于偏心距 27.71 的试件最终挠曲大 25.3%。通过观察组合柱试件的峰值荷载可得，随着偏心距由 13.84 增大至 27.71，组合柱的偏压荷载减小了 13.02%；而当偏心距由 27.71 增大至 36.37，荷载减小了 10.19%，其下降趋势基本呈线性递减，在实际工程运用中应根据实际情况酌情考虑设计试件长细比。

图 5-35 为考虑十字型钢长细比影响因素下对偏压柱力学性能影响的关系图。通过观察可知，十字型钢长细比对试件挠曲变形的影响走势与工字型钢长细比基本一致，不做更多描述；当试验加载完毕后，通过观察发现，随着试件长细比的增大，试件侧向挠曲变化更为明显，十字型钢长细比 27.71 的试件相对于长细比 13.84 的试件最终挠曲大 7.2 mm，而长细比 36.37 的试件相对于长细比 27.71 的试件最终挠曲大 7.96 mm；通过观察试件峰值荷载可得，随着长细比由 13.84 增大至 27.71，组合柱的偏压荷载减小了 3.2%；而由长细比 27.71 继续增大至 36.37，偏压荷载减小了 2.6%，总体上可知，增大十字型钢长细比对组合柱偏压性能是不利的，在实际工程中需要合理设计构件的长细比。

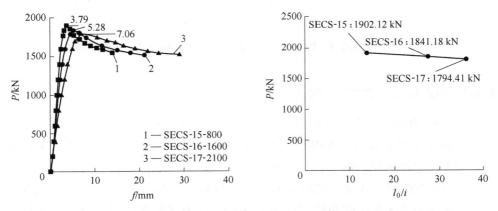

图 5-35　十字型钢长细比对方钢管型钢再生混凝土组合柱偏压受力性能的影响

图 5-36 为考虑型钢截面形式影响因素下对方钢管型钢再生混凝土组合柱偏压性能影响的关系图。通过观察可以发现，加载初期，两种截面形式的试件荷载-挠度曲线均呈线性发展，而工字型钢相比十字型钢此时的上升刚度更大；随着试验的进行，当荷载增大至峰值荷载的 80% 前后时，荷载增大速率缓慢，而挠度变化速率逐渐增快；直至荷载加载至峰值荷载时，十字型钢相比工字型钢截面挠曲变形大 0.52 mm；峰值荷载过后，试件竖向荷载开始下降，侧向挠度开始出现迅速变化，直至试验结束。通过观察发现十字型钢截面形式的试件侧向挠曲变化更为明显，约增大 1.88 mm，说明十字型钢具有更好的挠曲变形能力。通过观察试

件峰值荷载可得，工字型钢截面形式偏压承载力相对十字型钢截面形式试件约增大 9.6%，这可能由于此次偏压试验偏心荷载施加在型钢腹板上属于沿强轴方向加载，在偏心荷载作用下型钢翼缘以及外部钢管对内部再生混凝土起到双层约束作用，相比较而言，在相同配钢率的情况下十字型钢翼缘长度较工字型钢短，因此十字型钢对再生混凝土的约束作用相对较弱，导致其侧向挠度较工字型钢较大，而偏压承载力较工字型钢相对较低。

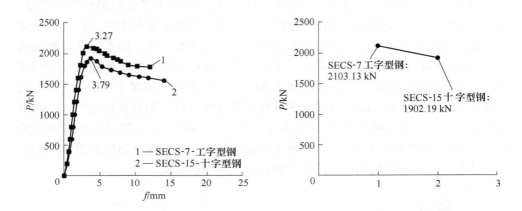

图 5-36　截面形式对方钢管型钢再生混凝土组合柱偏压受力性能的影响

5.3.2　侧向挠度沿试件高度的分布

图 5-37 为方钢管型钢再生混凝土组合柱偏压试件的侧向挠度在不同荷载阶段的分布图（因 SECS-8 为轴压试件除外）。图 5-37 中 f 为试件受荷载后试件的位移计偏离初始加载位置的数值，n 为试件上各点距柱底高度与试件高度的比值（x/L），图 5-37 中荷载值为各级荷载（N）与峰值荷载（N_u）的比值，图 5-37 中虚线为相应的标准正弦曲线（$f = u\sin(n\pi)$，u 为试件破坏时的侧向挠度值），用其与试验所得曲线进行对比。由图 5-37 可知，随着试验加载的进行，偏压试件所受轴向荷载不断增大，试件侧向挠度值也在不断增大，而侧向挠度相对荷载变化速率更快，且随着试验进行这种现象越明显；同时可以看出，大部分长细比小的短柱侧向挠曲变形基本属于上下对称，尤其荷载越小时对称效果越好，假设试件挠曲为正弦半波时是较为合理的。观察长细比较大的中长柱曲线图发现，随着试验加载逐步进行至后期，部分试件下部侧向挠度较大，分析可能是因为在试验过程中试件下部刀铰较上部刀铰转动更为灵活，且长细比较大的试件在较低的相对荷载下容易产生较大的侧向挠曲变形。因此，偏压试件长细比越大，将越容易发生失稳破坏，偏压承载力相应的也就越低；通过观察还能发现，随着偏压试

件偏心距的增大，试件的侧向挠曲变形也就越大，同样容易发生失稳破坏，偏压承载力也会更小；其他参考因素对偏压试件侧向挠曲变形影响较小。

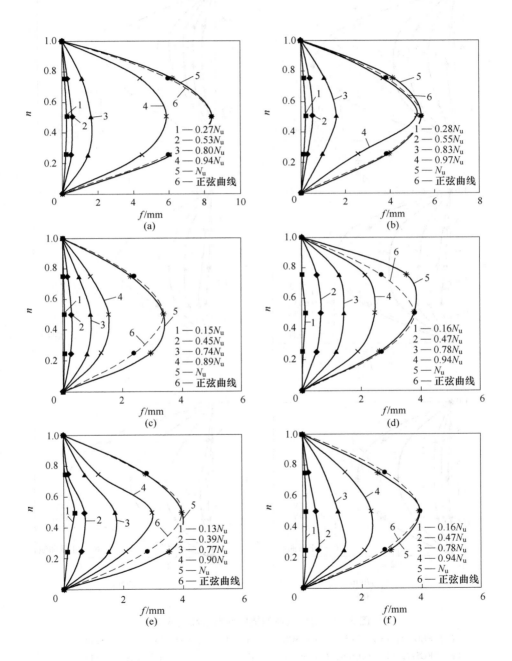

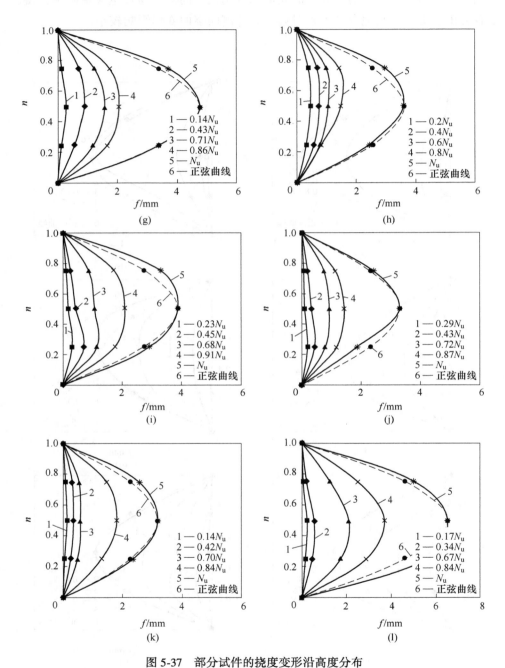

图 5-37　部分试件的挠度变形沿高度分布

（a）SECS-1；（b）SECS-2；（c）SECS-3；（d）SECS-4；（e）SECS-5；（f）SECS-6；

（g）SECS-7；（h）SECS-9；（i）SECS-10；（j）SECS-11；（k）SECS-12；（l）SECS-13

5.3.3 应变沿偏压试件截面高度的分布

图 5-38 为各级荷载作用下方钢管型钢再生混凝土偏心受压试件的纵向应变 ε 与试件截面高度 h 的关系曲线，其中 n 为各级荷载 N 与峰值荷载 N_u 的比值。由图 5-38 可知，在试验过程中，试件跨中截面纵向应变沿截面高度变化大致上符

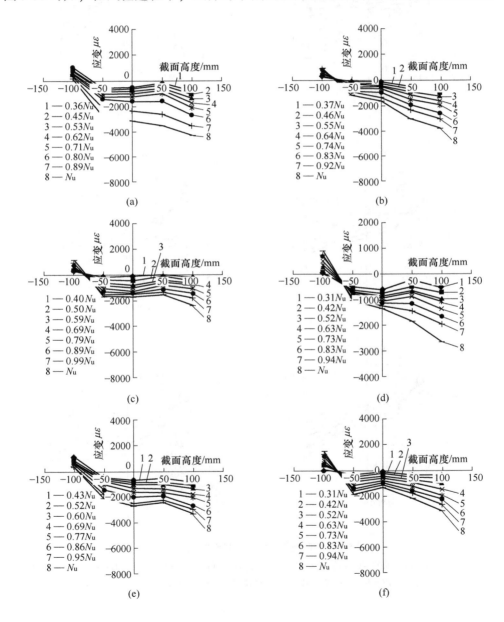

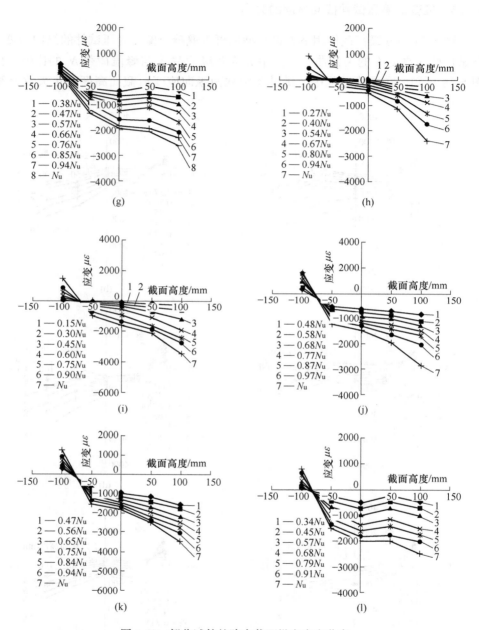

图 5-38　部分试件的跨中截面纵向应变分布

（a）SECS-1；（b）SECS-2；（c）SECS-3；（d）SECS-4；（e）SECS-5；（f）SECS-6；（g）SECS-7；

（h）SECS-9；（i）SECS-10；（j）SECS-11；（k）SECS-12；（l）SECS-13

合平截面假定规律。在试验加载初期，由于此时荷载在水平作用下相对较小，此时试件纵向应变与截面高度变化更符合平截面假定，说明在此阶段试件外部方钢管与内部再生混凝土能够很好地协同工作；随着荷载增加直至峰值荷载时，此时方钢管受压区及受压区两侧面发生明显鼓曲，曲线开始出现误差，但偏压试件应变与截面高度变化仍然基本符合平截面假定。

5.4　方钢管型钢再生混凝土组合柱的偏压承载力计算方法

方钢管型钢再生混凝土组合柱在偏心受压作用下，外部方钢管和内部型钢会对核心再生混凝土产生约束作用，最终试件整体发生局部屈曲，导致方钢管和型钢对再生混凝土的约束作用减弱，承载力降低。本书结合《钢管混凝土结构技术规程》（GB 50936），提出方钢管型钢再生混凝土的偏压柱承载力计算公式，分析考虑再生粗骨料取代率、长细比和偏心距等对方钢管型钢再生混凝土偏压柱承载力的不利影响，计算表达式如下：

$$N_u = \varphi_r \varphi_1 \varphi_e N_0 \tag{5-1}$$

式中，N_u 为方钢管型钢再生混凝土的偏压柱承载力；N_0 为方钢管型钢再生混凝土组合柱的轴压承载力；φ_r 为再生骨料取代率对偏压承载力的折减系数；φ_1 为长细比对偏压承载力的折减系数；φ_e 偏心距对偏压承载力的折减系数。

根据课题组以往对方钢管型钢再生混凝土组合柱轴压性能的研究，在《钢管混凝土结构技术规程》（GB 50936）基础上，考虑内部型钢对再生混凝土的约束作用，方钢管型钢再生混凝土组合柱轴压承载力实用计算方法如下：

$$N_0 = A_{sc} f_{sc} \tag{5-2}$$

$$f_{sc} = (1.212 + B\theta + C\theta^2) f_c \tag{5-3}$$

$$\theta = \alpha_{sc} \frac{f_s}{f_c} \tag{5-4}$$

$$\alpha_{sc} = \frac{A_s}{A_c} \tag{5-5}$$

式中，N_0 为方钢管型钢再生混凝土组合柱轴压承载力设计值；A_{sc} 为方钢管型钢再生混凝土组合柱截面面积；f_{sc} 为方钢管型钢再生混凝土组合柱抗压强度设计值；B、C 为截面形状对套箍效应的影响系数，$B = 0.131 f/213 + 0.723$，$C = -0.070 f_c/14.4 + 0.026$；$\theta$ 为方钢管型钢再生混凝土偏压柱套箍系数；f_s 为钢材的屈服强度设计值；f_c 为再生混凝土抗压强度设计值；α_{sc} 为试件的含钢率；A_s 为方钢管和型钢的截面面积之和；A_c 为再生混凝土截面面积。

另外，方钢管型钢再生混凝土柱的受力机理不同于方钢管混凝土柱，《钢管混凝土结构技术规程》（GB 50936）并没有考虑内部型钢对方钢管再生混凝土柱的约束效应。为使公式具有依据性和广泛性，本书通过查阅相关文献，通过大量试验数据，利用计算软件对试件再生骨料取代率、长细比和偏心距对偏压承载力的影响做了回归分析，其中偏心距对偏压承载力的影响主要是体现在偏压构件弯矩表达式中，通过回归分析最终得到试件再生骨料取代率折减公式 φ_r、长细比折减公式 φ_l 和偏心距 φ_e 折减公式如下：

$$\frac{N_u}{N_0} + \varphi_e \frac{M_u}{M_0} = 1 \tag{5-6}$$

$$\varphi_r = 0.077r + 1.17 \tag{5-7}$$

$$\varphi_l = 0.0003\lambda^2 - 0.014\lambda + 1.533 \tag{5-8}$$

$$\varphi_e = -5.683e + 1 \tag{5-9}$$

式中，N_u 为方钢管型钢再生混凝土组合柱的偏压承载力；N_0 为方钢管型钢再生混凝土组合柱的轴压承载力；M_u 为试件两端所受的弯矩；M_0 为试件两端所受弯矩的设计值；φ_r 为再生骨料取代率 r 对承载力的折减系数；φ_l 为长细比 λ 对偏压承载力的折减系数；φ_e 为偏心距 e 对偏压承载力的折减系数。

根据上述计算方法，可以计算得到方钢管型钢再生混凝土组合柱的偏压承载力，表 5-6 为方钢管型钢再生混凝土组合柱偏压承载力计算值与试验值的比较，结果表明：理论计算值与试验值比值的平均值为 1.08，方差为 0.114，计算结果与试验结果均吻合较好，满足计算精度要求。

表 5-6　方钢管型钢再生混凝土偏压柱承载力计算结果与试验结果比较

试件编号	再生混凝土取代率 r/%	再生混凝土等级	长细比 l_0/i	偏心距 L/mm	壁厚 t/mm	N_t/kN	中国规程 N_u/kN	N_u/N_t
SECS-1	0	NC40	13.86	20	3	2243.61	2247.07	1.00
SECS-2	50	RC40	13.86	20	3	2165.77	2158.81	1.00
SECS-3	100	RC40	13.86	20	3	2029.85	2033.20	1.00
SECS-4	100	RC40	13.86	20	2	1909.18	1910.89	1.00
SECS-5	100	RC40	13.86	20	4	2308.90	2140.95	0.93
SECS-6	100	RC40	13.86	20	3	1916.35	1973.74	1.03
SECS-7	100	RC40	13.86	20	3	2103.13	2072.93	0.99
SECS-8	100	RC40	13.86	0	3	2474.55	2431.22	0.98
SECS-9	100	RC40	13.86	40	3	1491.17	1635.18	1.10
SECS-10	100	RC40	13.86	60	3	1332.82	1237.15	0.93
SECS-11	100	RC50	13.86	30	3	2072.74	2306.46	1.11
SECS-12	100	RC60	13.86	20	3	2138.47	2543.98	1.19

试件 编号	再生混凝土 取代率 $r/\%$	再生混凝土 等级	长细比 l_0/i	偏心距 L/mm	壁厚 t/mm	N_t/kN	中国规程 N_u/kN	N_u/N_t
SECS-13	100	RC40	27.71	20	3	1765.41	2004.16	1.14
SECS-14	100	RC40	36.37	20	3	1585.52	2071.43	1.31
SECS-15	100	RC40	13.86	20	3	1800.00	2211.64	1.23
SECS-16	100	RC40	27.71	20	3	1841.18	2180.05	1.18
SECS-17	100	RC40	36.37	20	3	1794.41	2253.23	1.15

注：N_t 为偏压承载力的试验实测值；N_u 为基于规程的计算偏压承载力。

本 章 小 结

为研究方钢管型钢再生混凝土组合柱偏压力学性能，设计制作了17根方钢管型钢再生混凝土组合柱，并对其进行偏心受压力学性能试验，观察试件的试验过程及破坏形态，并分析设计参数对方钢管型钢再生混凝土柱偏压受力性能的影响规律。在上述基础上，建立了方钢管型钢再生混凝土组合柱的偏压承载力实用计算方法，得到以下主要结论。

（1）方钢管再生混凝土偏压柱主要表现为因钢管屈曲外鼓发生屈曲失稳破坏，从试件整个破坏过程中来看，内置型钢先于外部钢管发生屈服，型钢屈服后变形导致再生混凝土碎裂，再生混凝土的流动性导致了外部方钢管的鼓曲。破坏时组合柱端部发生较为严重的鼓曲并且伴随试件跨中位置鼓曲，试件整体弯曲明显。试件破坏后，剖开方钢管看出内部再生混凝土受压区及两侧主要呈现剪切斜裂缝，而受拉区再生混凝土主要呈现横向压溃裂缝。

（2）方钢管再生混凝土组合柱偏压承载力随再生骨料取代率、偏心距以及长细比的增大而减小，随钢管壁厚、型钢配钢率以及再生混凝土强度的增大而增大；方钢管再生混凝土组合柱的侧向挠度变化随着再生骨料取代率、再生混凝土强度、偏心距以及长细比的增大而增大，随着钢管壁厚以及型钢配钢率的增大而减小。通过对荷载-位移曲线以及试件挠度曲线的分析可以看出，偏心距以及长细比对方钢管再生混凝土组合柱偏压承载力及侧向变形的影响最为明显。

（3）方钢管再生混凝土组合柱偏压试件延性系数随着再生骨料取代率的增大会随之略微增大，当取代率为50%延性最好，随着方钢管壁厚的减小、配钢率的减小、偏心距的增大、再生混凝土强度的提高长细比的增大，试件的延性系数均不断变大，即试件延性在不断地变好；对于试件的耗能能力随着再生骨料取代率的降低，试件耗能能力有略微的增大，随着方钢管壁厚以及型钢配钢率的增大，试件耗能能力会降低；随着再生混凝土强度等级、长细比以及偏心距的增大，试件耗能能力得到增强，而再生混凝土强度等级、长细比以及偏心距对构件耗能能力的影响尤为明显。

（4）基于试验研究数据，提出了基于现有规程公式的方钢管型钢再生混凝土组合柱的偏压承载力计算公式，偏压承载力计算结果与试验实测值具有良好的吻合度，可为工程设计提供依据。

6 圆钢管型钢再生混凝土组合柱抗震性能试验

6.1 圆钢管型钢再生混凝土组合柱的抗震性能试验设计与加载

6.1.1 试验设计

圆钢管型钢再生混凝土组合柱承受轴向恒载，且地震作用下组合柱框架产生相对侧移，在组合柱中形成反弯点，此处剪力最大，如图 6-1(a) 和 (b) 所示。为研究圆钢管型钢再生混凝土（CSTSRRC）组合柱在地震作用下的受力性能，试验设计时取其一半长度为研究对象，即假设原长为 $L_0 = 2L$，取试验长度为 L，如图 6-1(c) 所示，将一端固定，另一端为组合柱原长的反弯点位置，将组合柱轴向压力与水平反复荷载施加于柱顶。

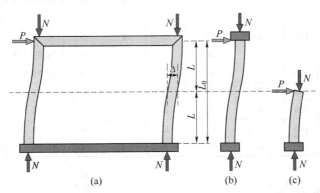

图 6-1 组合柱构件的试验设计简化示意图

6.1.2 试件参数设计

针对影响圆钢管型钢再生混凝土（CSTSRRC）组合柱抗震性能的设计参数，本节设计了 5 种设计参数共 11 根 CSTSRRC 组合柱的缩尺模型，包括再生粗骨料取代率、圆钢管径厚比、型钢配钢率、轴压比、不同内置型钢截面，CSTSRRC 组合柱的抗震试验试件具体设计参数见表 6-1。组合柱试件的有效柱高为 800 mm，圆钢管采用外径为 219 mm 无缝钢管，厚度分别为 3 mm、4 mm 和 5 mm，对应于三种不同径厚比；内置十字型、工字型和箱型型钢为焊接成型，焊缝设计施工符合现行国家标准《钢结构设计标准》（GB 50017）条文规定。圆钢管与十字型钢之间填充现浇再生混凝土，再生粗骨料取代率分别为0、50%和100%。圆钢管与型钢焊接在预开孔的300 mm×300 mm×10 mm的端板上，并现浇于400 mm×400 mm×300 mm的加载端，轴向恒载及水平往复荷载通过加载端传递至组合柱，如图6-2和图6-3所示。CSTSRRC组合柱试件的试验段横截面如图6-4所示，加载端抱头截面尺寸及配筋图如图6-4（a）所示，圆钢管型钢再生混凝土组合柱试件的下端设置1400 mm×450 mm×650 mm的现浇钢筋混凝土地梁，为保证试验柱身下端为固定约束，按抗弯强度及构造加强配置钢筋，配筋图如图6-4（b）所示。

表6-1　圆钢管型钢再生混凝土组合柱的试件抗震试验设计参数

| 试件编号 | 再生混凝土等级 | 再生粗骨料取代率 r/% | 焊接型钢 | | | | 壁厚 t/mm | 径厚比 B/t | 型钢配钢率 α/% | 型钢截面形式 | 轴压比 n |
			H 腹板	B 翼缘	t_1 腹板	t_2 翼缘					
CSTSRRC-1	C40	0	90	50	6	8	4	54.75	7.02	十字型	0.4
CSTSRRC-2	C40	50	90	50	6	8	4	54.75	7.02	十字型	0.4
CSTSRRC-3	C40	100	90	50	6	8	4	54.75	7.02	十字型	0.4
CSTSRRC-4	C40	100	90	50	6	8	3	73	7.02	十字型	0.4
CSTSRRC-5	C40	100	90	50	6	8	5	43.8	7.02	十字型	0.4
CSTSRRC-6	C40	100	70	40	6	8	4	54.75	5.54	十字型	0.4
CSTSRRC-7	C40	100	110	60	6	8	4	54.75	8.51	十字型	0.4
CSTSRRC-8	C40	100	90	50	6	8	4	54.75	7.02	十字型	0.2
CSTSRRC-9	C40	100	90	50	6	8	4	54.75	7.02	十字型	0.6
CSTSRRC-10	C40	100	107.3	125	6	8	4	54.75	7.02	工字型	0.4
CSTSRRC-11	C40	100	92	96.3	6	8	4	54.75	7.02	箱型	0.4

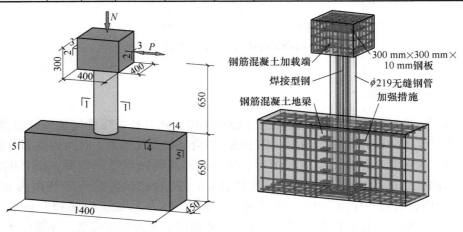

图6-2　CSTSRRC组合柱试件的尺寸与整体示意图

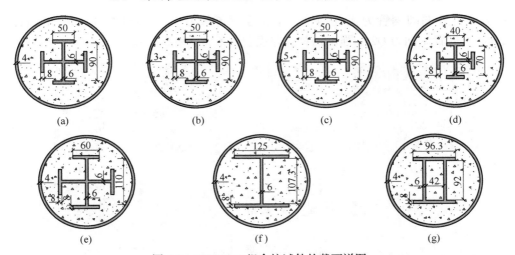

图 6-3 CSTSRRC 组合柱试件的截面详图
(a) CSTSRRC-1~3、8、9；(b) CSTSRRC-4；(c) CSTSRRC-5；(d) CSTSRRC-6；
(e) CSTSRRC-7；(f) CSTSRRC-10；(g) STSRRC-11

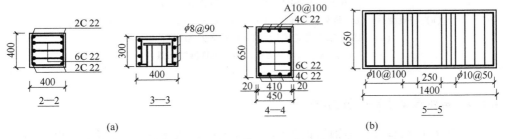

图 6-4 CSTSRRC 组合柱试件的配筋图
(a) 加载端配筋；(b) 地梁配筋

6.1.3 试件制作

CSTSRRC 组合柱试件制作过程中圆钢管裁切及型钢焊接在加工厂进行加工，在焊接型钢成型并与下端板焊接一体后，粘贴应变片并将线引出，随后套入圆钢管并焊接上端板，运往实验室进行钢筋的绑扎与混凝土的浇筑工作，圆钢管型钢再生混凝土组合柱试件的制作过程如图 6-5 所示。为保证地梁在往复试验过程中具有足够的强度与刚度，地梁箍筋在柱身附近构造加密，地梁上部纵筋与柱身外部钢管点焊连接，并按照《混凝土结构设计规范》(GB 50010) 进行构造措施及锚固设计。此外，为保证圆钢管与地梁混凝土之间的连接性能，在地梁内的圆钢管外侧水平力作用方向焊接部分钢筋断头。地梁采用 C40 商品混凝土，组合柱的柱身内部为人工拌制 C40 强度再生混凝土，抱头为人工拌制 C50 强度混凝土。组合柱试件外部圆钢管为无缝钢管，钢材强度等级 Q390，厚度为 3 mm、4 mm、5 mm，内置型钢为 Q235 强度钢材，厚度包含 6 mm 和 8 mm。

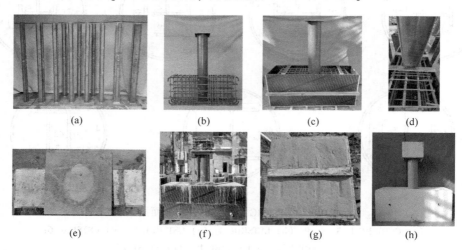

图 6-5　CSTSRRC 组合柱试件的加工过程

(a) 内置型钢；(b) 地梁钢筋绑扎；(c) 地梁找平入模；(d) 试件对中并支撑；
(e) 地梁及钢管内混凝土浇筑；(f) 抱头钢筋绑扎与支模；
(g) 抱头混凝土浇筑；(h) 试件拆模成型

6.1.4　再生混凝土制备及力学性能

CSTSRRC 组合柱试件钢管内部为人工拌制 C40 等级再生混凝土，再生粗骨料为 5~25 mm 连续级配，再生粗骨料符合规范中对粒径、密度及吸水率等再生粗骨料材料指标的规定，本次试件所使用再生混凝土配合比见表 6-2。

表 6-2　再生混凝土材料的配合比

再生混凝土强度	再生粗骨料取代率 r/%	水胶比	单位体积用量/(kg·m^{-3})						
			水泥	砂	天然粗骨料	再生粗骨料	水	粉煤灰	减水剂
C40	0	0.411	443	576	1171	0	182.07	0	1.75
	50	0.433	443	576	585.5	585.5	192.03	0	1.75
	100	0.456	443	576	0	1171	201.98	0	1.75

本次试验中天然粗骨料混凝土与再生粗骨料混凝土均采用重力式滚筒搅拌机拌制，使用前先用清水清洗并湿润搅拌机内壁，以降低搅拌机内壁吸水对配合比的影响。再生混凝土材料从柱顶浇筑至柱内，柱高小于 2 m，不会造成严重离析

而影响强度，并且边浇筑边使用手提式震动棒进行振捣保证内部密实，再生混凝土材料拌制过程如图 6-6（a）所示。在 CSTSRRC 组合柱浇筑过程中，每一批再生混凝土材料均预留标准立方体试块，并置于相同位置同条件养护，以获取同等养护条件下再生混凝土材料基本力学性能。同条件养护 28 天后立方体试块如图 6-7 所示，利用压力机进行再生混凝土材料的抗压强度测试，如图 6-8 所示。再生混凝土试块的基本力学性能列于表 6-3。

(a)　　　　　　　　　　　　　(b)

图 6-6　再生混凝土的浇筑

（a）再生混凝土材料拌制；（b）再生混凝土材料留样

图 6-7　再生混凝土　　　　　图 6-8　再生混凝土
立方体试块　　　　　　　试块加载

表 6-3　再生混凝土材料的基本力学性能

再生混凝土 强度等级	再生粗骨料 取代率 r/%	立方体抗压强度 f_{cu}/MPa	轴心抗压强度 f_{ck}/MPa	轴心抗拉强度 f_{tk}/MPa	弹性模量 E_c/MPa
	0	41.56	27.80	2.01	3.29×10^4
C40	50	39.07	26.13	1.94	3.24×10^4
	100	41.08	27.47	1.99	3.28×10^4

6.1.5　钢材力学性能

在焊接型钢及外钢管的加工过程中，按照钢材试验有关规定对不同厚度钢材原材料进行留样，并对留样试件进行拉伸试验。本次试验测得不同厚度钢材的基本力学性能指标见表 6-4。

表 6-4　钢材的基本力学性能指标

钢材类型	钢材厚度/mm	屈服强度 f_y/MPa	屈服应变 $\varepsilon/\mu\varepsilon$	极限强度 f_u/MPa	弹性模量 E_s/MPa
圆钢管	3	420.2	1996	535.6	$2.11×10^5$
	4	408.2	1946	507.5	$2.09×10^5$
	5	414.8	1971	522.8	$2.10×10^5$
型钢	6	292.6	1381	428.4	$2.12×10^5$
	8	276.7	1305	402.3	$2.12×10^5$

6.1.6　试验加载装置

CSTSRRC 组合柱的低周反复荷载试验加载装置如图 6-9 所示。加载准备阶段，先将试件与水平作动器对中，随后使用两个压梁将试件地梁固定于刚性地面；试件地梁两端使用钢制块体施加约束，保证试件不会位移。柱顶竖向轴力配合滑动支座可随水平荷载往复运动，保证组合柱的柱顶轴力恒定。水平荷载则由伺服液压作动器施加，最大加载值为 1000 kN，最大作动位移为 ±200 mm。作动器数据由采集仪自动记录并传输至计算机中，所有加载进度均由计算机控制。

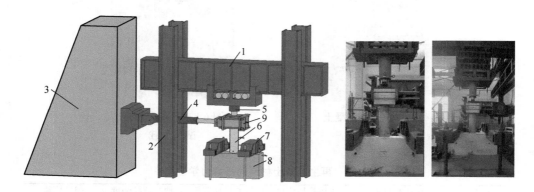

图 6-9　CSTSRRC 组合柱试件的低周反复试验加载装置

1—反力梁；2—反力架；3—反力墙；4—MTS 电液伺服作动器；

5—油压千斤顶；6—钢管型钢再生混凝土柱试件；

7—压梁；8—地梁；9—抱头

6.1.7 试验加载制度

本次 CSTSRRC 组合柱的低周反复荷载试验加载参考《建筑抗震试验规程》（JGJ/T 101）相关规定，采用先施加竖向荷载，随后施加水平往复荷载两阶段加载方式，以实现组合柱的低周往复荷载试验加载。组合柱低周往复荷载试验设计有 0.2、0.4 和 0.6 三种不同的轴压比，竖向轴力由液压千斤顶施加，其上由固定于两边钢柱的钢梁提供反力支撑，反力架满足试验强度与刚度要求。CSTSRRC 组合柱低周反复荷载由水平作动器施加于柱顶抱头中心，试验前预估最大水平承载力 220 kN 左右，按照规范要求在屈服前使用荷载控制分级加载，采用 20 kN 为级差，单次加载；当组合柱承载力达到 130 kN 时，即预估屈服点，采用位移循环加载，第一级级差 2.5 mm 为过渡段，后续选择级差为 3mm 循环加载三次，直至试件水平荷载下降至峰值荷载的 85% 或不能继续进行时结束。CSTSRRC 组合柱的水平往复荷载加载制度如图 6-10 所示。

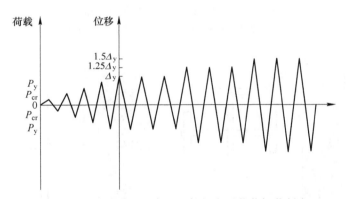

图 6-10　CSTSRRC 组合柱试件的水平荷载加载制度

6.1.8 试件测点布置

试验开始之前先对传感器分别进行标定，根据换算数据调整相应采集仪器，本次试验中竖向荷载数值由液压泵压力表监测；组合柱的柱身及地梁位移计和柱身应变片均由 DH3818Y 静态应变测试仪自动采集，水平作动器力与位移由自身传感器收集并按照时间间隔记录。为监测 CSTSRRC 组合柱在低周反复荷载作用下的侧移变化，沿柱高每隔 200 mm 布置一个水平位移计，位移计量程为 ±50 mm；同时为监测地梁是否产生位移，保证试验精度，在地梁上布置了两个互相垂直的位移计。CSTSRRC 组合柱的位移计布置如图 6-11 所示。

内置型钢的应变片主要粘贴在地梁顶面以上 50 mm、100 mm 和 150 mm 位置，共计三道，如图 6-12（a）所示。对于十字型焊接型钢，在单侧面第二道

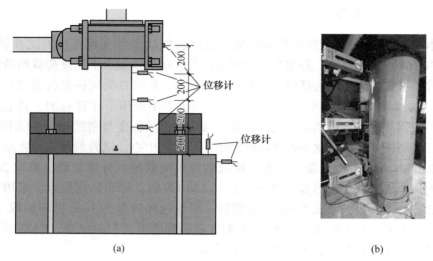

(a)   (b)

图 6-11   CSTSRRC 组合柱的位移计布置

（a）位移计布置示意图；（b）位移计现场布置

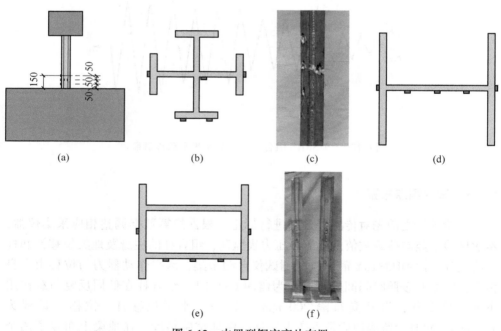

(a)   (b)   (c)   (d)

(e)   (f)

图 6-12   内置型钢应变片布置

（a）内置型钢应变片位置；（b）十字型钢应变片布置；（c）应变片位置；
（d）工字型钢应变片位置；（e）箱型型钢应变片位置；（f）实物布置

（地梁顶面上 100 mm 处）布置两个沿柱高的应变片以监测垂直于水平荷载作用方向的型钢翼缘的应变变化，同时在水平荷载作用方向腹板第二道粘贴一个沿柱高的应变片以监测型钢中心腹板的应变变化，如图 6-12（b）所示，十字型内置型钢应变片布置实物如图 6-12（c）所示。工字型与箱型应变片布置与十字型类似，具体布置如图 6-12（d）~（f）所示。

圆钢管型钢再生混凝土组合柱的钢管应变片布置如图 6-13 所示，布置相对高度与内置型钢一致，在平行于水平荷载作用方向布置三道纵向应变片以监测钢管的拉压应变变化；在垂直于作用方向布置一行纵向应变片监测钢管是否进入屈服状态；钢管底部四周布置 4 个水平应变片以监测钢管是否在环向产生应变。

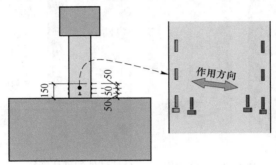

图 6-13　圆钢管的应变片布置

6.1.9　试验现象及破坏形态

在 CSTSRRC 组合柱试件浇筑并养护完成之后，使用白色腻子粉将组合柱的地梁及抱头混凝土部分进行刷白处理，将圆钢管打磨后使用黄色油漆上色，并在表面划分 50 mm×50 mm 的网格，以便于清楚直观地观察组合柱在水平往复荷载作用下的实时变化与破坏位置。低周反复荷载作用下 CSTSRRC 组合柱的破坏特征及破坏形体如图 6-14~图 6-24 所示。

图 6-14　CSTSRRC-1 组合柱试件的破坏特征

图 6-15　　CSTSRRC-2 组合柱试件的破坏特征

图 6-16　　CSTSRRC-3 组合柱试件的破坏特征

图 6-17　　CSTSRRC-4 组合柱试件的破坏特征

图 6-18　　CSTSRRC-5 组合柱试件的破坏特征

图 6-19 CSTSRRC-6 组合柱试件的破坏特征

图 6-20 CSTSRRC-7 组合柱试件的破坏特征

图 6-21 CSTSRRC-8 组合柱试件的破坏特征

图 6-22 CSTSRRC-9 组合柱试件的破坏特征

图 6-23　CSTSRRC-10 组合柱试件的破坏特征

图 6-24　CSTSRRC-11 组合柱试件的破坏特征

由图 6-14 ~ 图 6-24 对比分析不同试验设计参数下 CSTSRRC 组合柱试件的破坏过程及破坏形态可知。

（1）不同再生粗骨料取代率的 CSTSRRC 组合柱试件破坏过程基本类似，局部屈曲在加载过程中出现的时间点基本相同；试件在最终破坏时，50% 与 100% 再生粗骨料取代率的外钢管变形相对于普通混凝土的组合柱试件较小，组合柱的变形程度随着取代率的增加而变大。

（2）随着外钢管壁厚的增加，组合柱破坏程度越来越弱，壁厚为 3 mm 的组合柱破坏时外钢管已形成开裂，而壁厚为 5 mm 的组合柱，局部鼓曲相对较弱。

（3）型钢配钢率的增加，在施加至相同位移时，内置型钢对再生混凝土的挤压相对于配钢率小的组合柱较大，使组合柱外钢管鼓曲较为严重，但是配钢率的增加，会使峰值点对应位移变小，并不会在破坏时达到相同破坏程度。

（4）轴压比较小的组合柱试件，由于轴向荷载较小，水平荷载产生的弯矩对柱脚外钢管拉伸变形相对较大，而大轴压比的试件外钢管最终被压鼓曲。

（5）内置工字型与箱型截面形式在水平荷载作用方向配置型钢截面面积相

对较多，且比较靠近外钢管，在轴向荷载与水平荷载作用下通过挤压混凝土对外钢管的挤压更加剧烈，导致外钢管在破坏时变形较大。

总体上，圆钢管型钢再生混凝土组合柱在整个破坏全过程中，主要表现为外部圆钢管出现轻微鼓曲并随着荷载施加鼓曲逐渐扩大，最终组合柱呈"象足状"，个别试件局部屈曲位置钢管出现开裂现象，符合压弯塑性铰破坏。加载前期，组合柱并未有明显变化，基本处于弹性阶段；随着荷载的不断增加，组合柱柱脚50 mm 范围内出现轻微鼓曲，并不断加剧直至试验加载结束，组合柱柱脚呈"象足状"鼓曲，形成较为明显的塑性铰，表现出典型的压弯破坏；试验结束后，观察内部再生混凝土的破坏状态发现，塑性铰区域核心再生混凝土被完全压碎，基本呈粉末状，但由于外钢管的约束并未失去承载能力。

6.2 圆钢管型钢再生混凝土组合柱抗震性能试验结果分析

6.2.1 滞回曲线

由低周反复荷载试验中获取的水平荷载与位移数据，可得到 CSTSRRC 组合柱的荷载-位移滞回曲线（P-Δ），它包含了 CSTSRRC 组合柱承载力与位移之间的关系、主要荷载特征及位移变形等。另外，由荷载-位移滞回曲线围成的滞回环大小也能反映 CSTSRRC 组合柱的耗能能力。CSTSRRC 组合柱试件的荷载-位移滞回曲线如图 6-25 所示，其中 P 表示 MTS 液压作动器施加的荷载，Δ 为低周反复荷载作用时柱顶中心的位移，即组合柱试件柱顶的水平位移。通过对 11 个不同参数组合柱试件 P-Δ 曲线分析，可以得出如下结论。

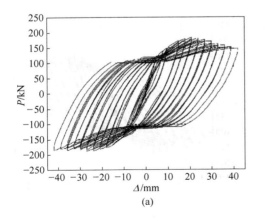

(a)

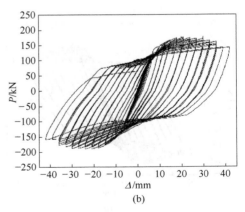

(b)

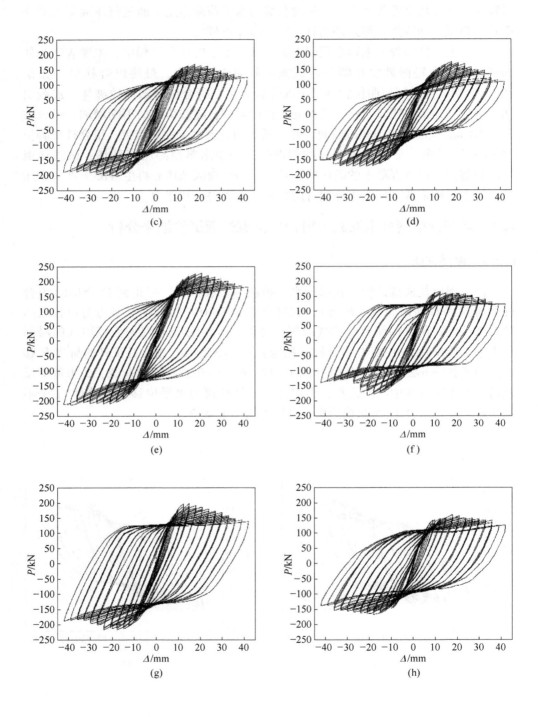

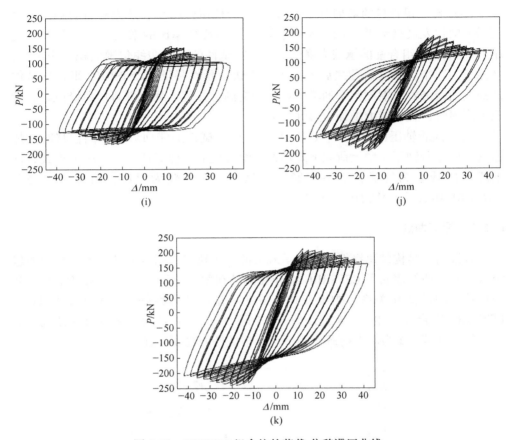

图 6-25 CSTSRRC 组合柱的荷载-位移滞回曲线

（a）CSTSRRC-1；（b）CSTSRRC-2；（c）CSTSRRC-3；（d）CSTSRRC-4；
（e）CSTSRRC-5；（f）CSTSRRC-6；（g）CSTSRRC-7；（h）CSTSRRC-8；
（i）CSTSRRC-9；（j）CSTSRRC-10；（k）CSTSRRC-11

（1）CSTSRRC 组合柱试件的荷载-位移滞回曲线整体图形在不同参数影响下具有较好的稳定性，饱满呈"纺梭形"，表现出良好的耗能能力；不同参数的组合柱试件，在整个加载过程中虽然每级循环荷载最大点发展规律相似，但曲线峰值点的大小以及整体形状有所不同。

（2）CSTSRRC 组合柱试件荷载与位移在加载初始阶段呈比例变化，滞回曲线包络面积几乎为零，水平推拉荷载基本转化为弹性势能，材料塑性变形耗能较小；而进入屈服阶段后，组合柱试件的滞回曲线逐渐展开，残余变形逐渐增大，水平荷载增长趋势略有降低，水平推力产生的能量小部分被材料变形消耗。进入循环阶段后，同一级循环中，CSTSRRC 组合柱试件的水平最大反力随施加次数有所下降，曲线包络面积略有减小，说明存在强度衰减现象。

（3）再生粗骨料的增加对 CSTSRRC 组合柱试件的承载能力略有影响，但对其滞回曲线发展趋势并无明显影响；随着圆钢管径厚比的增大即外钢管厚度变小，CSTSRRC 组合柱的承载力降低，组合柱试件的滞回曲线包围面积越来越小，耗能能力减小，峰值荷载之后荷载下降变快，延性降低；CSTSRRC 组合柱试件的滞回曲线随着型钢配钢率的增加更加的饱满，并且承载力更高且在峰值之后荷载下降更慢，耗能能力增加，延性变大。

（4）随着轴压比的增大，CSTSRRC 组合柱试件的滞回环在相同位移时更加饱满，但随着轴压比增大荷载下降加快，组合柱的延性降低；箱型配钢形式试件的滞回曲线最为饱满，十字型紧随其后，工字型较为瘦小，箱型对于提高 CSTSRRC 组合柱承载力更具优势。

6.2.2　骨架曲线

骨架曲线是构件每级循环最大承载力的变化轨迹，同时也是最大承载力的包络线，骨架曲线表明了 CSTSRRC 组合柱试件在整个试验过程中不同级循环荷载与位移之间的变化关系、刚度变化、强度退化以及延性好坏。本次试验 11 个 CSTSRRC 组合柱试件的骨架曲线如图 6-26 所示，图中 P 为施加在组合柱试件的水平往复荷载，Δ 为水平荷载作用下组合柱试件的柱顶位移。

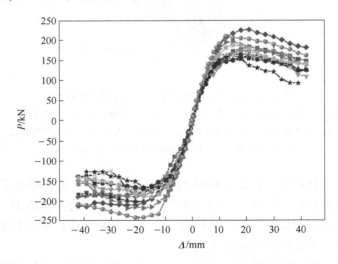

图 6-26　CSTSRRC 组合柱试件的骨架曲线

由图 6-26 可知，CSTSRRC 组合柱试件的骨架曲线变化趋势基本一致。在加载初期，组合柱试件处于弹性阶段；随着荷载继续增加，组合柱柱顶的水平位移不断增大，组合柱试件内部再生混凝土承受三向围压逐渐产生变形，内置型钢与外钢管逐渐进入屈服阶段，表现为试件骨架曲线斜率开始降低向水平轴方向倾斜，水平承载力发展速度逐渐变缓；此后各个试件骨架曲线发展逐渐产生差异，当水平荷载达到峰值荷载时，差异最为明显，各个影响参数控制的试件峰值承载力均有所不同且差异较大；试验加载继续进行，随着位移不断增加各个试件均表现出承载力逐渐下降，随着内部再生混凝土被压碎与钢材进入塑性阶段，组合柱试件所能提供的水平反力逐渐降低，试件处于破坏阶段，直至试验加载结束。

图 6-27 为 CSTSRRC 组合柱试件骨架曲线按照试验设计参数分类对比关系图，可以看出各个影响参数变化下组合柱试件从加载到结束的峰值点发展规律。

从图 6-27 可知，采用强度相同的天然混凝土与再生混凝土 CSTSRRC 组合柱试件的骨架曲线基本相同；在加载初始阶段，不同取代率下组合柱试件的骨架曲线几乎重合并保持线弹性发展；随着试验继续进行几乎同时进入屈服阶段，组合柱的承载力不再随着位移线性增加，达到最大荷载点后，不同取代率 CSTSRRC 组合柱试件曲线进入下降段，骨架曲线随着位移的增加变化规律类似。

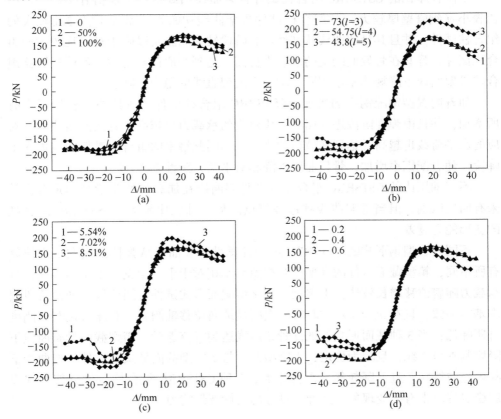

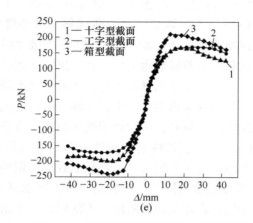

图 6-27 CSTSRRC 组合柱试件设计参数与骨架曲线的关系
(a) 再生混凝土取代率；(b) 径厚比；(c) 配钢率；(d) 轴压比；(e) 配钢形式

不同径厚比的 CSTSRRC 组合柱试件骨架曲线加载初始阶段稍有不同，径厚比较小（钢管壁厚较大）的组合柱试件骨架曲线初始斜率略大于径厚比较大的组合柱试件，并且其骨架曲线从弹性增长阶段转为屈服阶段晚于径厚比较大的组合柱试件，且其在骨架曲线上的承载力更高，达到峰值荷载之后，不同径厚比组合柱骨架曲线下降规律基本相同，均呈现近似直线的稳定下降。

随着内置型钢配钢率的增加，CSTSRRC 组合柱试件的骨架曲线初始斜率有所增加，并且由弹性阶段进入屈服阶段对应的承载力也越高，骨架曲线峰值点对应的水平荷载也越高，达到峰值荷载之后，不同配钢率的组合柱骨架曲线进入下降段，随着配钢率增加，骨架曲线下降相对平缓，延性越大。

不同轴压比的 CSTSRRC 组合柱试件骨架曲线在加载初始阶段基本重合，并未有明显区别，但当骨架曲线越过峰值点之后，轴压比越大，CSTSRRC 组合柱的变形能力越差。

不同内置型钢形式的 CSTSRRC 组合柱试件骨架曲线从弹性阶段发展规律就有所不同，箱型截面试件的骨架曲线初始斜率相对于十字型钢与工字型钢大，且承载力随着位移增长较快；十字型与工字型截面形式试件骨架曲线在弹性阶段斜率基本一致，且在 50 kN 左右时有一次明显地向位移轴倾斜，意味着抗侧移刚度有所降低；当 3 种截面形式的试件骨架曲线达到峰值点后，箱型截面骨架曲线下降段基本呈直线，且较为稳定，十字型截面与工字型截面形式的试件骨架曲线下降段呈曲线状，且下降较缓，总体来看，3 种 CSTSRRC 组合柱试件骨架曲线发展稳定持续未有突变现象，并拥有良好的延性变形能力。

6.2.3　荷载特征值及延性系数

本书选取通用屈服弯矩法来计算 CSTSRRC 组合柱试件的等效屈服点，峰值荷载选取水平承载力最大值，组合柱试件的破坏点选取 0.85 倍最大承载力所在的点或者试验停止加载所对应的点。过原点作直线 OE 于骨架曲线相切，并与平行于 x 轴的 CE 相交，随后作 EA 平行于 y 轴，相交骨架曲线于 A 点，作割线 AD 与 CD 线交于点 D，作 DB 垂直于 x 轴交骨架曲线于 B 点，则 B 为骨架曲线的屈服点，如图 6-28 所示。

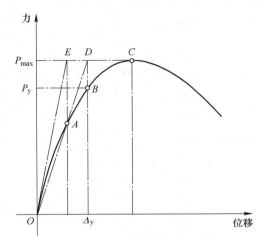

图 6-28　通用屈服弯矩法的示意图

CSTSRRC 组合柱试件的延性系数 μ 按式（6-1）计算，其中 Δ_u 为组合柱构件的破坏位移，Δ_y 为组合柱构件的屈服位移。CSTSRRC 组合柱试件的特征值及延性系数见表 6-5。

$$\mu = \frac{\Delta_u}{\Delta_y} \tag{6-1}$$

表 6-5　CSTSRRC 组合柱的各个阶段特征值及延性系数

试件编号	方向	屈服点		峰值点		极限点		延性系数 μ	平均
		P_y/kN	Δ_y/mm	P_{max}/kN	Δ_{max}/mm	P_u/kN	Δ_u/mm		
CSTSRRC-1	推向	149.56	10.01	183.09	21.00	158.30	36.00	3.60	3.90
	拉向	−140.94	−10.00	−186.78	−27.00	−183.48	−42.01	4.20	
	平均	145.25	10.01	184.93	24.00	170.89	39.01	—	—
CSTSRRC-2	推向	145.74	10.01	175.39	21.00	142.55	39.01	3.90	3.51
	拉向	−164.47	−12.50	−188.38	−21.01	−156.73	−39.01	3.12	
	平均	155.11	11.26	181.89	21.01	149.64	39.01	—	—
CSTSRRC-3	推向	144.00	10.00	167.12	18.00	138.28	33.01	3.30	3.33
	拉向	−181.99	−12.51	−200.95	−18.01	−186.70	−42.03	3.36	
	平均	163.00	11.25	184.04	18.01	162.49	37.52	—	—
CSTSRRC-4	推向	155.21	12.50	174.28	18.00	145.71	33.01	2.64	3.00
	拉向	−153.63	−12.50	−172.12	−24.01	−150.81	−42.01	3.36	
	平均	154.42	12.50	173.20	21.01	148.26	37.51	—	—

试件编号	方向	屈服点		峰值点		极限点		延性系数 μ	平均
		P_y/kN	Δ_y/mm	P_{max}/kN	Δ_{max}/mm	P_u/kN	Δ_u/mm		
CSTSRRC-5	推向	186.50	10.01	227.24	21.00	191.47	39.00	3.90	3.63
	拉向	−178.84	−12.51	−209.54	−21.01	−211.39	−42.01	3.36	
	平均	182.67	11.26	218.39	21.01	201.43	40.51	—	—
CSTSRRC-6	推向	155.31	9.00	164.68	12.51	138.74	33.02	3.67	3.19
	拉向	−153.08	−10.01	−183.25	−21.01	−142.02	−27.02	2.70	
	平均	154.19	9.50	173.96	16.76	140.38	30.02	—	—
CSTSRRC-7	推向	164.62	9.00	196.95	15.01	166.56	30.01	3.33	3.47
	拉向	−188.90	−10.01	−217.20	−18.01	−184.25	−36.02	3.60	
	平均	176.76	9.51	207.08	16.51	175.41	33.02	—	—
CSTSRRC-8	推向	140.34	9.00	158.99	18.00	123.49	39.00	4.33	4.33
	拉向	−145.54	−9.01	−168.19	−18.01	−137.69	−39.02	4.33	
	平均	142.94	9.01	163.59	18.01	130.59	39.01	—	—
CSTSRRC-9	推向	142.72	9.01	157.39	12.51	130.02	24.01	2.67	3.02
	拉向	−143.65	−8.00	−165.39	−12.51	−139.42	−27.01	3.38	
	平均	143.19	8.50	161.39	12.51	134.72	25.51	—	—
CSTSRRC-10	推向	164.89	10.01	188.27	15.01	157.81	27.02	2.70	2.70
	拉向	−165.91	−10.01	−189.53	−15.01	−159.55	−27.02	2.70	
	平均	165.40	10.01	188.90	15.02	158.68	27.02	—	—
CSTSRRC-11	推向	182.17	9.02	210.59	12.42	176.53	36.02	3.99	4.10
	拉向	−197.17	−10.01	−240.50	−18.02	−207.90	−42.01	4.20	
	平均	189.67	9.51	225.54	15.22	192.21	39.02	—	—

由于试验试件制作及试验过程存在无法避免的误差影响，导致试验荷载及位移并非完全对称，故在分析过程中取 CSTSRRC 组合柱试件实验数据各个特征值点平均数值进行研究。从表 6-5 中可以看出，不同设计参数的组合柱试件推拉两方向各个特征值点随试验设计参数各有不同。

（1）CSTSRRC 组合柱试件除内置工字型钢外的延性系数大于等于 3.0。

（2）不同取代率的 CSTSRRC 组合柱试件峰值承载力比较接近，屈服及破坏点荷载有所不同，但比较接近，说明再生粗骨料含量对于组合柱所能承受的水平最大反力影响不大；但从三组试件峰值点对应的位移来看，随着取代率的增加，组合柱峰值点对应的位移逐渐减小，延性系数随着取代率的增加逐渐降低。

（3）随着外钢管厚度的增加，CSTSRRC 组合柱试件特征点荷载和延性均有所提高，特征值点位移变化不大；提高内配型钢面积，组合柱试件屈服荷载、峰值荷载和破坏荷载相应提高，延性更好。

（4）内置箱型型钢的 CSTSRRC 组合柱试件屈服荷载、峰值荷载和破坏荷载大于内置工字型钢及十字型钢组合柱试件，且内置箱型截面型钢的组合柱试件延性最好，内置十字型钢截面组合柱次之，工字型截面组合柱试件延性最差。

6.2.4 位移转角

《建筑抗震设计规范》利用层间位移角来衡量结构或构件变形能力，表 6-6 为 CSTSRRC 组合柱试件试验实测的特征点位移转角值，其中 θ_y、θ_m 和 θ_u 为组合柱试件特征点的位移转角值，可由式（6-2）计算得出，式中 i 分别取 y（屈服点位移）、m（屈服点位移）和 u（极限点位移），L 为组合柱试件的计算高度。

$$\theta_i = \frac{\Delta_i}{L} \tag{6-2}$$

表 6-6　CSTSRRC 组合柱骨架曲线的各特征点位移转角实测值

试件编号	加载方向	屈服点 θ_y	平均 θ_y	峰值点 θ_m	平均 θ_m	破坏点 θ_u	平均 θ_u
CSTSRRC-1	正向	1/80	1/80	1/38	1/33	1/22	1/21
	负向	−1/80		−1/30		−1/19	
CSTSRRC-2	正向	1/80	1/71	1/38	1/38	1/21	1/21
	负向	−1/64		−1/38		−1/21	
CSTSRRC-3	正向	1/80	1/71	1/44	1/44	1/24	1/20
	负向	−1/64		−1/44		−1/19	
CSTSRRC-4	正向	1/64	1/64	1/44	1/38	1/24	1/21
	负向	−1/64		−1/33		−1/19	
CSTSRRC-5	正向	1/80	1/71	1/38	1/38	1/21	1/22
	负向	−1/64		−1/38		−1/19	
CSTSRRC-6	正向	1/89	1/84	1/64	1/48	1/24	1/27
	负向	−1/80		−1/38		−1/30	
CSTSRRC-7	正向	1/89	1/84	1/53	1/48	1/27	1/24
	负向	−1/80		−1/44		−1/22	
CSTSRRC-8	正向	1/89	1/89	1/44	1/44	1/21	1/21
	负向	−1/89		−1/44		−1/21	
CSTSRRC-9	正向	1/89	1/94	1/64	1/64	1/33	1/31
	负向	−1/100		−1/64		−1/30	
CSTSRRC-10	正向	1/80	1/80	1/53	1/53	1/30	1/30
	负向	−1/80		−1/53		−1/30	

试件编号	加载方向	屈服点 θ_y	平均 θ_y	峰值点 θ_m	平均 θ_m	破坏点 θ_u	平均 θ_u
CSTSRRC-11	正向	1/89	1/84	1/64	1/53	1/22	1/21
	负向	-1/80		-1/44		-1/19	

由表 6-6 可以看出：

（1）本书试验设计的 CSTSRRC 组合柱试件的屈服点转角为 1/94～1/64，大于抗震规范规定限值，由于规范对钢筋混凝土框架按照开裂位移转角做出限制，而对钢结构按照完全弹性计算限值，而在试验中并不能直接获取组合柱混凝土开裂时的位移，故 CSTSRRC 组合柱的位移转角不能使用规范限值来衡量，但可以看出组合柱试件在屈服点变形能力有较大富余；

（2）CSTSRRC 组合柱试件破坏点对应的位移角基本为 1/30～1/20，大于规范规定限值，该组合柱的抗倒塌能力较强；

（3）分析再生混凝土粗骨料取代率的 3 组 CSTSRRC 组合柱试件，它们的 θ_y、θ_m 和 θ_u 区别较小，取代率对组合柱特征点位移转角的影响较小；

（4）随着外钢管厚度的增加，CSTSRRC 组合柱试件特征点位移转角逐渐增大；增加内置型钢配钢率时，组合柱试件的峰值点位移转角 θ_m 逐渐减小，屈服点 θ_y 及破坏点 θ_u 没有明显变化；

（5）轴压比增大，CSTSRRC 组合柱各特征值点位移转角 θ_u、θ_y 与 θ_m 均减小；对于 3 种不同截面形式的组合柱试件，其 θ_y、θ_m 和 θ_u 基本变化不大。

6.2.5　耗能能力

结构或构件具有足够的消耗能量能力是衡量其抗震性能的重要参考与指标，通常用能量耗散系数 E 或等效黏滞阻尼系数 ζ_{eq} 来衡量耗能能力，本书将对这两个参数对 CSTSRRC 组合柱的耗能能力进行分析。在地震作用下，CSTSRRC 组合柱试件通过核心再生混凝土的裂缝发展、核心再生混凝土与内置型钢及外包钢管之间的摩擦及钢材产生弯曲塑性铰等方式消耗地震能量。能量耗散系数 E 定义为结构所吸收地震作用的能量与其通过自身形变消耗能量的比值，可通过力与位移面积比来评价构件的耗能能力。等效黏滞阻尼系数的计算示意图如图 6-29 所示，能量耗散系数 E 及效黏滞阻尼系数 ζ_{eq} 分别按式（6-3）及式（6-4）计算：

$$E = \frac{S_{(ABC+CDA)}}{S_{(OBE+ODF)}} \tag{6-3}$$

$$\zeta_{eq} = \frac{1}{2\pi} \frac{S_{(ABC+CDA)}}{S_{(OBE+ODF)}} \tag{6-4}$$

式中，$S_{(ABC+CDA)}$ 为组合柱所吸收的能量；$S_{(OBE+ODF)}$ 为组合柱通过自身形变消耗掉的能量；E 与 ζ_{eq} 均取自每级第一次循环试验数据，见表 6-7 及表 6-8。

表 6-7 CSTSRRC 组合柱的能量耗散系数 E

试件编号	Δ_y	$1.25\Delta_y$	$1.5\Delta_y$	$1.8\Delta_y$	$2.1\Delta_y$	$2.4\Delta_y$	$2.7\Delta_y$	$3\Delta_y$	$3.3\Delta_y$	$3.6\Delta_y$	$3.9\Delta_y$	$4.2\Delta_y$
CSTSRRC-1	2.14	—	2.20	2.26	2.39	2.45	2.52	2.66	2.67	2.74	2.76	2.81
CSTSRRC-2	2.05	2.08	2.13	2.19	2.29	2.36	2.45	2.46	2.53	2.56	2.60	2.61
CSTSRRC-3	2.01	2.07	2.12	2.20	2.27	2.35	2.43	2.42	2.50	2.43	2.54	2.61
CSTSRRC-4	2.00	2.05	2.08	2.13	2.15	2.15	2.10	2.08	2.06	2.24	2.09	2.16
CSTSRRC-5	2.06	2.10	2.17	2.22	2.29	2.36	2.43	2.51	2.57	2.63	2.69	2.73
CSTSRRC-6	2.01	2.07	2.16	2.22	2.25	2.36	2.40	2.41	2.42	2.30	2.42	2.43
CSTSRRC-7	1.99	2.03	2.17	2.28	2.39	2.40	2.46	2.58	2.61	2.60	2.65	2.73
CSTSRRC-8	1.99	2.09	2.13	2.18	2.24	2.34	2.35	2.35	2.32	2.38	2.42	2.46
CSTSRRC-9	2.00	2.07	2.17	2.30	2.40	2.52	2.66	2.81	2.94	2.98	3.02	—
CSTSRRC-10	1.87	1.92	1.97	2.03	2.09	2.17	2.23	2.31	2.38	2.41	2.50	2.56
CSTSRRC-11	1.98	1.93	2.13	2.26	2.34	2.46	2.52	2.53	2.65	2.62	2.67	2.72

表 6-8 CSTSRRC 组合柱的等效黏滞阻尼系数 ζ_{eq}

试件编号	Δ_y	$1.25\Delta_y$	$1.5\Delta_y$	$1.8\Delta_y$	$2.1\Delta_y$	$2.4\Delta_y$	$2.7\Delta_y$	$3\Delta_y$	$3.3\Delta_y$	$3.6\Delta_y$	$3.9\Delta_y$	$4.2\Delta_y$
CSTSRRC-1	0.34	—	0.35	0.36	0.38	0.39	0.40	0.42	0.43	0.44	0.44	0.45
CSTSRRC-2	0.33	0.33	0.34	0.35	0.36	0.38	0.39	0.39	0.40	0.41	0.41	0.41
CSTSRRC-3	0.32	0.33	0.34	0.35	0.36	0.37	0.39	0.39	0.40	0.39	0.40	0.42
CSTSRRC-4	0.32	0.33	0.33	0.34	0.33	0.33	0.33	0.33	0.33	0.36	0.33	0.34
CSTSRRC-5	0.33	0.33	0.34	0.35	0.36	0.38	0.39	0.40	0.41	0.42	0.43	0.43
CSTSRRC-6	0.32	0.33	0.34	0.35	0.36	0.38	0.38	0.38	0.38	0.37	0.39	0.39
CSTSRRC-7	0.32	0.32	0.35	0.36	0.38	0.38	0.39	0.41	0.41	0.41	0.42	0.43
CSTSRRC-8	0.32	0.34	0.34	0.35	0.36	0.37	0.37	0.37	0.37	0.38	0.39	0.39
CSTSRRC-9	0.32	0.33	0.34	0.37	0.38	0.40	0.42	0.45	0.47	0.47	0.48	—
CSTSRRC-10	0.30	0.30	0.31	0.32	0.33	0.34	0.36	0.37	0.38	0.38	0.40	0.41
CSTSRRC-11	0.32	0.31	0.34	0.36	0.37	0.39	0.40	0.40	0.42	0.42	0.43	0.43

从表 6-7 及表 6-8 可以看出。

（1）CSTSRRC 组合柱试件在峰值点之前耗能能力随着荷载或位移等级的增加而不断增加，达到峰值点之后，虽然试件滞回曲线每一级峰值逐渐下降，但滞回曲线越加饱满，耗能能力不但没有下降，反而越来越强；从屈服点到破坏点，不同设计参数的 CSTSRRC 组合柱试件等效黏滞阻尼系数为

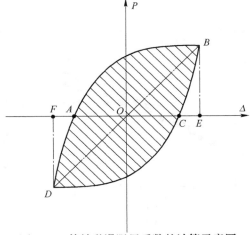

图 6-29 等效黏滞阻尼系数的计算示意图

0.31~0.56，表现出 CSTSRRC 组合柱试件良好的耗散地震能量的能力。

（2）在加载初始阶段，再生骨料含量的加大会降低 CSTSRRC 组合柱的耗能能力，但随试验继续加载，再生粗骨料取代率为 100% 的组合柱试件耗能能力与内置天然粗骨料混凝土的组合柱试件的耗能能力基本持平，而取代率为 50% 的组合柱试件在试验结束时耗能能力小于其他两根试件。

（3）圆钢管壁厚的增加可以提升 CSTSRRC 组合柱试件耗能能力，在屈服点提升不太明显，但随着水平作用不断施加，耗能能力提升逐渐变大。

（4）内置型钢截面面积的变动对 CSTSRRC 组合试件耗能能力有利；增大轴压比，CSTSRRC 组合柱试件在相同位移时耗能能力提升。

（5）内置工字型钢的 CSTSRRC 组合柱试件耗能能力在 3 种配钢形式中最差，内置十字型钢居中，箱型配钢形式耗能能力最好。

为了清楚直观地分析各个试验设计参数对于组合柱试件耗能能力变化规律，图 6-30 对比了不同参数对于 CSTSRRC 组合柱试件等效黏滞阻尼系数 ζ_{eq} 的影响发展趋势。

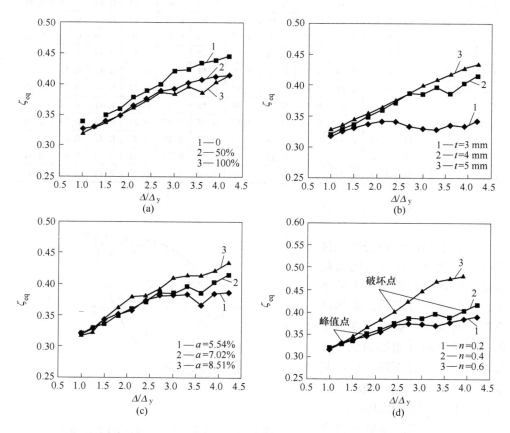

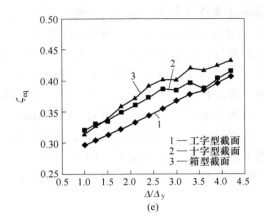

图 6-30 CSTSRRC 组合柱的 ζ_{eq}-（Δ/Δ_y）曲线

从图 6-30 可以看出：

（1）不同设计参数的 CSTSRRC 组合柱试件等效黏滞阻尼系数随着位移的增加逐渐增大；

（2）取代率对于 CSTSRRC 组合柱试件加载初期耗能能力影响相对较小，随着加载继续，再生混凝土材料自身微裂缝扩展使得组合柱的耗能能力增加；

（3）外钢管壁厚的增加提升了对再生混凝土的约束能力，从而对 CSTSRRC 组合柱的耗能能力增加较为明显；

（4）内置型钢截面面积的增加提高了 CSTSRRC 组合柱试件截面含钢量，即利用钢材替换掉部分核心再生混凝土，而钢材变形消耗能量相对于等截面面积的再生混凝土有所提升，因此 CSTSRRC 组合柱试件耗能能力增强；

（5）轴压比的增加导致 P-Δ 效应的显著增加，同时使得内置再生混凝土开裂越多，钢材变形增大，表现为在同一位移等级耗能能力的提升，即 ζ_{eq} 增大，但不同轴压比组合柱各特征值点的 ζ_{eq} 相差不大，只是较大的轴压比使试件提前进入塑性变形耗散地震能量，配合滞回曲线可以看出，在破坏点之后组合柱已经不能继续承载，破坏点之后的耗能已不具有参考价值；

（6）组合柱试件屈服后，内置工字型钢的组合柱试件在水平荷载作用方向布置型钢较为单一，内置十字型钢与箱型型钢在该方向材料布置较多，因此耗能能力较强。

6.2.6 强度衰减

组合柱在反复荷载作用下每一级位移加载的三次循环中峰值强度随着循环次数增加逐渐降低的现象称为试件强度衰减。由于地震作用具有一定的持续性，强度衰减过快会使结构在地震作用后半部分或余震作用下发生结构破坏，因此我国建筑抗震试验规程将强度衰减列为结构构件抗震的一项重要指标。强度衰减主要是由于结构依靠自身变形抵抗第一次地震作用形成塑性损伤，在后一次同等位移加载时，结构所产生的弹性变形相对于前一次变弱，所以所能提供的抵抗强度会降低，随着往复不断作用结构变形损伤逐渐积累，反应在宏观的强度衰减。

一般情况下，同一级位移的三次不同循环中，第一次循环的承载力最大，并随着循环次数增加，后两次循环承载力逐渐降低，强度衰减以第一次循环承载力作为基准，用第二三次循环与第一次循环的荷载之比来表示。CSTSRRC 组合柱在不同循环位移等级下的正负两向强度衰减如图 6-31 所示。其中 P_i 表示某一位移等级内第 i 次循环的承载力值，i 取 1、2、3。P_{1j} 表示第 j 级第一次循环的承载力值。

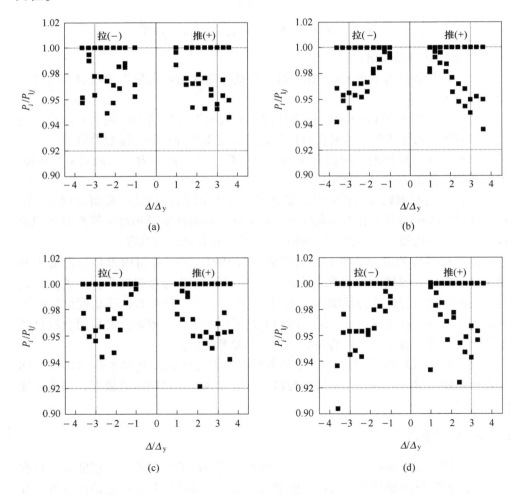

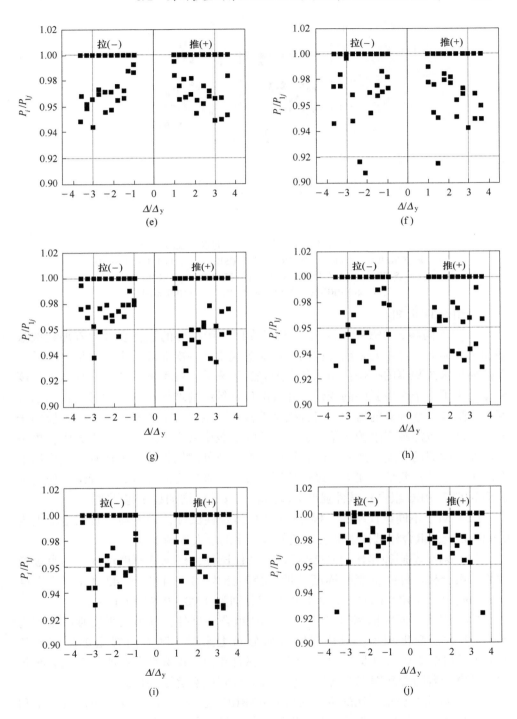

(e)

(f)

(g)

(h)

(i)

(j)

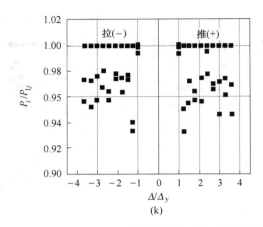

图 6-31　CSTSRRC 组合柱试件的强度衰减规律
（a）CSTSRRC-1；（b）CSTSRRC-2；（c）CSTSRRC-3；（d）CSTSRRC-4；
（e）CSTSRRC-5；（f）CSTSRRC-6；（g）CSTSRRC-7；（h）CSTSRRC-8；
（i）CSTSRRC-9；（j）CSTSRRC-10；（k）CSTSRRC-11

由图 6-31 可知：

（1）不同参数 CSTSRRC 组合柱试件在同一级循环的强度衰减随着加载次数增加更为显著，这主要是因为在同一位移等级中前一次循环产生的变形对于后一次循环是永久积累的损伤；而从整个加载过程来看，各个参数的组合柱试件强度衰减经历了一个由少到多的变化，并且随位移等级的增加而增加的过程；原因有两点：随着位移等级的增加，组合柱试件核心再生混凝土的开裂与裂缝发展同步进行，前一级加载产生的初始微裂缝在后续加载中就会形成局部应力集中，更进一步加剧微缝的扩展。此外，组合柱内置型钢及外部钢管在水平往复荷载作用下会产生一定塑性变形，在下一级位移循环过程中强度更易降低。二者综合作用则表现为 CSTSRRC 组合柱试件强度衰减随着位移等级增加越来越严重。

（2）对于不同取代率的三根 CSTSRRC 组合柱试件，最大强度衰减基本上为 0.92~0.94，组合柱试件强度衰减随着取代率的增大逐渐加剧。

（3）对于不同径厚比的 CSTSRRC 组合柱试件，外钢管厚度增加，约束逐渐增强，组合柱试件强度衰减逐渐降低，径厚比为 73、54.75 和 43.8（对应厚度 $t=3$ mm、4 mm 和 5 mm），最大强度衰减分别为 0.90、0.92 和 0.94。

（4）对于不同配钢率的三根 CSTSRRC 组合柱试件，其最大强度衰减基本为 0.90~0.92，变化较小；但从强度衰减分布上来看，随着内置型钢配钢率从 5.54% 增加至 7.02% 以及 8.51%，组合柱试件正负强度衰减分布明显向未衰减集中，其意味着随着配钢率的增加，组合柱试件强度衰逐渐降低。

（5）对比发现轴压比的增加使得 CSTSRRC 组合柱试件强度衰减加剧，不利于组合柱在地震作用后期或在余震作用中的继续承载，不同轴压比下的三根组合柱最大强度衰减可以达到 0.9。

（6）内置工字型钢的 CSTSRRC 组合柱强度衰减较缓慢且集中，基本上在 0.96 以上，而内置型钢为箱形截面的组合柱强度衰减基本集中为 0.94~0.98。

6.2.7　刚度退化

水平循环荷载作用下，CSTSRRC 组合柱试件的刚度随着水平荷载或位移的施加出现逐渐降低的现象称为刚度退化。本书采用刚度 K 来表示 CSTSRRC 组合柱试件在水平往复荷载作用下的抗侧移刚度，按式（6-5）计算，其含义是试件第 i 次正向（或负向）的刚度等于第 i 次正向（或负向）最大荷载 $+F_i(-F_i)$ 与相应变形 $+X_i(-X_i)$ 之间的比值。

$$K = \frac{F_i}{X_i} \tag{6-5}$$

在低周反复荷载试验过程中，CSTSRRC 组合柱试件的抗侧刚度存在两种形式的变化规律，分别为：

（1）在整个加载过程中随着荷载或位移等级的增加产生变化即整体刚度退化；

（2）在每一级循环内不同循环周期之间的刚度退化表现即循环内刚度退化。

CSTSRRC 组合柱试件的整体刚度退化曲线如图 6-32 所示，从图 6-32 中可以看出，CSTSRRC 组合柱试件在低周反复试验过程中整体刚度退化较为稳定，没有出现刚度突变现象；在加载初始阶段，组合柱试件刚度较大，随着荷载的逐级增加试件刚度下降较为明显；由于位移在计算公式中的分母项，组合柱试件在加载初始阶段位移变化较为微小，位移因其他因素（试件安装对中等因素）产生的影响而出现的误差就会被放大，在图中表现为正负双向初始刚度并不对称；当试验加载进入位移控制阶段后，组合柱试件抗侧移刚度随位移施加下降逐渐变得平缓，正负双向刚度逐渐接近并趋于对称，直至试验加载结束。

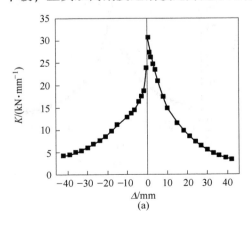
(a)

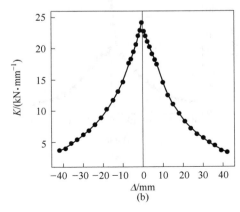
(b)

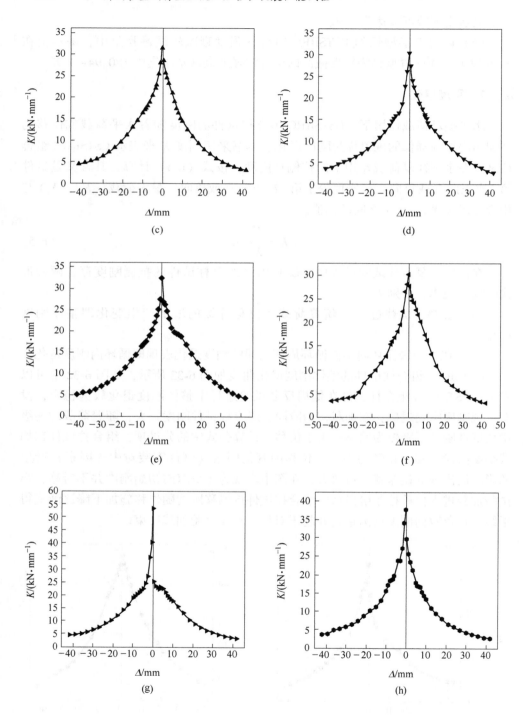

(c)

(d)

(e)

(f)

(g)

(h)

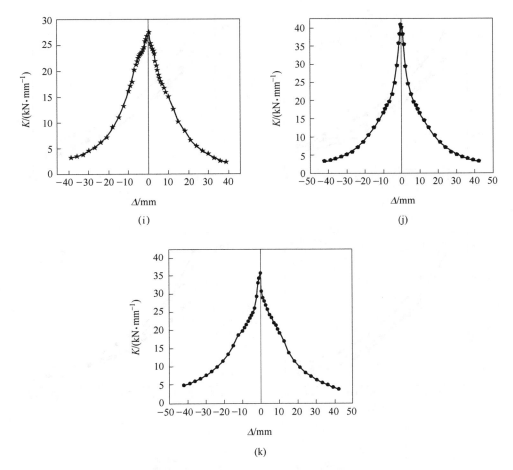

图 6-32 CSTSRRC 组合柱试件整体刚度退化曲线

（a）CSTSRRC-1；（b）CSTSRRC-2；（c）CSTSRRC-3；（d）CSTSRRC-4；
（e）CSTSRRC-5；（f）CSTSRRC-6；（g）CSTSRRC-7；（h）CSTSRRC-8；
（i）CSTSRRC-9；（j）CSTSRRC-10；（k）CSTSRRC-11

为进一步了解 CSTSRRC 组合柱刚度与位移之间的关系，分别对各设计参数抗侧刚度进行无量纲化处理并对比，如图 6-33 所示，其中 K_e 为 CSTSRRC 组合柱的试验实测弹性段初始刚度。对比图 6-33 中各参数中刚度退化曲线走势可以看出。

（1）对比图中不同参数 CSTSRRC 组合柱试件刚度退化无量纲曲线可知，组合柱试件刚度退化无量纲曲线走势平缓，刚度下降稳定，但初始误差使组合柱试件在位移比为 1.0 时的剩余刚度比相差较大。

（2）位移比为 1.0 时，50% 取代率的 CSTSRRC 组合柱试件刚度比与 0 和 100% 的相差约 0.1 以上，100% 与 0 取代率的 CSTSRRC 组合柱试件刚度比重合；

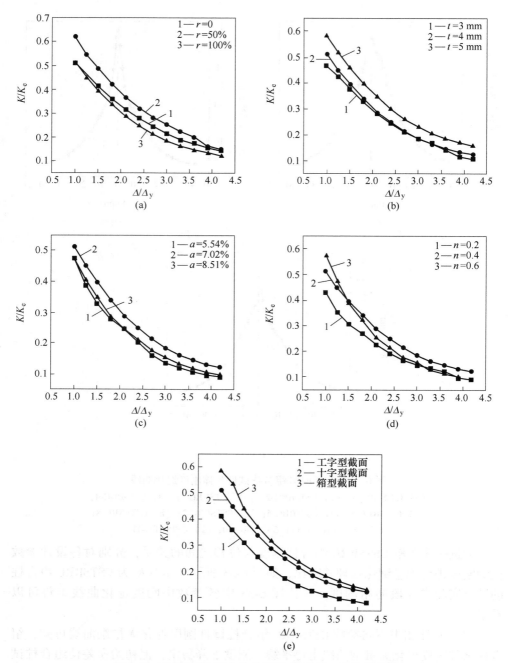

图 6-33　CSTSRRC 组合柱的刚度-位移归一化分析曲线

屈服点过后，粗骨料含量对组合柱试件抗侧刚度的影响逐渐增加，破坏时 50% 与 0 取代率试件的刚度比近乎重合，而 100% 与 0 的试件刚度比拉开差距，0 取代率的组合柱试件保持刚度的能力最强，50%取代率的组合柱试件次之，100%取代率的组合柱试件保持初始刚度的能力最差。

（3）外钢管厚度增加，提升了对核心再生混凝土的约束能力，且也增大了截面含钢量，CSTSRRC 组合柱的刚度降低减缓，即保持相对刚度的能力增强。

（4）内置型钢配钢面积增加，CSTSRRC 组合柱的初始刚度略有提高，刚度退化幅度减小。

（5）轴压比的增加在位移相对较小时的二阶效应对侧向刚度有利，表现为大轴压比在小位移时刚度较大；随着荷载施加，CSTSRRC 组合柱刚度退化较快。

（6）工字型截面组合柱试件刚度退化最快，其次为十字型钢，箱型由于双腹板布置，将核心再生混凝土划分为两个区域，对再生混凝土具有双重约束效果，CSTSRRC 组合柱试件刚度保持较高。

根据无量纲曲线，利用数学公式拟合 CSTSRR 组合柱实测刚度退化曲线如图 6-34 所示，式（6-6）为拟合公式，其中 $y = K/K_e$，$x = \Delta/\Delta_y$，K_e 为弹性段初始刚度，Δ_y 为屈服点位移。a 与 b 为拟合常数，分别为 0.59089 和 0.10667，拟合相似度为 0.929。

$$y = \frac{a}{b + x} \tag{6-6}$$

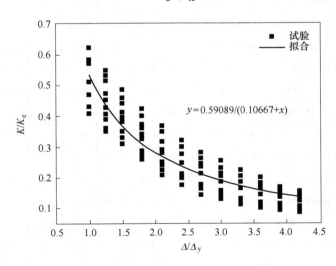

图 6-34　CSTSRRC 组合柱的刚度退化拟合曲线

根据试验材料实测数据，见表 6-3 及表 6-4，通过公式计算不同参数 CSTSRRC 组合柱的弹性抗侧移刚度，并与试验数据获得的组合柱抗侧移刚度进行对比，结果见表 6-9，悬臂结构弹性抗侧移刚度计算公式如下：

$$K = \frac{3EI}{L^3} \tag{6-7}$$

式中，E 为材料弹性模量；I 为每一种材料的截面惯性矩；L 为构件长度。

表 6-9　CSTSRRC 组合柱的特征值点试验刚度与计算刚度

试件编号	计算刚度	弹性段			屈服点			峰值点			破坏点		
		+	−	均值	+	−	均值	+	−	均值	+	−	均值
CSTSRRC-1	40.13	30.78	30.01	30.40	14.95	13.00	13.97	8.72	6.92	7.82	4.40	4.37	4.38
		77%	69%	73%	37%	32%	35%	22%	17%	19%	11%	11%	11%
CSTSRRC-2	39.81	22.77	24.18	23.48	12.57	13.15	12.86	8.35	8.97	8.66	3.65	4.02	3.84
		57%	61%	59%	32%	33%	32%	21%	23%	22%	9%	10%	10%
CSTSRRC-3	40.07	28.50	31.39	29.94	14.40	14.55	14.48	9.29	11.16	10.22	4.19	4.44	4.32
		71%	78%	75%	36%	36%	36%	23%	28%	26%	10%	11%	11%
CSTSRRC-4	36.28	27.37	30.29	28.83	12.41	12.29	12.35	9.68	7.17	8.42	4.41	3.59	4.00
		75%	83%	79%	34%	34%	34%	27%	20%	23%	12%	10%	11%
CSTSRRC-5	43.76	32.29	27.35	29.82	16.57	14.29	15.43	10.82	9.97	10.40	5.32	5.03	5.17
		74%	62%	68%	38%	33%	35%	23%	25%	23%	11%	12%	11%
CSTSRRC-6	38.83	27.56	30.00	28.78	16.14	12.76	14.45	10.63	8.72	9.68	4.20	4.18	4.19
		71%	77%	74%	42%	33%	37%	27%	22%	25%	11%	11%	11%
CSTSRRC-7	41.94	25.14	53.31	39.23	18.28	18.88	18.58	13.12	12.06	12.59	5.55	5.12	5.33
		60%	127%	94%	44%	45%	44%	31%	29%	30%	13%	12%	13%
CSTSRRC-8	40.07	27.51	26.79	27.15	14.41	13.00	13.70	9.49	10.28	9.88	3.35	3.86	3.60
		69%	67%	68%	36%	32%	34%	24%	26%	25%	8%	10%	9%
CSTSRRC-9	40.07	29.70	37.66	33.68	15.85	17.95	16.90	12.58	13.22	12.90	5.41	5.16	5.29
		74%	94%	84%	40%	45%	42%	31%	33%	32%	14%	13%	13%
CSTSRRC-10	44.96	40.04	40.54	40.29	16.48	16.57	16.53	12.54	12.62	12.58	5.84	5.91	5.87
		89%	90%	90%	37%	37%	37%	28%	28%	28%	13%	13%	13%
CSTSRRC-11	42.28	30.76	45.20	37.98	20.20	19.70	19.95	16.95	13.35	15.15	4.90	4.95	4.92
		73%	107%	90%	48%	47%	47%	40%	32%	36%	12%	12%	12%

由表 6-9 可知，弹性段对应的刚度与计算值相比较百分比值并不稳定，大部分为 60%~80%，截面形式变化后所占百分比为 90% 左右；为保证计算稳定，将初始阶段试验实际值与理论计算值比值定为 60%；当 CSTSRRC 组合柱试件进入屈服时，试验实测刚度与计算刚度百分比为 30%~40%，相对比较稳定，可将

35%定为屈服点的刚度百分比；当 CSTSRRC 组合柱试件达到承载峰值时，试验实测刚度与计算百分比为 20%~30%，取 26%为峰值点的刚度百分比值；当组合柱试件承载力降低至 85%峰值承载力时，试验实测刚度与计算百分比在 10%左右，可取 10%计算刚度为破坏点的刚度实际值。

6.2.8 钢材应变

对前面所述的各个测点实测到的应变数据进行归纳处理，可以得到了各个试验参数下 CSTSRRC 组合柱的荷载-应变曲线。为更清楚地描述 CSTSRRC 组合柱在加载过程中应变变化情况，对试验中所有应变片测点位置进行编号，编号顺序如图 6-35 所示。

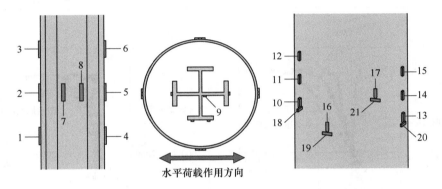

图 6-35 CSTSRRC 组合柱的应变片位置编号

6.2.8.1 钢材纵向应变

将纵向应变片采集到的应变数值与对应的荷载绘制形成 CSTSRRC 组合柱试件典型的钢材荷载-应变曲线如图 6-36 所示。

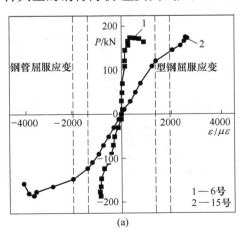

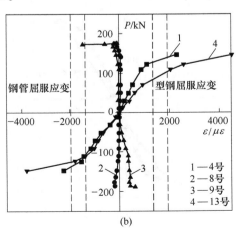

(a)   (b)

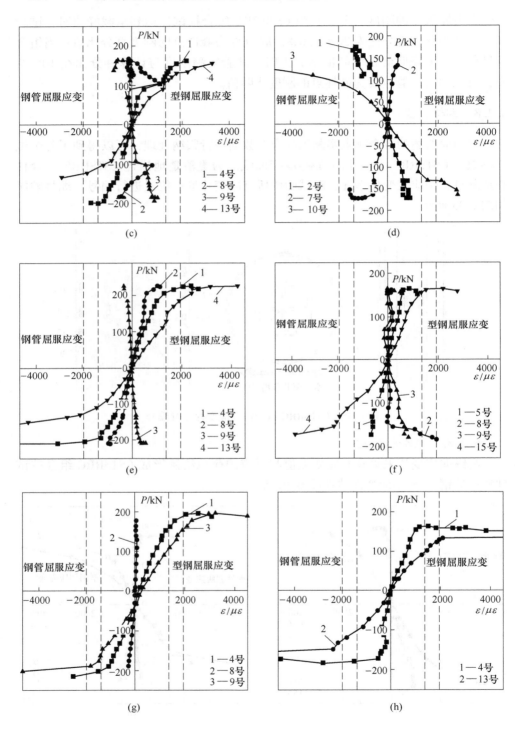

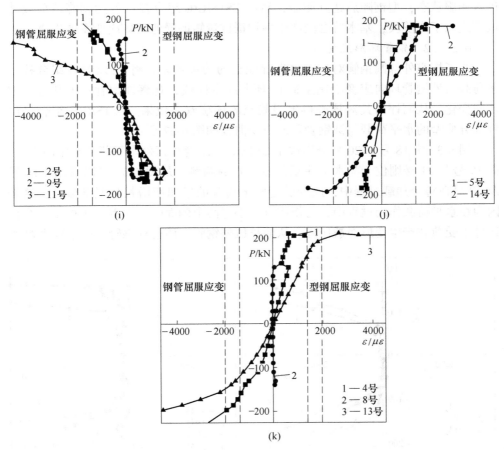

图 6-36 CSTSRRC 组合柱试件的钢材荷载-纵向应变曲线

(a) CSTSRRC-1；(b) CSTSRRC-2；(c) CSTSRRC-3；(d) CSTSRRC-4；

(e) CSTSRRC-5；(f) CSTSRRC-6；(g) CSTSRRC-7；(h) CSTSRRC-8；

(i) CSTSRRC-9；(j) CSTSRRC-10；(k) CSTSRRC-11

从图 6-36 可以看出，不同设计参数的 CSTSRRC 组合柱试件在水平往复荷载作用下水平截面内推拉方向两端应变随着荷载或位移的增加变形较大，且破坏后圆钢管和型钢基本都能够达到屈服应变，而靠近柱轴心位置应变变化较小，在加载全程均未屈服。从整个加载过程方面来看，应变首先为线性变化，随着荷载的不断增加，CSTSRRC 组合柱试件水平荷载作用方向远离轴心的应变发展速度逐渐加快，不再随荷载线性变化，荷载应变曲线逐渐向水平轴倾斜，应变发展较快，表明试件材料逐渐屈服，组合柱进入屈服阶段。此外，荷载达到峰值之后，组合柱的钢材纵向应变发展进一步加快，组合柱试件能提供的水平反力逐渐降低，最终因材料破坏而失去承载力。对比图 6-36 中应变规律发现，圆钢管首先进入屈服状态，型钢随后达到屈服，然后 CSTSRRC 组合柱试件达到峰值荷载并逐渐进入下降阶段，基本符合围绕中性轴抵抗弯矩的受弯破坏应变发展规律。

6.2.8.2 钢管环形应变

为了探究外部圆钢管对核心再生混凝土的约束效果，将 CSTSRRC 组合柱水平荷载与外钢管环向应变绘制呈荷载-环向应变曲线，观察外钢管在加载过程中环向变化，从而评估其对核心再生混凝土的环箍效应效果。CSTSRRC 组合柱试件部分典型的水平荷载与圆钢管环向应变曲线如图 6-37 所示。

图 6-37 中 18 号和 20 号分别位于 CSTSRRC 组合柱试件水平荷载作用两方向，而 19 号与 21 号则位于与水平往复荷载垂直的两侧。从图 6-37 可以看出，18 号及 20 号在整个加载过程中，应变随着水平荷载的增加而增长且幅度较大；这是因为在水平荷载作用过程中，与作用方向平行两个侧面的再生混凝土由于组合柱试件承受荷载产生变形而被压碎，从而挤压外钢管，使得外钢管产生了较大幅度

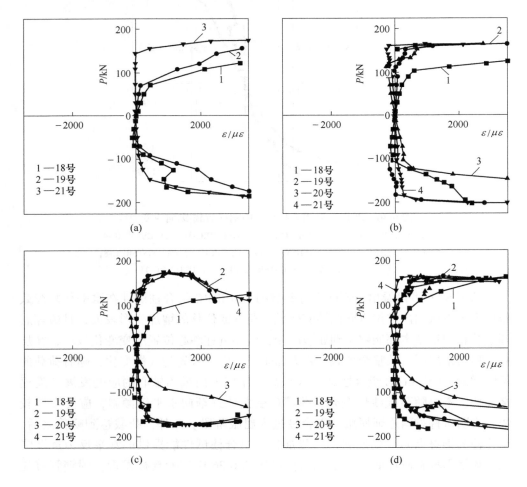

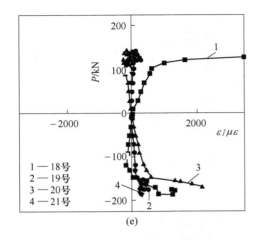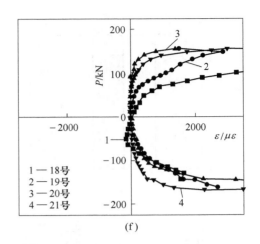

图 6-37 CSTSRRC 组合柱部分试件的圆钢管荷载-环向应变曲线

的环向变形，这也就意味着如果没有外钢管作用，核心再生混凝土已经破碎剥落而失去继续工作的能力；而 19 号与 21 号位移应变片采集到的应变数据来看，在加载过程中与作用方向相垂直的两个侧面外钢管由于只承受核心再生混凝土的挤压，环向应变也较大。综合来看，外钢管环向变形在整个加载过程中基本处于受拉状态，表明钢管在加载过程中受到核心再生混凝土的持续挤压而处于较强的环向受拉状态，外钢管的环箍约束效应显著。

6.3 试验设计参数对圆钢管型钢再生混凝土组合柱的影响分析

本节主要通过对 CSTSRRC 组合柱试件最大水平反力、延性系数、特征值点刚度及耗能系数进行定量分析，进一步研究设计参数对组合柱试件抗震性能的影响规律。

6.3.1 再生粗骨料取代率

本书分别从峰值承载力、延性系数、特征值点刚度和耗能系数四个方面分析再生粗骨料取代率对 CSTSRRC 组合柱试件抗震性能的影响规律，图 6-38 为再生粗骨料取代率对 CSTSRRC 组合柱抗震性能的影响。

图 6-38 （a）为不同取代率 CSTSRRC 组合柱试件水平荷载作用方向平均峰值承载力与再生粗骨料取代率之间的关系。从图 6-38(a)中可以看出，取代率对于 CSTSRRC 组合柱承载力影响不大，仅 50% 取代率的组合柱因再生混凝土强度略低导致其平均峰值承载力略小于 0 及 100% 取代率的组合柱。从图 6-38（b）可以看出，可以看出不同取代率下组合柱试件位移延性系数为 3.33~3.90，变幅最大为 14.6%，且随着再生粗骨料含量的增加，延性系数逐渐降低，相较于天然粗

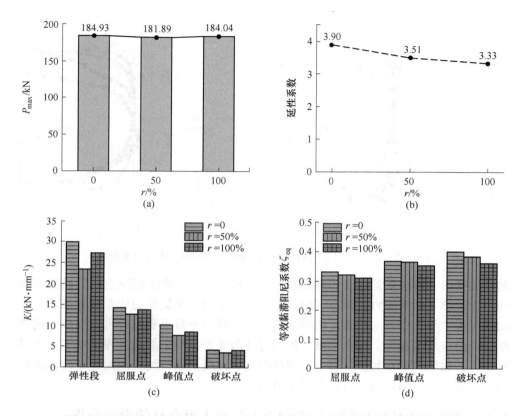

图 6-38　再生粗骨料取代率对 CSTSRRC 组合柱试件抗震性能指标的影响
(a) 峰值荷载；(b) 延性系数；(c) 特征值点刚度；(d) 特征值点耗能能力

骨料混凝土组合柱降低幅度分别为 10% 与 14.6%，这可能是由于再生混凝土材料其应变在同一应力水平时较普通混凝土材料大，使得该种组合柱在水平作用下延性随着取代率的增加而降低，但综合来看组合柱延性均大于 3，表现出良好的延性变形能力。由图 6-38（c）可以看出不同取代率 CSTSRRC 组合柱试件在各特征值点抗侧移刚度与承载力规律基本类似，相对于内置天然混凝土的组合柱试件刚度，50% 与 100% 取代率的组合柱试件弹性刚度变化百分率分别为 −22% 及 −9%；屈服点刚度变化幅度分别为 −11% 与 −3%；峰值点时变化幅度分别为 −24% 与 −15%。图 6-38（d）为不同取代率下 CSTSRRC 组合柱试件各个特征值点的等效阻尼系数。对比可知取代率对耗能能力影响略小，且组合柱耗能能力随着取代率的增加逐渐降低。在屈服点时，含有再生粗骨料的组合柱相比天然粗骨料的组合柱耗能能力变化幅度分别为 −3.03% 和 −6.06%；峰值点时变化幅度分别为 −0.63% 和 −4.44%；在破坏点时变化幅度为 −5% 和 −10%，天然混凝土与再生混凝土组合柱在各特征值点均大于 0.3，表现出良好的耗能能力。再生粗骨料取代率对组合柱抗震性能的影响相对较小，主要是因为三组组合柱试件虽然浇筑的再生混凝土材料取代率不同，但从材性试验可知所使用的再生混凝土材料强度及钢材强度基本相同，并未因再生粗骨料的加入影响到组合柱的承载能力，同时由于外部圆钢管对于核心再生混凝土的约束作用，降低了再生粗骨料自身性能对于组合柱试件整体的影响。

6.3.2 圆钢管径厚比

本次试验中为了考虑外钢管壁厚对于 CSTSRRC 组合柱试件抗震性能的影响，设置了壁厚 t 为 3 mm（试件 CSTSRRC-4）、4 mm（试件 CSTSRRC-3）和 5 mm（试件 CSTSRRC-5）三个试件，对应径厚比分别为 43.8、54.8 和 73.0。图 6-39 为钢管厚度对 CSTSRRC 组合柱试件抗震性能的影响。

从图 6-39（a）可以看出，随着外部圆钢管壁厚的增加，CSTSRRC 组合柱试件峰值承载能力大幅提高，壁厚从 3 mm 增大至 4 mm 时，试件峰值承载力提高了 6.26%；壁厚从 4 mm 提高到 5 mm 时，试件峰值承载力提高了 18.67%。同时可从图 6-39（b）中可知，CSTSRRC 组合柱试件延性随着壁厚的增加而增加，壁厚从 3 mm 增加至 5 mm 组合试件延性系数提高了 21%；从图 6-39（c）可以看出，组合柱各特征值点的刚度随着外钢管壁厚的增加而增加。当壁厚从 3 mm 增加至 5 mm 时，CSTSRRC 组合柱试件弹性点、屈服点和峰值点刚度增长幅度分别为 6.9%、24.94% 及 30.51%；从图 6-39（d）可以看出，随着外钢管壁厚的增加，CSTSRRC 组合柱试件的耗能能力在逐渐提升，并且壁厚对耗能能力的影响程度也在逐渐扩大。外钢管壁厚在屈服点对 CSTSRRC 组合柱试件耗能能力的影响较小，壁厚从 3 mm 增加至 5 mm 耗能能力提升了 2.71%，而到破坏点时，耗能能力增幅为 17.86%。这主要是由于增加钢管壁厚增加了组合柱试件横截面钢

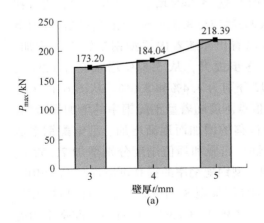

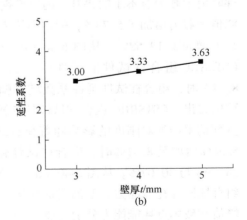

(a)   (b)

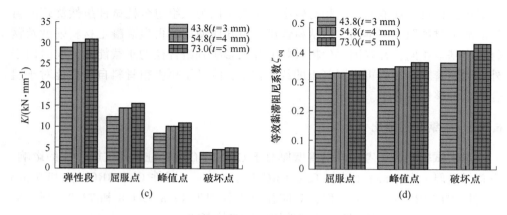

图 6-39　圆钢管厚度对 CSTSRRC 组合柱试件抗震性能的影响
（a）峰值荷载；（b）延性系数；（c）特征值点刚度；（d）特征值点耗能能力

含量，从材料含量方面提升了承载能力，其次是增加钢管壁厚进一步增加了钢管对于核心再生混凝土约束能力，对核心再生混凝土施加了环向压力，使核心再生混凝土处于三向受压状态，充分发挥了再生混凝土材料的材料性能，从而提高了 CSTSRRC 组合柱试件的水平承载能力及延性变形能力。

6.3.3　型钢配钢率

试件设计中型钢配钢率分别为 5.54%（试件 CSTSRRC-4）、7.02%（试件 CSTSRRC-4）和 8.51%（试件 CSTSRRC-4）。图 6-40 为内置型钢配钢率对 CSTSRRC 组合柱试件抗震性能的影响规律。

从图 6-40（a）可以看出，随着内置型钢配钢率的增加，CSTSRRC 组合柱试件峰值承载力有不小的提升，内置型钢配钢率从 5.54% 增加至 7.02% 时，组合柱峰值承载力增加了 5.79%，配钢率从 7.02% 增加至 8.51% 时，组合柱试件峰值承载力增加了 12.52%。从图 6-40（b）可以看出，随着内置型钢配钢率的增加，CSTSRRC 组合柱试件的延性变形能力逐步提升，从 5.54% 增加至 7.02% 及 8.51% 时，组合柱试件延性系数增加幅度分别为 4.4% 和 8.8%。从图 6-40（c）可以看出，CSTSRRC 组合柱试件各特征值点刚度随着型钢配钢率的增加而增加，且配钢率增加对刚度的影响随着荷载或位移的增加而逐渐增加。型钢配钢率从 5.54% 增加至 8.51% 时，组合柱试件弹性、屈服和峰值刚度分别增加 21.52%、28.59% 与 30.07%。从图 6-40（d）可知，型钢配钢率的提高可以提高 CSTSRRC 组合柱试件耗能能力。型钢配钢率从 5.54% 增加至 8.51% 时，组合柱试件屈服、峰值和破坏点耗能能力分别增加 2.35%、5.63% 与 8.23%。内置型钢配钢率的提升意味着有更多的核心混凝土被相对强度更高且弹性模量较大的钢材所替代，从

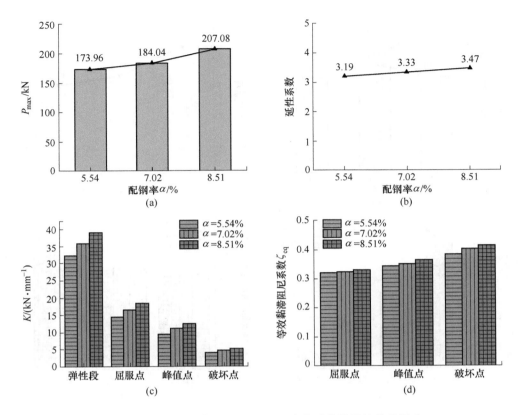

图 6-40 型钢配钢率对 CSTSRRC 组合柱试件抗震性能的影响
(a) 峰值荷载；(b) 延性系数；(c) 特征值点刚度；(d) 特征值点耗能能力

材料含量层面提高了最大承荷水平、延性、刚度及耗能能力；同时相对于混凝土材料的脆性，横截面钢材面积越多，组合柱试件整体越能表现出钢材的延性特征；此外内置型钢截面面积的增加，也提高了对核心再生混凝土的约束能力，能够更充分地发挥核心混凝土的抗压能力，提高组合柱的抗震性能。

6.3.4 设计轴压比

考虑到轴压比对于构件抗震性能的影响，本次试验设计了三种轴压比分别为 0.2、0.4 和 0.6 的 CSTSRRC 组合柱试件进行拟静力试验，分别对应试件 CSTSRRC-8、CSTSRRC-3 和 CSTSRRC-9，对比分析轴压比对 CSTSRRC 组合柱试件抗震性能的影响程度。图 6-41 为轴压比对 CSTSRRC 组合柱试件水平峰值承载力、延性系数、各特征值点刚度与耗能的影响规律。

从图 6-41 (a) 中可以看出，随着轴压比的增加，CSTSRRC 组合柱试件平均峰值承载力表现出先增加后降低的趋势，当轴压比从 0.2 增长至 0.4 与 0.4 增长

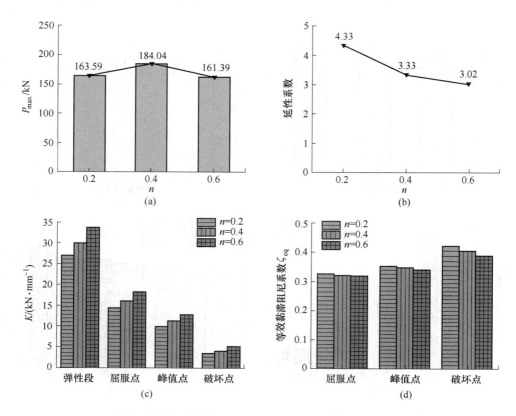

图 6-41　轴压比对 CSTSRRC 组合柱试件抗震性能的影响

（a）峰值荷载；（b）延性系数；（c）特征值点刚度；（d）特征值点耗能能力

至 0.6 时，CSTSRRC 组合柱试件水平峰值承载力变化幅度分别为 12.5% 和 -12.3%，轴压比的变化对于 CSTSRRC 柱的水平最大承载力影响显著，同时延性系数变化幅度分别达到 -23.1% 和 -30%，影响较大，但轴压比为 0.6 时组合柱试件延性系数仍保持在 3 以上，与混凝土规范规定一级抗震框架结构钢筋混凝土柱轴压比限值为 0.65，并通过提高体积配箍率来保证钢筋混凝土柱延性系数不小于 3.0 基本相同，但还是建议控制最大轴压比为 0.6，以保证该种组合柱在实际工作过程中有足够的承载能力与延性。

图 6-41（c）为不同轴压比 CSTSRRC 组合柱试件各个特征点的抗侧刚度图。可知，在各个特征值点，随着轴压比增大，CSTSRRC 组合柱试件抗侧刚度逐渐增加，从 0.2 提升至 0.6 时，组合柱抗侧刚度在弹性、屈服、峰值和破坏点分别增长了 24.05%、27.09%、30.54% 和 46.82%。总的来看，CSTSRRC 组合柱抗侧刚度在各个特征值点对于轴压比的变化较为敏感。

图 6-41（d）为轴压比对 CSTSRRC 组合柱各个特征值点耗能能力的影响图，

可以看出，轴压比在屈服点、峰值点和破坏点对 CSTSRRC 组合柱耗能能力影响不大，在破坏点时轴压比从 0.2 增加至 0.4 和 0.6 时，组合柱试件耗能能力变化幅度分别为 3.8% 和 8%，降低较小。

6.3.5 内置型钢截面形式

本次试验在相同配钢率情况下设计了 3 种配钢形式，包括十字型钢、工字型钢和箱型，分别对应试件 CSTSRRC-3、CSTSRRC-10 和 CSTSRRC-11，研究不同配钢形式对组合柱抗震性能的影响。

图 6-42 为不同内置型钢截面形式对 CSTSRRC 组合柱试验特征值及延性系数的影响，从图 6-42（a）中可以看出，内置型钢截面面积相同的条件下，十字型钢截面形式组合柱试件水平承载能力最低，工字型紧随其后，箱型承载能力最高，这主要是因为在水平荷载作用方向不同截面形式内置型钢有效抵抗面积及布置形成截面惯性矩大小不同，对水平承载力影响较大，相对于工字型截面形式仅对强轴方向承载力高的特点，十字型内置型钢截面布置较为对称，能够做到两个

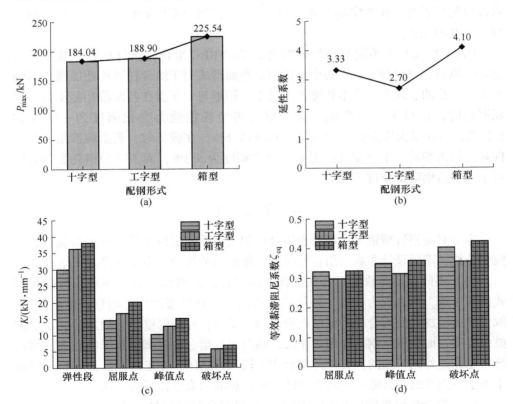

图 6-42 型钢配钢形式对 CSTSRRC 组合柱试件抗震性能的影响
（a）峰值荷载；（b）延性系数；（c）特征值点刚度；（d）特征值点耗能能力

方向具有同样的水平承载力，并且由于十字型钢具有较为多的夹角，其对核心再生混凝土的约束更强，承载力小于工字型，但相差不大；箱型截面相对于工字型钢与十字型钢而言在水平荷载作用方向布置型钢截面面积更多，并且核心再生混凝土被型钢截面分隔使得箱型内部约束更强；从图 6-42（b）可以看出 3 种截面形式延性均较好，但工字型配钢形式由于对核心再生混凝土的约束效果相对较弱，表现出延性相对其他两种形式较低，对于箱型截面而言，在水平荷载作用方向拥有相对较大的有效钢材截面面积，提高了 CSTSRRC 组合柱试件的延性能力。

图 6-42（c）为不同截面形式 CSTSRRC 组合柱试件各个荷载阶段的抗侧刚度值。从图 6-42 可以看出在加载初始阶段，内置箱型截面的组合柱试件抗侧刚度最大，工字型次之，十字型钢最小，以十字型截面形式抗侧刚度为基准，内置工字型与箱型截面的组合柱试件抗侧刚度在弹性阶段分别增加了 21.1% 和 26.8%；可能因为工字型钢对核心再生混凝土约束较差，导致工字型钢截面形式抗侧刚度小于箱型，但仍然大于十字型，与十字型相比，工字型钢与箱型在屈服点的抗侧刚度分别高 14.2% 和 37.8%；在峰值点时 3 种截面形式的组合柱试件抗侧刚度基本规律保持不变，且工字型与箱型组合柱试件的抗侧刚度相对于十字型提高了 23.1% 和 48.2%。

图 6-42（d）为不同截面形式配钢的 CSTSRRC 组合柱试件在各个特征值点的耗能能力。可以看出，在各个特征值点截面形式对于组合柱试件耗能能力影响不太大，总的表现为工字型耗能能力最差，箱型与十字型在各阶段相差不大。在屈服点时，相对于十字型钢，工字型与箱型耗能能力变化幅度为 -7.3% 和 1.51%，而在最大反力点分别为 -10.4% 和 2.6%，在破坏时，箱型截面组合柱试件耗能能力相对于十字型截面更高，变化幅度为 5.3%，而工字型钢耗能能力相对于十字型钢降低幅度为 -12%。

本 章 小 结

本书对圆钢管型钢再生混凝土组合柱的抗震性能进行了低周反复荷载试验研究，分析了不同设计参数对组合柱抗震性能的影响规律，主要获得以下结论。

（1）不同设计参数的组合柱试件在水平往复荷载作用下破坏现象与破坏模式基本一致，均表现为柱脚"象足状"鼓曲，呈现典型的压弯塑性铰破坏模式；取代率的增加会使组合柱特征值点变形略有增加；外钢管壁厚的增加会减小柱脚鼓曲程度，而型钢配钢率作用则相反，轴压比对组合柱柱脚变形影响较大；型钢分布越靠近外钢管壁的，会对外钢管产生较大的挤压，变形加剧；核心再生混凝土由于外钢管的约束能够达到较大的变形，加载结束已接近粉末状。

（2）组合柱试件的滞回曲线饱满，表现出良好的耗能能力。组合柱试件骨架曲线包含弹性、屈服、峰值和下降四阶段，曲线较为完整光滑没有突变，荷载越过峰值点后，骨架曲线下降平缓，表现出较好的延性与变形能力。

（3）除内置工字型型钢的组合柱试件延性系数接近 3 以外，其余均大于等于3；组合柱在屈服时位移角为 1/94～1/64，大于规范对混凝土结构开裂限值的1/550，破坏点对应的位移角基本为 1/30～1/20，大于规范对钢结构及混凝土结构位移转角限值的 1/50，弹性及破坏阶段变形能力较强。

（4）组合柱试件的耗能能力从屈服点到破坏点等效黏滞阻尼系数为 0.31～0.56，不同再生粗骨料取代率耗能能力基本相当，增加钢管壁厚及内置型钢面积有利于组合柱消耗地震能量，轴压比的增大会使组合柱试件较早进入破坏状态，而不同轴压比组合柱试件在特征值点的耗能能力相差不大，对比内置十字型钢，工字型钢耗能能力较差，而箱型组合柱试件耗能能力较好。

（5）在同级的不同次循环中不同参数的组合柱试件强度衰减为 0.92～0.94，强度衰减程度随着位移等级的增加而增加，基本呈线性变化，钢管壁厚及内置型钢截面面积的增加对强度衰减有较强的缓解作用，能够抑制同一级不同循环的强度衰减，而轴压比的增大使得组合柱试件不同次循环强度衰减显著；3 种型钢配钢形式的强度衰减基本上为 0.94～0.96，变化不大。

（6）组合柱试件整体刚度退化表现为前期降速较快，后期逐渐平缓，总体相对稳定；利用计算公式对各组合柱试件初始抗侧刚度计算，对比分析各参数组合柱试件在特征值点抗侧刚度与计算初始刚度的比值，并将各级刚度与计算刚度之比与相对位移归一化分析并拟合退化规律，拟合相似度较好。对各级循环内刚度退化进行分析，总体来看循环内刚度退化相对较小且稳定，基本表现为随着等级的增加，刚度退化逐渐加快，但刚度比大都保持在 0.90 以上。

（7）对试验实测纵向应变进行分析，组合柱试件外钢管应变首先进入屈服状态，型钢翼缘随后，总体表现为以柱中为轴应变近小远大的受弯破坏。对环向应变分析发现，外钢管对于核心混凝土具有较好的环箍约束效应。

（8）取代率对于水平最大反力影响较小，但取代率的增加会导致组合柱延性略有降低，验证了再生混凝土在工程实际中应用是可行的。降低圆钢管径厚比（增加钢管壁厚）和提高截面钢含量，可以显著提高组合柱的水平承载力，增加延性、刚度及耗能能力；轴压比的增加，组合柱最大反力呈现先增后减的趋势，但会一直削弱延性变形能力，抗侧刚度与耗能能力在屈服点、峰值点和破坏点随着轴压比增加逐渐提高；内置工字型钢与十字型钢水平承载力基本相当，箱型最大；工字型截面配钢组合柱延性及耗能能力均低于内置十字型钢，箱型截面最优；内置十字型钢刚度总体小于工字型钢与箱型。

（9）研究综合表明，圆钢管型钢再生混凝土组合柱在低周反复荷载试验研究过程中表现出较高的承载能力与变形能力，同时其抗震性能指标符合规范要求，可应用于工程实践中。

7 方钢管型钢再生混凝土组合柱抗震性能试验

7.1 方钢管型钢再生混凝土组合柱的抗震性能试验设计与加载

7.1.1 试验内容

为研究方钢管型钢再生混凝土（SSTSRRC）组合柱的抗震性能，本章通过施加水平反复荷载和竖向荷载对组合柱试件进行反复荷载试验，观察组合柱试件的破坏形态和破坏过程，分析抗震性能指标，试验主要内容如下：

（1）设计组合柱试件并选择合理的试验参数，制作组合柱试件、设计加载方案、布置测点等，完成组合柱试件的低周反复荷载试验加载；

（2）进行组合柱试件的材料性能试验研究，获取材料的力学性能指标；

（3）观察并记录组合柱试件的加载过程和破坏形态，分析组合柱试件受力状况，研究其破坏机理；

（4）获取并处理组合柱试件的试验数据，分析设计参数对组合柱试件抗震性能指标的影响规律。

7.1.2 试件设计

SSTSRRC 组合柱按 1：2.5 的比例缩尺进行设计制作，并考虑了再生粗骨料取代率、方钢管宽厚比、型钢配钢率、轴压比四个参数变量对组合柱抗震性能的影响，其中再生粗骨料取代率分别取为 0、50% 和 100%；方钢管的设计厚度分别为 2 mm、4 mm 和 6 mm；型钢配钢率为 4.2%、5% 和 6.3%；轴压比设计则为 0.2、0.4 及 0.6。

本试验共设计了 9 个 SSTSRRC 组合柱试件并进行低周反复荷载试验研究，组合柱试件的设计参数见表 7-1。为确保 SSTSRRC 组合柱在加载过程中不发生局部受压破坏，顶部设置加载端头；为模拟柱底的刚性固定端，柱底设置地梁，因此每个组合柱试件由柱身、加载端和地梁组成。SSTSRRC 组合柱的截面尺寸为 200 mm×200 mm，柱高为 800 mm。SSTSRRC 组合柱试件的加载端和地梁均为钢筋混凝土，其截面尺寸分别为 400 mm×400 mm×300 mm 和 1400 mm×450 mm×650 mm。加载端和地梁的混凝土保护层厚度为 20 mm。为保证型钢和钢管位置准确防止浇筑带来位置偏差，SSTSRRC 组合柱的型钢和钢管端部焊接两块钢板，底部和顶部钢板尺寸分别为 300 mm×300 mm×10 mm 和 260 mm×260 mm×10 mm。在柱顶钢板上提前预留孔洞，便于后期再生混凝土灌入组合柱内。SSTSRRC 组合柱试件的几何尺寸如图 7-1 所示。

表 7-1 方钢管型钢再生混凝土组合柱试件的抗震试验设计参数

试件编号	再生粗骨料取代率 $r/\%$	焊接型钢				方钢管边长 B /mm	方钢管壁厚 t /mm	方钢管宽厚比 B/t	型钢配钢率 $\rho/\%$	剪跨比 λ	轴压比 n
		腹板高度 h_w /mm	翼缘宽度 b_f/mm	腹板厚度 t_w /mm	翼缘厚度 t_f/mm						
SSTSRRC-1	0	80	95	6	8	200	4	50	5.0	4.0	0.4
SSTSRRC-2	50	80	95	6	8	200	4	50	5.0	4.0	0.4
SSTSRRC-3	100	80	95	6	8	200	4	50	5.0	4.0	0.4
SSTSRRC-4	100	80	95	6	8	200	2	100	5.0	4.0	0.4
SSTSRRC-5	100	80	95	6	8	200	6	33.3	5.0	4.0	0.4
SSTSRRC-6	100	60	83	6	8	200	4	50	4.2	4.0	0.4
SSTSRRC-7	100	100	120	6	8	200	4	50	6.3	4.0	0.4
SSTSRRC-8	100	80	95	6	8	200	4	50	5.0	4.0	0.2
SSTSRRC-9	100	80	95	6	8	200	4	50	5.0	4.0	0.6

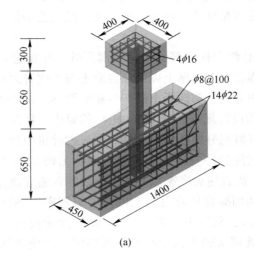

(a)

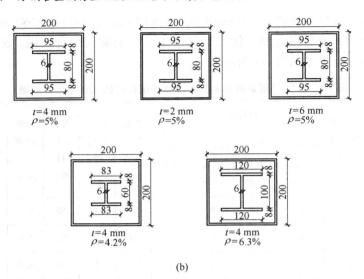

(b)

图 7-1　方钢管型钢再生混凝土组合柱试件的几何外形和截面尺寸

（a）试件几何尺寸；（b）截面形状

7.1.3　试件制作

SSTSRRC 组合柱试件包括柱身、钢筋混凝土地梁和加载端头，制作组合柱试件时先按尺寸绑定钢筋骨架和钢部件，而后支设模板并分段对组合柱试件进行浇筑。SSTSRRC 组合柱试件中所采用的型钢和方钢管均为钢板焊接成型，由钢材加工厂代工，焊缝符合《钢结构通用规范》（GB 5506）规定要求。钢材成型后在表面上相应的位置粘贴应变片并牵出引线，然后将型钢和钢板焊接在上下端板上用于固定。

为防止 SSTSRRC 组合柱底部的地梁局部压碎，在组合柱底部附近的箍筋加密，并把钢筋段点焊在方钢管壁上以保证混凝土与方钢管之间具有较好的黏结作用，防止加载过程中方钢管与混凝土间产生相对滑移。试件中钢筋的锚固和间距均满足《混凝土结构设计规范》（GB 50010）的要求。拌制再生混凝土时，将天然粗骨料和再生粗骨料充分搅拌均匀，然后加入搅拌机中拌制再生混凝土；支设木模板后，组合柱试件的柱身段浇筑强度等级为 C40 的再生混凝土，地梁浇筑 C40 的普通混凝土，加载端头浇筑 C50 强度等级的普通混凝土，以保证加载端具有足够的强度，并利用振捣棒将混凝土振捣均匀密实。SSTSRRC 组合柱试件浇筑完成后（见图 7-2），常温下养护 28 天，随后拆除模板，并在方钢管外壁涂上油漆、地梁和加载端头刷上白灰并绘制网格线，以便于加载时观察组合柱试件的破坏过程。

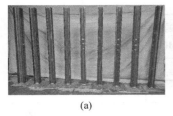

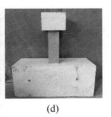

(a)   (b)   (c)   (d)

图 7-2 方钢管型钢再生混凝土组合柱试件的制作过程

(a) 型钢；(b) 再生混凝土制作；(c) 再生混凝土浇筑；(d) 成品试件

7.1.4 材料性能

7.1.4.1 再生混凝土

SSTSRRC 组合柱试件采用的再生混凝土强度等级为 C40，再生粗骨料取代率分别为 0、50% 和 100%。试验中采用的再生粗骨料来源于某拆迁处的废弃混凝土，其压碎指标、吸水率、级配、密度等性能均满足规范《混凝土用再生粗骨料》（GB/T 25177）中的配置要求。再生粗骨料的粒径级配为 5~25 mm，压碎指标约为 16.3%，采用人工碎石生成的骨料作为天然粗骨料，并且符合 5~25 mm 的级配要求，压碎指标为 9%，选用级配良好的中粗河沙作为细骨料。再生混凝土中的水泥选用 42.5 级普通硅酸盐水泥，初凝时间大于 45 min，终凝时间小于 10 h，满足《通用硅酸盐水泥》中的要求。水均采用普通自来水。再生混凝土配合比按普通混凝土计算，由于再生骨料相较于天然骨料具有较强的吸水性，额外添加配合比中的用水量。为了确保再生混凝土浇筑时具有较好的和易性，搅拌混凝土时添加萘系减水剂，再生混凝土的配合比见表 7-2。

表 7-2 再生混凝土的配合比

强度等级	再生粗骨料取代率 r/%	单位体积质量 /(kg·m⁻³)						
		水灰比	水泥	砂	天然粗骨料	再生粗骨料	水	减水剂
C40	0	0.411	443	576	1171	0	182.07	1.75
	50	0.433	443	576	585.5	585.5	192.03	1.75
	100	0.456	443	576	0	1171	201.98	1.75

预留 100 mm×100 mm×100 mm 的再生混凝土立方体试块，根据《普通混凝土力学性能试验方法标准》（GB/T 50081）中的规定，立方体抗压强度采用非标准试件时需乘尺寸换算系数进行换算，本试验再生混凝土立方体的抗压强度修正系数为 0.95。根据肖建庄提出的再生混凝土性能指标关系式计算获得再生混凝土的抗拉强度，再生混凝土材料性能见表 7-3。

表 7-3　再生混凝土的材料性能

强度 等级	再生粗骨料 取代率 r/%	立方体抗压强度 标准值/MPa	轴心抗压强度 标准值/MPa	轴心抗压强度 标准值/MPa	轴心抗拉强度 标准值/MPa	弹性模量 /MPa
	0	40.21	30.56	26.89	2.35	32900
C40	50	41.40	31.46	27.69	2.39	32400
	100	38.74	29.44	25.91	2.29	32700

7.1.4.2　钢材

试验中方钢管和型钢所选用钢材强度等级不同，方钢管选择的钢材强度等级为 Q390，不同宽厚比的方钢管分别由厚度为 2 mm、4 mm、6 mm 的钢板焊接而成；型钢选择的钢材为 Q235 碳素钢，由翼缘厚度 8 mm、腹板厚度 6 mm 的钢板焊接而成。同一批方钢管材料根据厚度不同取样，型钢翼缘和腹板分别取样，通过金属拉伸试验得到了钢材的屈服强度、弹性模量、极限强度等相关性能数据，见表 7-4。

表 7-4　钢材的材料性能

类型	厚度/mm	屈服应力/MPa	极限应力/MPa	屈服应变 $\mu\varepsilon$	弹性模量/MPa
	2	451.30	511.11	2139	2.11×10^5
钢管	4	405.60	507.22	1913	2.12×10^5
	6	410.20	496.98	1963	2.09×10^5
型钢	6	288.67	428.70	1395	2.07×10^5
	8	274.67	401.94	1314	2.09×10^5

7.1.5　测点布置

伺服液压系统自动采集 SSTSRRC 组合柱的水平荷载和相应的位移，并将其传输至计算机，液压泵的压力表监测试件的轴向压力荷载。在柱高 200 mm、400 mm、600 mm 和 800 mm 处分别设置位移计，以获得组合柱不同高度处的水平位移。同时，地梁上设置垂直和水平位移计，以监测地梁的移动状态。型钢腹板粘贴 3 个垂直应变片，型钢上、下翼缘分别粘贴 3 个垂直应变片；方钢管的东侧和西侧分别粘贴 3 个垂直应变片，而方钢管的北侧和南侧分别粘贴 1 个垂直应变片，并在方钢管底部粘贴横向应变片，以监测其环向应变。组合柱试件的应变片和位移计的测量数据由 DH3818Y 采集仪手动采集。图 7-3 为 SSTSRRC 组合柱试件的测点布置。

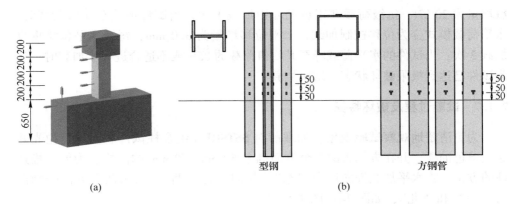

图 7-3 SSTSRRC 组合柱的测点布置图

(a) 位移计；(b) 应变片

7.1.6 加载装置及加载制度

SSTSRRC 组合柱的低周反复荷载试验加载装置由水平加载系统和垂直加载系统组成，如图 7-4 所示。根据设计轴压比计算的竖向荷载，通过固定在滑动支架下的 200 t 液压千斤顶施加到柱顶，并使用稳压装置确保竖向荷载恒定。MTS 电液伺服系统对柱顶加载点施加水平荷载，其允许最大荷载值为 1000 kN，最大驱动位移为 200 mm。正式试验前，先调整试件使其与水平作动器对齐，采用长螺杆固定试件加载端头与作动器，然后通过地脚螺栓将地梁与压梁固定，地梁左右两端由两根刚性梁约束，防止组合柱试件滑动。另外，将液压千斤顶对准柱顶部中心，并施加垂直轴向力，以确保液压千斤顶与立柱顶部完全接触。

SSTSRRC 组合柱试件的低周反复荷载加载试验采用荷载控制和位移控制相结合的加载方式，水平荷载的加载制度如图 7-5 所示。正式加载之前，对组合柱试件施加一定量的垂直荷载和水平荷载，以检查加载装置是否正常工作。SSTSRRC 组合柱试件达到屈服荷载之前，水平荷载采用荷载控制模式，每级荷

图 7-4 SSTSRRC 组合柱的试验加载装置

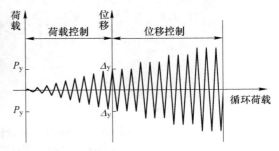

图 7-5 SSTSRRC 组合柱的加载制度

载增量为 20 kN，每级荷载在正负循环中加载 1 次；当试件加载至屈服荷载时，水平荷载模式变为位移控制加载，水平位移增量为 3.0 mm，每级水平位移重复加载 3 次；当试件的水平荷载降至其峰值荷载的 85%或不适合进一步加载时，认为试件已达到极限破坏状态，结束加载。

7.1.7 试验过程及破坏特征

为更清楚地观察试验现象，加载前对 SSTSRRC 组合柱试件表面进行抛光并涂上黄色油漆，并在方钢管的四个侧面画上 50 mm×50 mm 的网格。为便于描述柱的方位，将水平加载推向记为"东"，拉向记为"西"，其余两个方向分别记为"南"和"北"，如图 7-6~图 7-14 所示。

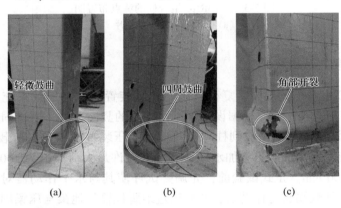

图 7-6　SSTSRRC-1 组合柱的破坏过程

（a）试件屈服；（b）荷载峰值；（c）加载结束

图 7-7　SSTSRRC-2 组合柱的破坏过程

（a）试件屈服；（b）荷载峰值；（c）加载结束

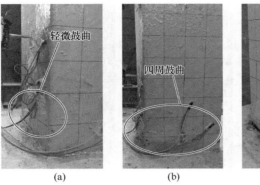

图 7-8　SSTSRRC-3 组合柱的破坏过程
（a）试件屈服；（b）荷载峰值；（c）加载结束

图 7-9　SSTSRRC-4 组合柱的破坏过程
（a）试件屈服；（b）荷载峰值；（c）加载结束

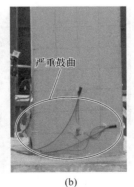

图 7-10　SSTSRRC-5 组合柱的破坏过程
（a）试件屈服；（b）荷载峰值；（c）加载结束

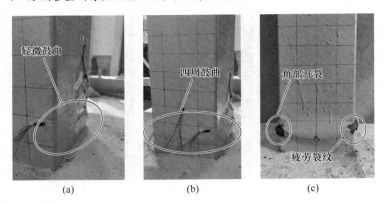

图 7-11　SSTSRRC-6 组合柱的破坏过程

（a）试件屈服；（b）荷载峰值；（c）加载结束

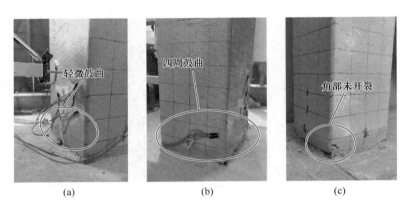

图 7-12　SSTSRRC-7 组合柱的破坏过程

（a）试件屈服；（b）荷载峰值；（c）加载结束

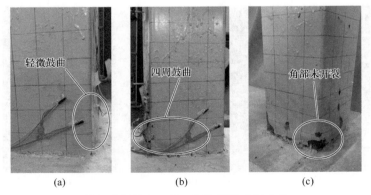

图 7-13　SSTSRRC-8 组合柱的破坏过程

（a）试件屈服；（b）荷载峰值；（c）加载结束

（a）　　　　　　　　　（b）　　　　　　　　　（c）

图 7-14　SSTSRRC-9 组合柱的破坏过程
（a）试件屈服；（b）荷载峰值；（c）加载结束

不同参数下方钢管型钢再生混凝土组合柱的破坏过程及形态分析如下。

（1）对比组合柱试件 SSTSRRC-1、SSTSRRC-2 及 SSTSRRC-3 可知，不同再生粗骨料取代率下，柱脚方钢管几乎同时产生局部鼓曲且鼓曲程度相近；当加载结束时，方钢管都呈现环状鼓曲，组合柱角部的方钢管都出现开裂现象，再生粗骨料取代率为 0 的组合柱的柱脚鼓曲位置略高于其他两个试件。这表明再生粗骨料取代率对 SSTSRRC 组合柱的破坏影响不大。

（2）对比组合柱试件 SSTSRRC-3、SSTSRRC-4 及 SSTSRRC-5 可知，方钢管几乎同时鼓曲，但鼓曲程度不同，随着方钢管壁厚的增加柱脚的鼓曲逐渐变弱；最终破坏时，壁厚为 2 mm 的方钢管鼓曲呈现褶皱状，而壁厚为 6 mm 的方钢管鼓曲较弱，角部出现严重的纵向开裂现象。

（3）组合柱试件 SSTSRRC-3、SSTSRRC-6 及 SSTSRRC-7 的破坏过程表明，型钢配钢率越大，组合柱的柱脚变形越弱，方钢管的局部越不易出现鼓曲；同时，高配钢率的组合柱塑性铰位置比低配钢率的组合柱偏高。

（4）通过组合柱试件 SSTSRRC-3、SSTSRRC-8 及 SSTSRRC-9 的破坏过程可以看出，轴压比对组合柱的破坏形态影响不大，但小轴压比会使柱脚的破坏滞后，能够延缓柱脚局部鼓曲和开裂。

7.1.8　试件破坏形态

通过组合柱试件 SSTSRRC-1～SSTSRRC-9 的加载过程和破坏现象可以看出，虽然试件的设计参数不同，但组合柱的破坏模式基本相似。总的来说，SSTSRRC 组合柱在加载初期阶段没有明显的试验现象，此时的方钢管、再生混凝土及内部型钢在小荷载作用下均处于弹性变形范围内，组合柱在产生小变形后通过自身可以恢复；随着荷载增加，柱根的转角逐渐变大，由于再生混凝土的应变较小，地梁上表层混凝土与方钢管的黏结会失效开裂，此时荷载达到了 40%～50% 的峰值荷载；对于整柱而言，柱顶为自由端，柱底为固定端，组合柱在水平荷载作用下为悬臂构件，柱脚处弯矩为最大值，因而柱脚会首先发生破坏；随着水平侧向位移的增加，柱脚的拉压侧钢材与再生混凝土的应变不一致，会导致内部再生混凝土与钢材的黏结失效产生相对滑移，而后内部再生混凝土在循环拉压应力作用下会不断开裂或压碎，而方钢管也会受再生混凝土压碎膨胀产生的法向应力开始向外鼓曲，由于再生混凝土的约束失效，方钢管局部也会产生屈曲。因而在破坏中，方钢管的东侧和西侧（即垂直于水平荷载方向的两侧）首先发生鼓曲，而后南、北两侧（即平行于水平荷载方向的两侧）开始鼓曲。当核心再生混凝土破坏后，组合柱承载力不会立马下降，而是受方钢管的约束处于三向受压状态，再生混凝土完全被压碎后在方钢管约束下应力重分布仍具有较高的承载力，此时方钢管与内部型钢共同抵抗外力弯矩，但荷载增长速率会明显下降。水平侧向位移的增加致使方钢管的鼓曲变形逐渐严重，使得方钢管大幅度丧失承载力，在破坏过程中表现出方钢管出现一圈严重的鼓曲变形，部分方钢管角部甚至出现了纵向或横向开裂。加载后期，虽然方钢管和再生混凝土丧失了大部分承载力，但在型钢的作用下组合柱仍然具有一定的承载力，随着侧向位移增加承载力缓慢下降。SSTSRRC 组合柱的最终破坏形态是在柱脚形成塑性铰破坏。

按照 SSTSRRC 组合柱的破坏过程可将其分为三个阶段：

（1）弹性阶段，该阶段各材料处于弹性状态，组合试件无明显的变形，对应于峰值荷载的 0～40%；

（2）鼓曲阶段，由于再生混凝土拉压开裂致使其体积向外膨胀，方钢管受再生混凝土体积膨胀产生鼓曲，柱脚方钢管四壁逐渐都出现鼓曲并加剧，对应于峰值荷载的 40%～100%；

（3）破坏阶段，组合柱承载力下降，方钢管逐渐丧失承载力，主要承载力由内部型钢承担，柱脚底部呈现一圈贯通的环状鼓曲。

综合 SSTSRRC 组合柱试件的破坏过程及特征，在反复荷载作用下，首先是组合柱中再生混凝土开裂、体积膨胀，导致方钢管鼓曲变形；随着水平荷载不断地增加，型钢和方钢管相继屈服，最后柱底部形成明显的塑性铰，导致组合柱的承载力损失。SSTSRRC 组合柱在水平循环荷载作用下均具有典型的压弯塑性铰破坏模式，塑性铰距柱底高度为 50～100 mm。

7.2 方钢管型钢再生混凝土组合柱的低周反复荷载试验结果分析

7.2.1 滞回曲线

通过 9 个 SSTSRRC 组合柱试件的水平低周循环荷载试验，可得到了组合柱试件的荷载-位移滞回曲线，如图 7-15 所示，其中 Δ 为组合柱试件加载点处的水平位移，P 为水平荷载。虽然 SSTSRRC 组合柱试件的设计参数不同，但各试件滞回曲线的形状和走势基本相同。当荷载较小时，组合柱试件的荷载与位移基本呈线性关系；当卸载时，组合柱的水平位移基本回到坐标原点且没有残余变形，表明组合柱试件处于弹性状态。此时，滞回环呈条形且围成的面积很小，组合柱试件几乎不耗能。随着水平荷载的增加，组合柱的滞回环所包围的面积略有增加，且滞回曲线的发展趋势略偏向于水平轴（即滞回曲线斜率呈下降趋势）。当组合柱未达到屈服状态时，采用荷载控制的方法进行加载，此时组合柱荷载较小仍处于弹性且荷载随位移呈线性增加，而荷载增加至 50~100 kN 时，组合柱的荷载-位移曲线斜率突然变小并出现转折，此时荷载和位移之间存在非线性关系，表明组合柱进入了弹塑性阶段；当位移循环级数不断增大时，曲线包围的面积也随之增大，滞回环也呈现明显的梭形，组合柱表现出较好的塑性变形能力，大部分能量输入被塑性变形消耗；此外，同一水平位移下的荷载随循环次数的增加而

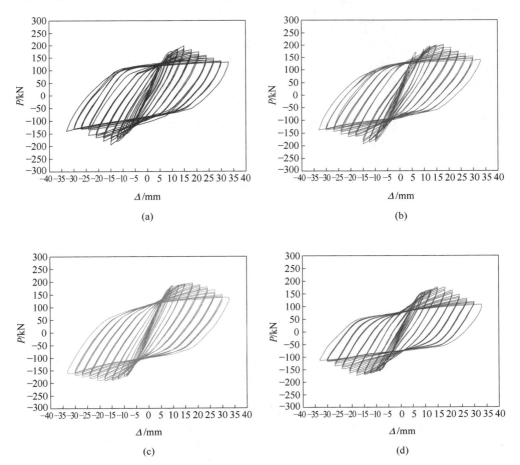

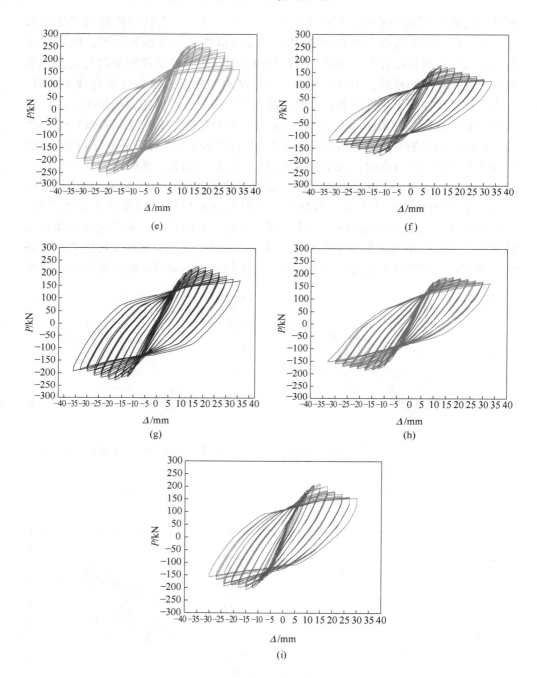

图 7-15　SSTSRRC 组合柱的荷载-位移滞回曲线

（a）SSTSRRC-1；（b）SSTSRRC-2；（c）SSTSRRC-3；（d）SSTSRRC-4；（e）SSTSRRC-5；
（f）SSTSRRC-6；（g）SSTSRRC-7；（h）SSTSRRC-8；（i）SSTSRRC-9

逐渐减小，表明组合柱试件的刚度和强度有一定程度的下降。峰值荷载过后，在循环荷载的连续作用下组合柱试件的承载力逐渐减小，但滞回环的面积依然在增加，反映了组合柱试件连续良好的耗能能力。SSTSRRC 组合柱试件的滞回曲线总体相似，但不同参数下又存在着差异，可将其总结如下。

（1）从图 7-15（a）~（c）可以看出，不同再生粗骨料取代率下 SSTSRRC 组合柱试件的滞回曲线整体上呈现出类似的纺梭形。通过仔细比较可以发现，图 7-15（a）中的曲线比其他两条曲线略饱满，说明天然粗骨料配制而成的混凝土对 SSTSRRC 组合柱的抗震性能略好于再生粗骨料，但差异较小。

（2）根据图 7-15（c）（d）及（e）不难发现，当减小方钢管的宽厚比（即增加方钢管壁厚），SSTSRRC 组合柱试件的滞回曲线逐渐饱满，滞回环包围的面积也随之增大，表明增加方钢管壁厚可以提高组合柱的耗能能力。

（3）对比图 7-15（c）（f）和（g），滞回环所包围的面积随着型钢配钢率的增加而增大。当型钢配钢率为 4.2% 时，滞回曲线较瘦且包围的面积较小，SSTSRRC 组合柱的承载力较低；当型钢配钢率为 6.3% 时，每一圈滞回环都很饱满，表明型钢配钢率对组合柱的抗震性能有很大影响，更直接地说，随着型钢配钢率的增加，组合柱的耗能能力也随之提高。

（4）从图 7-15（c）（h）和（i）可以看出，SSTSRRC 组合柱试件轴压比（SSTSRRC-3）为 0.4 时，组合柱试件的滞回曲线整体相对平滑且曲线包围的面积较大，组合柱的承载力相对较低；随着轴压比的增大滞回曲线饱满度变差，组合柱的峰值承载力有所提升，但组合柱的后期承载力下降速度较快，说明组合柱的延性变差。

总之，虽然不同的设计参数对方钢管型钢再生混凝土组合柱的滞回曲线有不同程度的影响，但所有组合柱的滞回曲线均呈饱满的纺梭形，加载后期滞回曲线的下降段相对较慢，表明方钢管型钢再生混凝土组合柱具有良好的耗能能力和抗震延性。

7.2.2 骨架曲线

根据 9 个 SSTSRRC 组合柱试件的荷载-位移滞回曲线的峰值荷载点（位移控制阶段仅取各阶段第一个循环的峰值荷载点），可得到组合柱试件的骨架曲线，如图 7-16 所示。从图 7-16 中可以看出，组合柱的骨架曲线可分为弹性上升阶段、屈服强化阶段和下降破坏阶段。通过对比不同参数下的组合柱骨架曲线，可得到以下结论。

（1）图 7-16（a）为再生粗骨料取代率影响下 SSTSRRC 组合柱骨架曲线的对比曲线，不同取代率下组合柱的骨架曲线基本相同。加载初期，骨架曲线基本上重合且呈线性发展；进入屈服阶段后，组合柱的骨架曲线具有一定差异，采用天然粗骨料的柱承载力略低于再生粗骨料取代率为 50% 的组合柱，同样再生粗骨料取代率为 100% 的组合柱承载力也略低于取代率为 50% 的组合柱。通过材料性能试验可以看出，随着再生粗骨料取代率的增加，再生混凝土强度先增加后减小，导致不同取代率下组合柱的承载力差异。峰值荷载后，与其他两种试件相比，采用普通混凝土的组合柱承载力下降较为缓慢，但 3 条曲线差异不大。3 条曲线对比表明再生粗骨料取代率对组合柱的延性和承载力影响不大。

（2）根据图 7-16（b）所示，方钢管宽厚比的变化对 SSTSRRC 组合柱骨架曲线有明显影响。初始阶段，图中骨架曲线斜率随宽厚比的减小（即增加方钢管壁厚）逐渐增大，表明组合柱的初始侧向刚度逐渐增大；随着水平荷载的不断增加，小宽厚比的组合柱进入屈服阶段后承载力仍然有大幅度的增长，反观大宽厚比的组合柱试件屈服后承载力增长幅度较小，屈服后 3 个组合柱的承载力差异逐渐增大。峰值荷载过后，宽厚比小的组合柱承载力下降更为迅速，但 3 条曲线下降阶段的趋势保持一致，表现出良好的延性。总的来说，方钢管宽厚比对组合柱

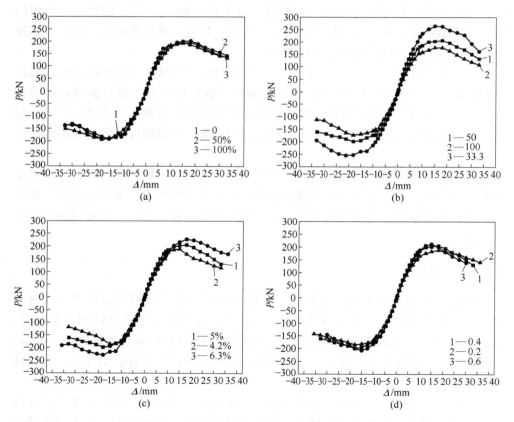

图 7-16　不同参数下 SSTSRRC 组合柱的骨架曲线对比
（a）再生粗骨料取代率；（b）方钢管宽厚比；（c）型钢配钢率；（d）轴压比

的承载力影响较为显著，随着钢管壁厚的增加组合柱承载力大幅度提升。

（3）从图 7-16（c）可以看出，型钢配钢率对 SSTSRRC 组合柱早期的承载力影响不大，骨架曲线基本呈线性重合；随着水平荷载的增加，组合柱依次进入屈服阶段，不同型钢配钢率的柱骨架曲线表现出一定的差异，型钢配钢率越高，组合柱进入屈服状态的时间越晚，对应的最大承载力也越高；在达到峰值荷载后，骨架曲线的下降段相对平缓，表明组合柱具有良好的延性。对比得到，型钢配钢率对组合柱前期的承载力和刚度影响不大，组合柱后期承载力随型钢配钢率的增加而增大。

（4）图 7-16（d）显示了轴压比对 SSTSRRC 组合柱骨架曲线的影响。弹性阶段，组合柱的刚度相差不大；当组合柱进入屈服阶段时，高轴压比组合柱的骨架曲线斜率大于低轴压比组合柱的骨架曲线斜率，这意味着在一定程度上增加轴压比有利于提高组合柱的承载力和刚度；进入破坏阶段后，大轴压比组合柱的承载力下降速度略快于小轴压比的组合柱，表明大轴压比不利于 SSTSRRC 组合柱后期的承载力发展。

7.2.3 变形能力

7.2.3.1 延性系数

采用延性系数 μ 来描述反复荷载下 SSTSRRC 组合柱的变形能力，计算方法如下：

$$\mu = \frac{\Delta_u}{\Delta_y} \tag{7-1}$$

式中，Δ_u 为试件的极限位移；Δ_y 为试件的屈服位移；破坏荷载和极限变形应取试件荷载下降为最大荷载 85% 时的荷载和相应变形。本节通过等效弹塑性能量法确定组合柱试件的屈服点，基于能量等效原理，将实际的骨架曲线等效为理想的弹塑性曲线进行计算，其计算原理简如图 7-17 所示。实际上，能量等效原理的延性系数计算方法是一种简化等效的计算方法。图 7-17 中可以看出，线 ODC 是一条理想的弹塑性骨架曲线，它在点 A 处与实际骨架曲线相交。当封闭区域 $S_{OA} = S_{ADC}$ 时，垂直于横轴的直线穿过点 D 并在

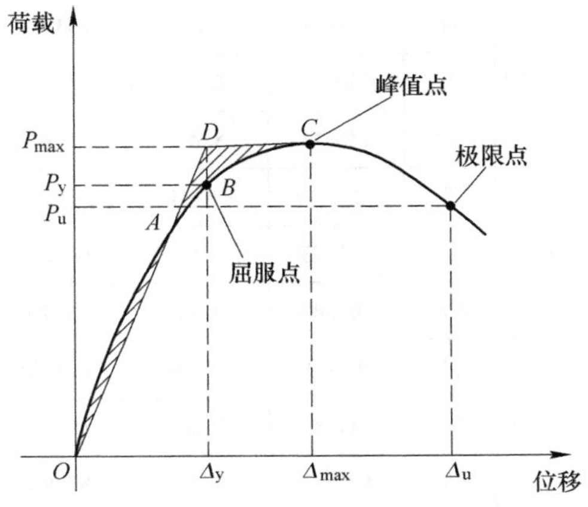

图 7-17 等效弹塑性能量法的示意图

点 B 处相交，则点 B 就是屈服点。

表 7-5 为 SSTSRRC 组合柱试件的特征荷载、位移及延性系数，其中 Δ_y 为屈服位移，P_y 为屈服荷载；Δ_{max} 为峰值位移，P_{max} 为峰值荷载；Δ_u 为极限位移，P_u 为破坏荷载。从表 7-5 中可以看出，组合柱的屈服荷载和峰值荷载分别超过 130 kN 和 170 kN，表明组合柱具有较高的水平承载力。除 SSTSRRC-4、SSTSRRC-6 和 SSTSRRC-9 的位移延性系数略小于 3.0 外，其他试件的位移延性系数均大于 3.0，表明组合柱在水平地震作用下具有良好的延性和变形能力。

表 7-5　SSTSRRC 组合柱试件的荷载特征值和位移延性系数

试件编号	加载方向	屈服点		峰值点		极限点		延性系数
		P_y/kN	Δ_y/mm	P_{max}/kN	Δ_{max}/mm	P_u/kN	Δ_u/mm	μ
SSTSRRC-1	推	−131.70	−7.07	−193.88	−18.02	−158.85	−23.60	3.34
	拉	147.38	7.16	198.92	15.01	162.28	23.61	3.30
	平均	**139.54**	**7.12**	**196.40**	**16.52**	**160.56**	**23.61**	**3.32**
SSTSRRC-2	推	−142.86	−7.34	−191.71	−15.01	−162.96	−22.93	3.12
	拉	166.97	7.41	202.74	18.02	175.70	24.02	3.24
	平均	**154.92**	**7.37**	**197.22**	**16.52**	**169.33**	**23.48**	**3.18**
SSTSRRC-3	推	−163.94	−8.68	−190.76	−18.00	−165.03	−27.07	3.12
	拉	171.16	8.52	195.86	18.00	166.48	25.65	3.01
	平均	**167.55**	**8.60**	**193.31**	**18.00**	**165.75**	**26.36**	**3.06**
SSTSRRC-4	推	−145.55	−8.49	−163.72	−18.01	−146.76	−24.02	2.83
	拉	146.67	8.37	166.31	15.02	146.56	24.03	2.87
	平均	**146.11**	**8.43**	**165.01**	**16.52**	**146.66**	**24.03**	**2.85**
SSTSRRC-5	推	−201.95	−9.31	−255.06	−21.02	−214.35	−30.03	3.23
	拉	211.73	8.50	264.52	15.01	224.84	28.03	3.30
	平均	**206.84**	**8.91**	**259.79**	**18.02**	**219.59**	**29.03**	**3.26**
SSTSRRC-6	推	−150.36	−8.19	−186.52	−15.01	−158.54	−22.58	2.76
	拉	153.17	8.23	189.31	15.02	160.91	22.39	2.72
	平均	**151.77**	**8.21**	**187.92**	**15.02**	**159.73**	**22.48**	**2.74**
SSTSRRC-7	推	−174.95	−9.19	−228.93	−18.01	−192.49	−30.03	3.27
	拉	174.40	9.03	227.62	18.03	189.16	30.04	3.33
	平均	**174.68**	**9.11**	**228.28**	**18.02**	**190.82**	**30.04**	**3.30**

续表 7-5

试件编号	加载方向	屈服点		峰值点		极限点		延性系数
		P_y/kN	Δ_y/mm	P_{max}/kN	Δ_{max}/mm	P_u/kN	Δ_u/mm	μ
SSTSRRC-8	推	−158.94	−9.21	−184.66	−18.01	−156.96	−30.04	3.26
	拉	159.66	9.33	188.82	18.03	160.50	30.04	3.22
	平均	**159.30**	**9.27**	**186.74**	**18.02**	**158.73**	**30.04**	**3.24**
SSTSRRC-9	推	−171.46	−8.79	−206.88	−15.02	−175.85	−25.98	2.96
	拉	174.44	8.74	212.26	15.02	180.42	24.57	2.81
	平均	**172.95**	**8.77**	**209.57**	**15.02**	**178.13**	**25.27**	**2.88**

图 7-18 为不同设计参数下 SSTSRRC 组合柱试件的峰值荷载和延性系数的比较。

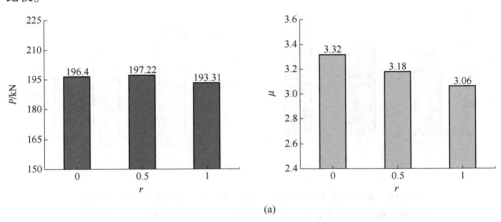

(a)

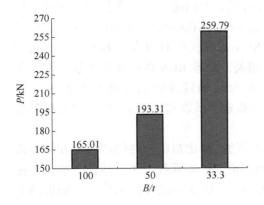
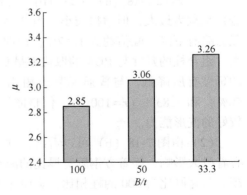

(b)

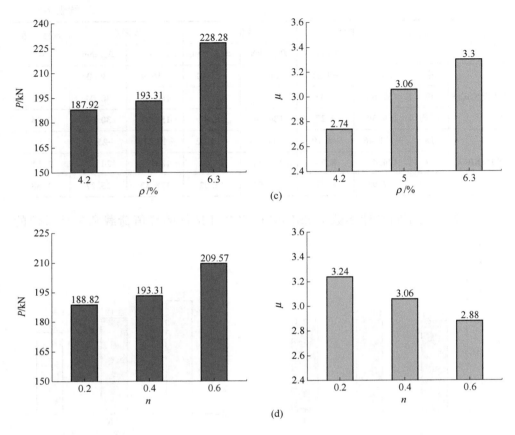

图7-18 不同参数下 SSTSRRC 组合柱峰值荷载和延性系数的比较
（a）再生粗骨料取代率；（b）方钢管宽厚比；（c）型钢配钢率；（d）轴压比

（1）从图 7-18（a）可以看出，与普通混凝土相比，RCA 取代率为 50% 的组合柱承载力最大，但增幅较小；当 RCA 置换率为 100% 时，SSTSRRC 组合柱的承载力略有下降，幅值约为 1.57%，表明 RCA 的取代率对组合柱的承载力影响不大。组合柱的延性与 RCA 的取代率呈负相关，随着 RCA 取代率的增加，组合柱的延性有所降低。与普通混凝土相比，组合柱的延性分别降低了 4.22%（$r=$ 50%）和 7.83%（$r=100$%），但整体的位移延性系数均大于 3，说明组合柱具有较好的变形能力。

（2）由图 7-18（b）可以看出，方钢管的宽厚比对组合柱的承载力和延性都有着极大影响，随着方钢管宽厚比的减小，组合柱的承载力和延性都有很大的提高。与宽厚比为 100 的柱相比，宽厚比为 50 和 33.3 的组合柱承载力分别提高了 17.15% 和 57.44%，延性分别提升了 7.37% 和 14.39%。

（3）从图 7-18（c）中看出，型钢配钢率的增加提升了组合柱的承载力和延性。当配钢率从 4.2% 增加到 5% 时，组合柱承载力增长幅度不大；而增长至 6.3% 时，承载力提升了 21.45%。对应的延性最大可提升 20.44%，配钢率较高的组合柱表现出较好的变形能力，这与试件的破坏现象保持一致。

（4）从图 7-18（d）可以看出，组合柱的轴压比越大，其水平承载力越高。当轴压比从 0.2 增加到 0.6 时，组合柱的承载力增加 12.22%，但轴压比 n 的增加也会导致组合柱的延性不断降低。与 $n=0.2$ 的组合柱相比，$n=0.4$ 和 $n=0.6$ 的组合柱延性分别降低了 5.56% 和 11.11%。

7.2.3.2 侧向位移角

表 7-6 为 SSTSRRC 组合柱试件在特征点处的侧向位移角 θ_i，其中 $\theta_i = x_i/H$，x_i 为柱顶在不同荷载特征点上的水平位移，H 为柱有效高度，其值为 800 mm。根据"小震不坏"抗震设计理念，为保证框架结构在小地震下不受破坏，《建筑抗震设计规范》中明确指出，钢筋混凝土框架结构弹性层间位移角的极限值为 1/550。根据表 7-6，组合柱的屈服侧向位移角为 1/112～1/88，远高于规定值，说明该组合柱在地震作用下具有足够的弹性变形能力。同时，为满足"大震不倒"的抗震设计理念，规范还指出钢筋混凝土框架结构弹塑性层间位移角不应超过 1/50。综合表 7-6 中组合柱的极限侧向位移角，其值为 1/36～1/27，表明组合柱的抗倒塌能力明显强于钢筋混凝土柱，在罕遇地震作用下具有足够的变形能力储备。

表 7-6 SSTSRRC 组合柱试件特征点处的侧向位移角

试件编号	加载方向	屈服点 θ_y	平均值	峰值点 θ_{max}	平均值	极限点 θ_u	平均值
SSTSRRC-1	推	1/113	1/112	1/53	1/53	1/34	1/34
	拉	1/112		1/53		1/34	
SSTSRRC-2	推	1/109	1/108	1/53	1/49	1/35	1/34
	拉	1/108		1/44		1/33	
SSTSRRC-3	推	1/95	1/95	1/44	1/49	1/30	1/30
	拉	1/94		1/53		1/31	
SSTSRRC-4	推	1/94	1/95	1/44	1/49	1/33	1/33
	拉	1/96		1/53		1/33	
SSTSRRC-5	推	1/86	1/90	1/38	1/46	1/27	1/28
	拉	1/94		1/53		1/29	
SSTSRRC-6	推	1/98	1/97	1/53	1/53	1/35	1/36
	拉	1/97		1/53		1/36	

试件编号	加载方向	屈服点 θ_y	平均值	峰值点 θ_{max}	平均值	极限点 θ_u	平均值
SSTSRRC-7	推	1/87	1/88	1/44	1/44	1/27	1/27
	拉	1/89		1/44		1/27	
SSTSRRC-8	推	1/97	1/97	1/44	1/44	1/27	1/27
	拉	1/96		1/44		1/27	
SSTSRRC-9	推	1/91	1/91	1/53	1/53	1/31	1/32
	拉	1/92		1/53		1/33	

此外，SSTSRRC 组合柱的侧向位移角随设计参数的变化呈现的规律不同。随着 RCA 取代率的增加，组合柱的侧向位移角在弹性、弹塑性状态下均呈现出增加的趋势；当方钢管宽厚比为 33.3 时，组合柱的侧向位移角最大，说明该组合柱具有足够好的变形能力；型钢配钢率对组合柱的侧向位移角也有很大影响，随着配钢率的增加，组合柱的侧向位移角逐渐增大，表明型钢配钢率越大，组合柱的变形能力越好；但随着轴压比的增大，组合柱的侧向位移角逐渐减小，说明竖向荷载较大不利于组合柱在地震作用下的抗倒塌性能。

通过以上分析，再生粗骨料取代率对 SSTSRRC 组合柱侧向变形能力影响较小，提高轴压比不利于组合柱的抗震变形能力，降低方钢管宽厚比或增大型钢配钢率，可以大大提高组合柱的侧向位移角，使组合柱在地震作用下具有较高的变形能力储备。

7.2.4   耗能能力

本章采用等效黏滞阻尼系数 ζ_e 来衡量 SSTSRRC 组合柱的耗能能力，计算方法参考第 6.2.5 节。图 7-19 为不同设计参数下组合柱在特征点处的等效黏性阻尼系数，可以看出组合柱在弹性阶段几乎无耗能能力，进入弹塑性阶段后，随着侧向位移的增加等效黏滞阻尼系数随之增加，表明组合柱的耗能能力逐渐增强；同级加载随着次数的增多，组合柱的耗能能力有所降低。为便于比较，将组合柱特征点处的黏滞阻尼系数提取并列于表 7-7，可知方钢管型钢再生混凝土组合柱在屈服点、峰值点和极限点对应的等效黏滞阻尼系数的平均值分别为 $\zeta_{ey} = 0.0615$，$\zeta_{em} = 0.1590$，$\zeta_{eu} = 0.2774$，表明方钢管型钢再生混凝土组合柱具有较强的耗能能力。不同设计参数下各组合柱的耗能能力有所差异，通过表 7-7 和图 7-19 可得到以下结论。

（1）早期不同取代率的 SSTSRRC 组合柱耗能能力基本相同，但后期使用普通混凝土的组合柱耗能能力略强于再生混凝土的组合柱，RCA 取代率为 100% 的组合柱耗能能力大约降低了 7.6%。显然，RCA 对组合柱的耗能能力几乎没有影响。

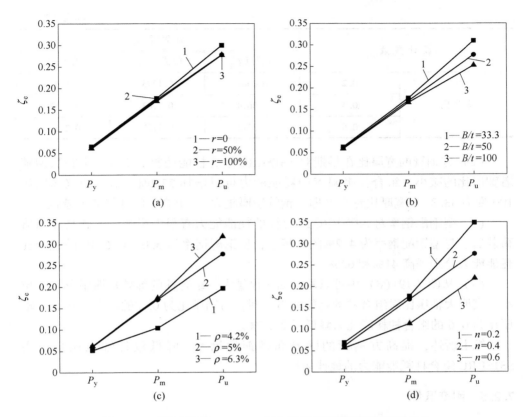

图 7-19 不同参数下 SSTSRRC 组合柱的等效黏滞阻尼系数对比
（a）再生粗骨料取代率；（b）方钢管宽厚比；（c）型钢配钢率；（d）轴压比

表 7-7 SSTSRRC 组合柱试件特征点的等效黏滞阻尼系数

设 计 参 数		荷载特征点		
		屈服点 ζ_{ey}	峰值点 ζ_{em}	极限点 ζ_{eu}
再生粗骨料取代率/%	0	0.0652	0.1767	0.2993
	50	0.0638	0.1736	0.2773
	100	0.0614	0.1703	0.2767
方钢管宽厚比	33.3	0.0633	0.1764	0.3095
	50	0.0614	0.1703	0.2767
	100	0.0595	0.1664	0.2524
型钢配钢率/%	4.2	0.0523	0.1036	0.1962
	5.0	0.0614	0.1703	0.2767
	6.3	0.0625	0.1741	0.3179

设 计 参 数		荷载特征点		
		屈服点 ζ_{ey}	峰值点 ζ_{em}	极限点 ζ_{eu}
轴压比	0.2	0.0687	0.1773	0.3491
	0.4	0.0614	0.1703	0.2767
	0.6	0.0572	0.1127	0.2186

（2）方钢管的宽厚比在早期对 SSTSRRC 组合柱能耗影响不大，但在后期随着宽厚比的减小，组合柱极限点的耗能能力可以增加 22.6%（B/t 的宽厚比从100 变为 33.3），宽厚比越小（即方钢管壁厚越大），组合柱的耗能能力越强。

（3）型钢配钢率对 SSTSRRC 组合柱的耗能能力有很大影响，尤其是在峰值荷载后。与型钢配钢率为 4.2% 的柱相比，型钢配钢率为 5.0% 和 6.3% 的组合柱耗能能力分别提高 41% 和 62%。

（4）从图 7-19（d）中可以看出轴压比越大，组合柱的等效黏滞阻尼系数越小，表明大轴压比对组合柱的耗能能力不利。与轴压比为 0.2 的组合柱相比，轴压比为 0.6 的组合柱耗能能力降低了 37.4%。

综上所述，提高方钢管的壁厚和型钢配钢率、降低设计轴压比是提高SSTSRRC 组合柱耗能能力的最佳途径。

7.2.5　刚度退化

SSTSRRC 组合柱的侧向刚度参考第 6.2.7 节相关方法计算得到，得到组合柱的刚度退化曲线，如图 7-20 所示。在荷载开始时，SSTSRRC 组合柱处于弹性阶段，荷载与位移的关系呈线性关系，方钢管和型钢基本处于可恢复的弹性状态，而组合柱内的再生混凝土则因循环荷载而轻微开裂。随着水平位移的增加，损伤逐渐累积和增加导致柱的刚度降低。进入屈服状态后，由于型钢和方钢管的连续屈服，组合柱的塑性变形不断增大导致组合柱的刚度进一步降低。随着加载循环次数的不断增多，方钢管对组合柱内的再生混凝土有一定的约束作用，且内部型钢的作用，提高了组合柱的抗循环荷载能力，在一定程度上延缓了组合的刚度退化。在峰值荷载之后，组合柱逐渐进入失效阶段并产生严重的塑性变形，个别钢管表面出现裂纹，导致组合柱刚度继续退化直至破坏。总体而言，组合柱前期刚度较高、退化速度较快，随着侧向位移的增加组合柱的刚度持续降低并且变化速率逐渐减慢，整体的刚度变化呈现"人"字形。为了便于比较 SSTSRRC 组合柱试件的刚度及退化规律，将推向和拉向的刚度平均化处理，并将其绘制在图7-21，提取 SSTSRRC 组合柱特征点的刚度值列入表 7-8。对比不同参数对SSTSRRC 组合柱刚度的影响，可得到以下结论。

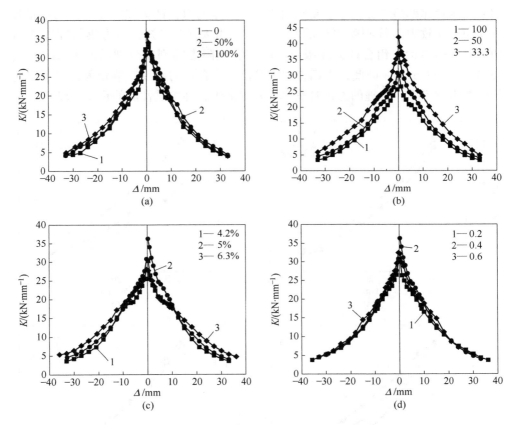

图 7-20 SSTSRRC 组合柱试件的刚度退化曲线

（a）再生粗骨料取代率；（b）方钢管宽厚比；（c）型钢配钢率；（d）轴压比

（1）荷载初期，3 种取代率下 SSTSRRC 组合柱的刚度基本相同。随着荷载加载继续，采用普通混凝土的 SSTSRRC 组合柱刚度退化速率略快于采用再生混凝土的 SSTSRRC 组合柱，这主要是因为再生混凝土中的砂浆比普通混凝土中的砂浆含量充分，导致再生混凝土的开裂速度更快。从图 7-21（a）中可以看出，组合柱屈服后，普通混凝土的组合柱刚度最低，取代率为 100% 的组合柱刚度最高，随着位移循环次数的增加，取代率为 50% 的组合柱刚度退化速度略快，但总体相差不大。表 7-8 显示不同取代率下相同载荷特征点的刚度基本相同。总的来说，取代率对组合柱的刚度退化略有影响，但影响程度不大，故方钢管型钢再生混凝土组合柱中的再生混凝土粗骨料取代率可以达到 100%。

（2）从图 7-21（b）可以看出，不同宽厚比下 SSTSRRC 组合柱的刚度在早期和后期都表现出很大差异。增大方钢管的宽厚比（即方钢管壁厚减小），组合柱刚度逐渐减小，但刚度总体退化趋势基本相同。此外，方钢管宽厚比越大，后期刚度退化速率略有加快,主要是由于钢管壁厚的组合柱承载力较高,钢管屈服时间晚,导致组合柱刚度退化的时间滞后。由表 7-8 可知,当方钢管宽厚比由 100 变为 33.3 时,组合柱的屈服点、峰值和极限点的刚度分别增加了 28.86%、36.03% 和 28.52%。因此,方钢管的宽厚比对组合柱的刚度影响较大,但对退化的速率影响不大,合理的方钢管宽厚比是保证组合柱抗震性能的重要手段。

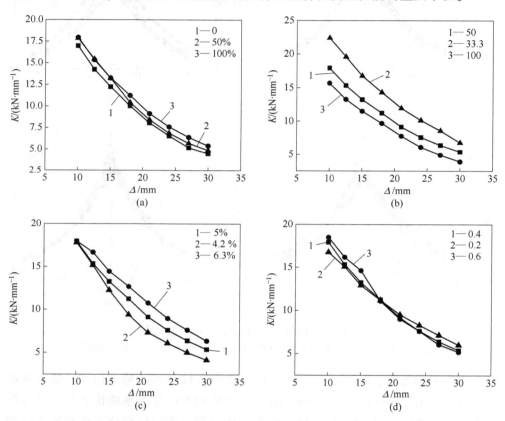

图 7-21　不同参数下 SSTSRRC 组合柱的刚度对比
(a) 再生粗骨料取代率;(b) 方钢管宽厚比;(c) 型钢配钢率;(d) 轴压比

(3) 型钢配钢率对 SSTSRRC 组合柱的早期刚度影响不大,通过图 7-21 (c) 可以看出,组合柱屈服时的刚度基本相同。当位移超过 10 mm 时,型钢含量对组合柱刚度的影响开始显著,型钢配钢率越高组合柱后期的刚度退化越慢,组合柱表现出的刚度越大,这主要是由于型钢位于组合柱的核心区,钢材屈服时间较晚,组合柱在后期仍有较高承载力,含钢率越高对组合柱后期的承载力提升越明显,这表明型钢对提升 SSTSRRC 组合柱后期的性能影响较大。

(4) 图 7-21 (d) 表明轴压比对 SSTSRRC 组合柱的初始刚度有一定的影响,

轴压比越大，组合柱的初始刚度越大，但影响程度相对较小；表 7-8 中的数据表明组合柱在屈服点的刚度能够提升 13.4%（轴压比从 0.2 增长至 0.6）。通过图 7-21（d）可以得到随着轴压比的增大，SSTSRRC 组合柱的刚度退化速率逐渐增大，表明大轴压比对组合柱的刚度变化是不利的。

表 7-8　不同参数下 SSTSRRC 组合柱特征点的刚度值对比

设 计 参 数		荷载特征点		
		屈服点	峰值点	极限点
再生粗骨料取代率/%	0	19.81	12.58	6.86
	50	19.70	11.99	6.99
	100	19.27	11.74	6.39
方钢管宽厚比	33.3	22.95	14.31	7.84
	50	19.27	11.74	6.39
	100	17.81	10.52	6.10
型钢配钢率/%	4.2	18.07	11.51	6.32
	5	19.27	11.74	6.39
	6.3	19.51	12.67	6.45
轴压比	0.2	18.28	10.36	5.27
	0.4	19.27	11.74	6.39
	0.6	20.73	14.12	6.85

7.2.6　强度衰减

在循环荷载试验中，相同水平位移下 SSTSRRC 组合柱的承载力将随着循环次数的增加而逐渐降低，即在地震作用下强度衰减，可用强度衰减系数来衡量，相应的计算公式如下：

$$\lambda_i = \frac{F_j^i}{F_j^{i-1}} \tag{7-2}$$

式中，F_j^i 为第 j 级加载的第 i 次循环的峰值荷载；F_j^{i-1} 为第 j 级加载的第 $i-1$ 次循环的峰值荷载。

为便于比较，本书将每级加载的第二、三圈峰值荷载与第一圈峰值荷载的比作为 SSTSRRC 组合柱强度衰减系数，并将各试件的强度衰减系数绘制在图 7-22 中。观察图 7-22 可以得出结论：SSTSRRC 组合柱的强度衰减系数随着位移循环次数的增加而降低。除个别情况外，组合柱的强度衰减系数基本大于 0.9，即在相同位移水平下，三次循环加载后，组合柱的承载力仍可保持在90%以上，表明组合柱的承载力在地震作用下的抗衰减能力较强。此外，当位移水平较小时，组合柱的强度衰减程度较弱，随着水平位移的增加，组合柱的强度衰减明显增强，

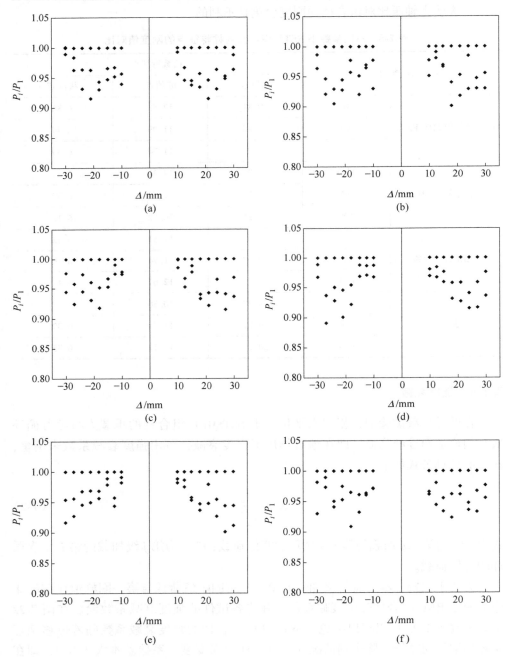

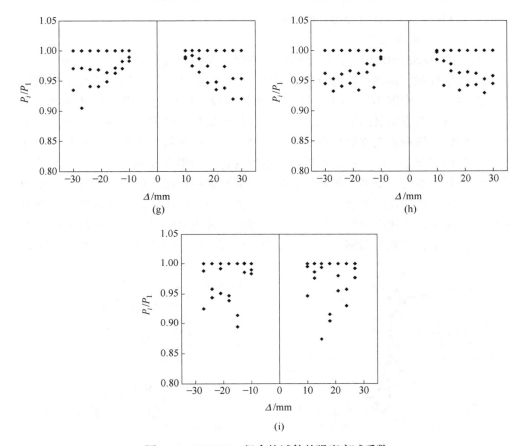

图 7-22　SSTSRRC 组合柱试件的强度衰减系数

（a）SSTSRRC-1；（b）SSTSRRC-2；（c）SSTSRRC-3；（d）SSTSRRC-4；（e）SSTSRRC-5；
（f）SSTSRRC-6；（g）SSTSRRC-7；（h）SSTSRRC-8；（i）SSTSRRC-9

这是由于组合柱中型钢和方钢管的连续损伤，当组合柱再次变形到相同位置时，材料强度降低。值得注意的是，轴压比对组合柱的强度衰减有较大影响，试件 SSTSRRC-9（$n=0.6$）的强度衰减系数普遍较小，其最小值甚至达到 0.875；相比之下，试件 SSTSRRC-8（$n=0.2$）的强度衰减系数大于 0.925。这表明轴压比越大，组合柱的承载力退化越严重，建议在抗震设计中合理控制轴压比。

7.2.7　钢材应变

根据试件的加载过程及试验现象可以看出，SSTSRRC 组合柱在低周反复荷载试验下呈现明显的压弯塑性铰破坏模式，柱脚处方钢管鼓曲、内部再生混凝土破碎，但型钢的变化情况及型钢与钢管的破坏顺序无法观测到。因此，为了解组合柱中方钢管和型钢的应变发展情况，本试验实测了柱脚处方钢管四壁的纵向和横向应变和内部型钢翼缘及腹板的纵向应变。

7.2.7.1　纵向应变

图 7-23 为 SSTSRRC 组合柱型钢和方钢管的纵向应变，其中"东"和"西"分别为水平加载方向钢管壁的拉压侧应变，"南"和"北"分别为垂直于加载侧钢管壁的应变。由图 7-23 可知，荷载的初始阶段，SSTSRRC 组合柱试件处于弹性状态，型钢和方钢管的应变随水平荷载呈线性增加。随着荷载的持续增加，型钢和方钢管的纵向应变逐渐呈现出非线性增加，曲线的斜率逐渐变小并趋向于水平。在这种状态下，由于柱的水平位移迅速变化，型钢和方钢管受到严重的拉伸或压缩，其应变迅速增加。另外，无论是加载初期还是加载后期，钢管东西侧的应变始终以最快的速度发展，型钢翼缘的应变发展速度次之，而钢管南北侧和型钢腹板的应变发展速度最慢且相差不多。根据这种应变的发展规律可以知道，水平荷载作用下，方钢管型钢再生混凝土组合柱首先拉压侧的钢管壁屈服，而后型

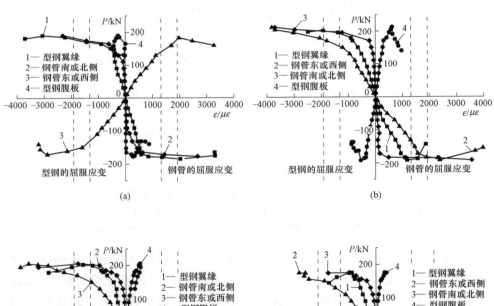

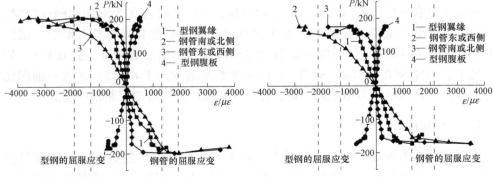

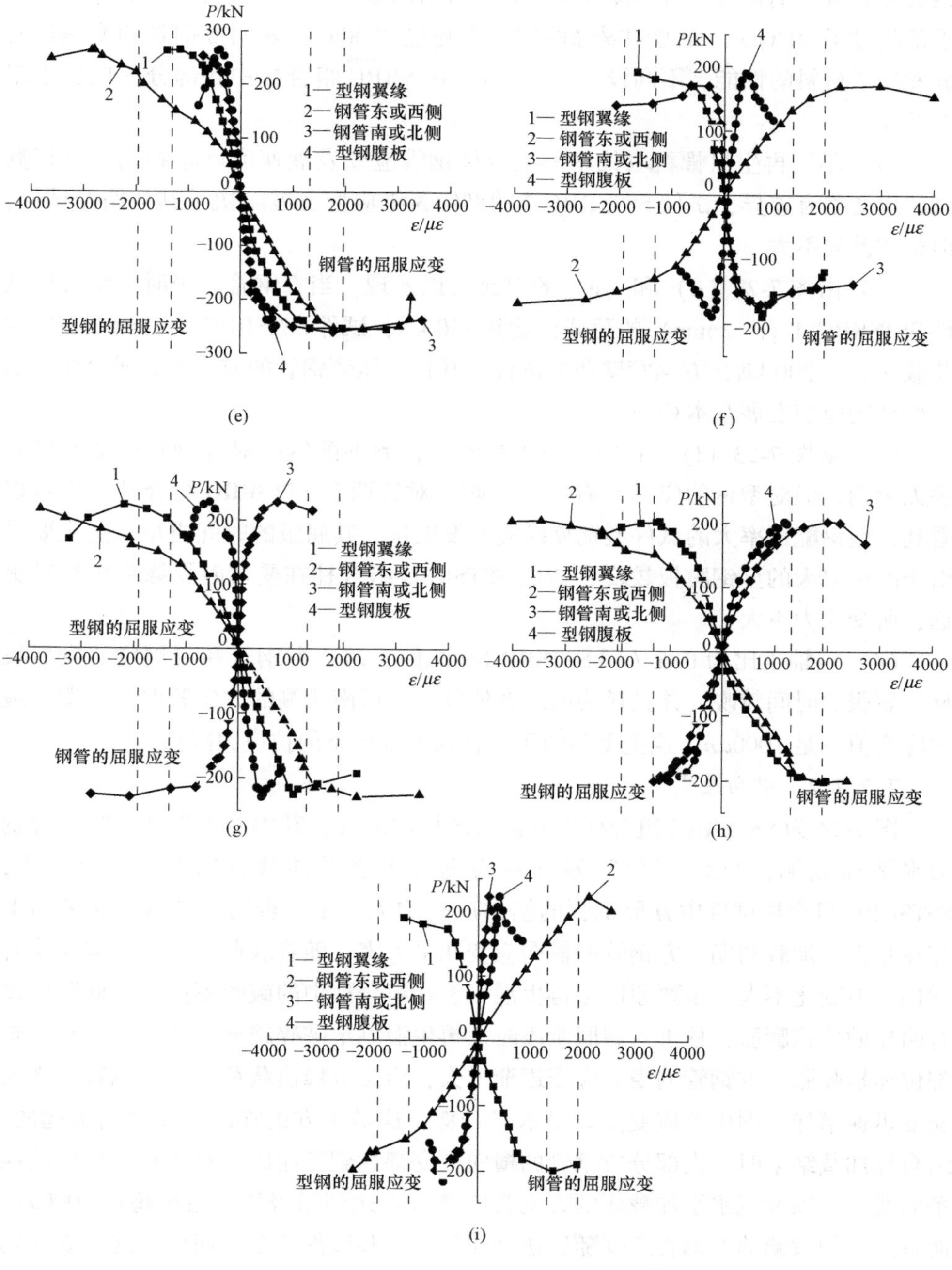

图 7-23 SSTSRRC 组合柱的型钢和方钢管的纵向应变

(a) SSTSRRC-1；(b) SSTSRRC-2；(c) SSTSRRC-3；(d) SSTSRRC-4；(e) SSTSRRC-5；
(f) SSTSRRC-6；(g) SSTSRRC-7；(h) SSTSRRC-8；(i) SSTSRRC-9

钢翼缘屈服，钢管壁的另两侧和型钢腹板最后屈服。另外，钢管拉压侧的应变几乎都超过了3000$\mu\varepsilon$，而型钢翼缘的应变也超过2000$\mu\varepsilon$，表明方钢管和型钢都充分发挥了材料的性能。不同设计参数下的 SSTSRRC 组合柱中各部分的应变也略有差异。

（1）不同再生粗骨料取代率的组合柱钢管应变发展速度基本相同，型钢翼缘的应变略有差异，试件 SSTSRRC-2 的型钢翼缘应变发展略快于其他两个试件，但整体差异不大。

（2）由图 7-23（d）和（e）的对比可以发现，当方钢管屈服时，组合柱试件 SSTSRRC-4（$t = 2$ mm）的荷载仅达到 150 kN，试件 SSTSRRC-5（$t = 6$ mm）的荷载达到了 200 kN，方钢管壁薄的试件，其拉、压侧钢管的应变发展明显快，而内部型钢应变发展基本相同。

（3）从图 7-23（f）和（g）中不难看出，型钢配钢率对方钢管应变发展几乎无影响，但对型钢的应变具有一定影响。对比两个 SSTSRRC 组合柱试件可以看到，型钢配钢率大的试件型钢翼缘应变发展快，其屈服的时间更早，这主要是由于配钢率大的型钢腹板较高，造成 SSTSRRC 组合柱在受弯时翼缘离中性轴更远，所受应力更大。

（4）当轴压比为 0.6（即 SSTSRRC-9 试件）时，方钢管和型钢应变发展较慢、屈服的时间较晚，并且最终的应变值较小，而南北侧的方钢管壁未屈服，最大应变值不足 1000$\mu\varepsilon$，这主要是由于钢材在大轴压下的拉应力降低。

7.2.7.2　横向应变

图 7-24 为 SSTSRRC 组合柱中方钢管的横向应变，其中"东""西"侧分别为水平加载侧，"南""北"侧分别为垂直于水平加载方向侧。可以看出，SSTSRRC 组合柱试件中方形钢管的横向应变均大于零，表明方形钢管在环向上存在张力。加载初期，方钢管的横向应变几乎为零；随着载荷的增加，应变略有增加，但变化不大，主要原因是再生混凝土在组合柱中的破碎不严重，此阶段没有明显的体积膨胀；柱进入屈服阶段时，再生混凝土破碎越来越严重，导致柱脚部位体积膨胀，方钢管的横向应变逐渐增大；当接近峰值载荷时，方钢管的横向应变迅速增加，图中的应变曲线呈水平趋势，这是由方钢管的快速鼓曲引起的；组合柱加载结束时，大部分方钢管的横向应变都达到了屈服。对比每个试件的四条曲线，可以发现水平加载侧的方钢管应变首先达到屈服值，甚至超过 2000$\mu\varepsilon$，而垂直于加载侧的方钢管应变随后达到屈服，有些试件甚至不屈服，这与观察到的试验现象相一致，展示了方钢管在循环荷载作用下先在加载侧屈服，然后在其他侧屈服的发展规律。

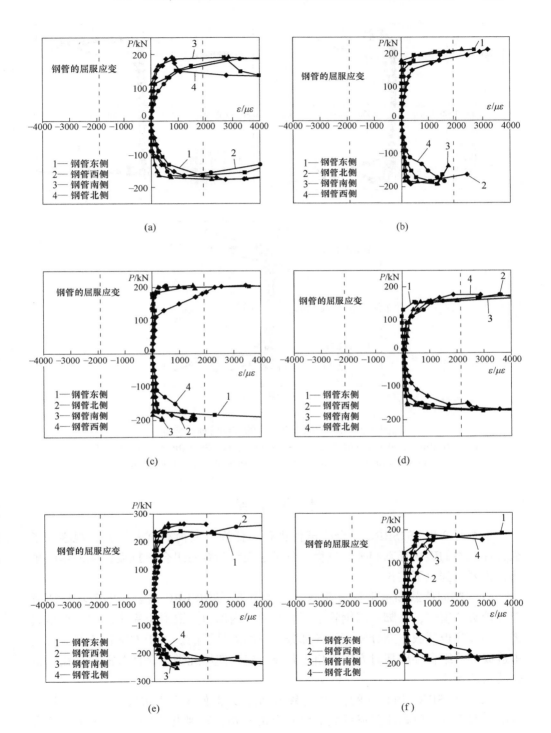

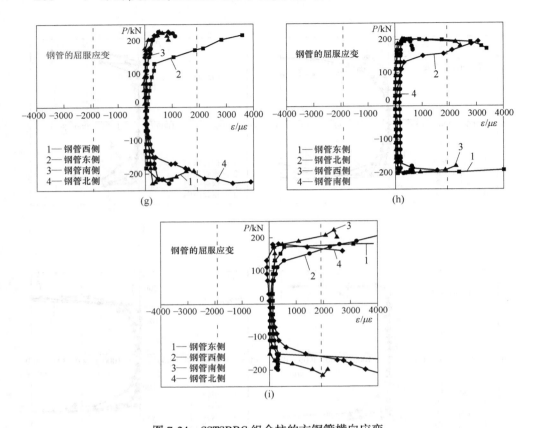

图 7-24   SSTSRRC 组合柱的方钢管横向应变

（a）SSTSRRC-1；（b）SSTSRRC-2；（c）SSTSRRC-3；（d）SSTSRRC-4；（e）SSTSRRC-5；
（f）SSTSRRC-6；（g）SSTSRRC-7；（h）SSTSRRC-8；（i）SSTSRRC-9

本 章 小 结

本章对 9 根 SSTSRRC 组合柱试件进行了低周反复荷载试验研究，观察到了组合柱试件的破坏形态和破坏过程，分析了设计参数对组合柱抗震性能的影响规律，主要得到以下结论。

（1）竖向荷载和水平反复荷载共同作用下，SSTSRRC 组合柱的破坏呈压弯塑性铰破坏模式，柱脚一周钢管呈环状鼓曲，内部再生混凝土完全压碎，型钢翼缘和部分腹板屈服，充分发挥了各部分材料的力学性能。由于方钢管角部应力集中造成部分组合柱破坏时方钢管角部开裂，建议使用此类组合柱时需要强化方钢管的角部焊缝。

（2）SSTSRRC 组合柱的荷载-位移滞回曲线呈饱满的"纺锤形"，计算得到极限状态下的等效黏滞阻尼系数平均值为 0.2774，表现出较好的耗能能力；组合柱试件的骨架曲线前期刚度较大，后期承载力下降缓慢且大部分组合柱试件的延性系数大于 3.0，表现出较好的延性；SSTSRRC 组合柱弹性侧向位移角大于 1/50，弹塑性侧向位移角大于 1/550，表明组合柱变形能力良好。

（3）加载前期，SSTSRRC 组合柱的整体刚度较大，刚度退化速度较快，而到加载后期，组合柱仍然具有一定刚度且退化速度很慢，使组合柱在破坏时仍具有一定承载能力；反复的水平荷载作用下，SSTSRRC 组合柱的每级承载力衰减系数均大于 0.9，表现出较好的抗承载力衰减能力。

（4）再生粗骨料取代率增大对 SSTSRRC 组合柱的延性不利，对组合柱的承载力、刚度及耗能等抗震性能影响较小，其影响主要受到再生混凝土材料性能的变化；随着型钢配钢率的增加或方钢管宽厚比的减小，SSTSRRC 组合柱承载力、延性、侧向刚度及耗能能力大幅度提升，承载力和耗能最大可分别提升 57.44%、62%；适当增加轴压比可以提升组合柱水平承载力，使 SSTSRRC 组合柱的前期侧向刚度增大，但会大幅度降低组合柱的延性和耗能能力，组合柱后期的刚度退化速率也会加快，不利于 SSTSRRC 组合柱的变形和安全性。

8 钢管型钢再生混凝土组合柱的水平承载力计算方法

8.1 圆钢管型钢再生混凝土组合柱的水平承载力计算方法

8.1.1 破坏界限的确定

为求解圆钢管型钢再生混凝土组合柱在轴向与水平荷载共同作用下的承载能力，在试验研究的基础上，分析组合柱在极限平衡状态中各部件的受力变形状态，判断其最大承载力与破坏之间的界限。当受压侧再生混凝土达到峰值压应变，组合柱的水平承载力逐渐下降，可认为受压侧再生混凝土达到峰值压应变时为组合柱在竖向恒载及水平荷载作用下的破坏界限。组合柱在水平荷载达到承载力极限时，其中和轴（即应力为零的线）基本位于受压侧并靠近与加载方向垂直的型钢腹板中心线，因此在进行中和轴位置确定时应以靠近型钢腹板中心线的计算值为中和轴距离。

8.1.2 基本假定

为推导圆钢管型钢再生混凝土组合柱的水平承载力计算公式，假设其符合以下条件：

（1）组合柱受轴向荷载与弯矩共同作用的破坏截面应变分布符合平截面分布规律，即以中和轴为拉压应变分界线，其应变分布与中和轴距离成正比；

（2）受压侧再生混凝土达到峰值应力时，组合柱达到极限承载力；

（3）不考虑再生混凝土材料的受拉贡献；

（4）不考虑钢材的局部屈曲；

（5）再生混凝土材料采用理想化的本构模型并考虑约束增强；

（6）钢材采用弹性本构关系。

8.1.3 中和轴位置的确定及水平承载力计算

8.1.3.1 内置十字型钢的圆钢管型钢再生混凝土组合柱

基于上述基本假定，内置十字型钢的组合柱试件破坏截面应变分布如图 8-1 所示，将内置十字型钢划分为平行于水平力作用方向与垂直于作用方向两部分工字型钢，其中与水平力作用方向平行的型钢受压翼缘全部屈服，腹板未屈服，受拉翼缘与部分腹板屈服，而垂直于作用方向的工字型钢部分屈服，圆钢管受压受拉均有部分屈服，核心再生混凝土部分达到峰值压应变。

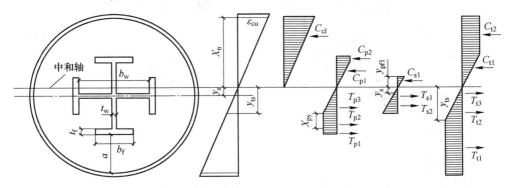

图 8-1　内置十字型钢的圆钢管型钢再生混凝土组合柱截面受力分布

采用极限分析法，根据圆钢管型钢再生混凝土组合柱的截面受力平衡条件，对中和轴距受压区再生混凝土外边缘距离进行试算，组合柱的截面受力平衡计算公式为：

$$C_{c1} + C_{p1} + C_{p2} + C_{s1} + C_{t1} + C_{t2} = T_{p1} + T_{p2} + T_{p3} + T_{t1} + T_{t2} + T_{t3} + N$$

$$(8-1)$$

式中，N 为轴向恒载；T_i 与 C_i 为各部件合力，型钢尺寸标识如图 8-1 所示，图 8-1 中的 a 为型钢翼缘至钢管内边缘距离。

（1）平行于荷载作用方向的型钢。

型钢屈服高度：

$$y_{ps} = \frac{\varepsilon_{ps} X_n}{\varepsilon_{cu}} \tag{8-2}$$

受拉屈服型钢腹板高度：

$$X_{py} = d - 2t - X_n - y_{ps} - t_f - a \tag{8-3}$$

中和轴距截面对称轴：

$$y_s = \frac{d}{2} - t - X_n \tag{8-4}$$

受拉区型钢翼缘合力：

$$T_{p1} = f_{py} t_f b_f \tag{8-5}$$

受拉区型钢腹板屈服合力：

$$T_{p2} = f_{py} X_{py} t_w \tag{8-6}$$

受拉区型钢腹板未屈服合力：

$$T_{p3} = \frac{1}{2} f_{py} y_{ps} t_w \tag{8-7}$$

受压区型钢腹板合力：

$$
C_{\mathrm{p1}} = \begin{cases} \dfrac{1}{2} f_{\mathrm{py}} y_{\mathrm{ps}} t_{\mathrm{w}} + f_{\mathrm{py}} \left(\dfrac{b_{\mathrm{w}}}{2} - y_{\mathrm{s}} - y_{\mathrm{ps}} \right) t_{\mathrm{w}} & \dfrac{b_{\mathrm{w}}}{2} - y_{\mathrm{s}} \geqslant y_{\mathrm{ps}} \\[4mm] \dfrac{1}{2} \dfrac{\left(\dfrac{b_{\mathrm{w}}}{2} - y_{\mathrm{s}} \right)^2 f_{\mathrm{py}} t_{\mathrm{w}}}{y_{\mathrm{ps}}} & \dfrac{b_{\mathrm{w}}}{2} - y_{\mathrm{s}} \leqslant y_{\mathrm{ps}} \end{cases}
\tag{8-8}
$$

受压区型钢翼缘合力：

$$
C_{\mathrm{p2}} = \begin{cases} f_{\mathrm{py}} b_{\mathrm{f}} t_{\mathrm{f}} & \dfrac{b_{\mathrm{w}}}{2} - y_{\mathrm{s}} \geqslant y_{\mathrm{ps}} \\[4mm] \dfrac{1}{2} \left[\dfrac{\left(\dfrac{b_{\mathrm{w}}}{2} - y_{\mathrm{s}} \right) f_{\mathrm{py}}}{y_{\mathrm{ps}}} + f_{\mathrm{py}} \right] \left(y_{\mathrm{ps}} - \dfrac{b_{\mathrm{w}}}{2} + y_{\mathrm{s}} \right) b_{\mathrm{f}} + f_{\mathrm{py}} \left(\dfrac{b_{\mathrm{w}}}{2} - y_{\mathrm{s}} - y_{\mathrm{ps}} \right) t_{\mathrm{f}} \\[2mm] & \dfrac{b_{\mathrm{w}}}{2} - y_{\mathrm{s}} \leqslant y_{\mathrm{ps}} \leqslant \dfrac{b_{\mathrm{w}}}{2} + t_{\mathrm{f}} - y_{\mathrm{s}} \\[4mm] \dfrac{1}{2} \left[\dfrac{\left(\dfrac{b_{\mathrm{w}}}{2} - y_{\mathrm{s}} \right) f_{\mathrm{py}}}{y_{\mathrm{ps}}} + \dfrac{\left(\dfrac{b_{\mathrm{w}}}{2} - y_{\mathrm{s}} + t_{\mathrm{f}} \right) f_{\mathrm{py}}}{y_{\mathrm{ps}}} \right] t_{\mathrm{f}} b_{\mathrm{f}} & y_{\mathrm{ps}} > \dfrac{b_{\mathrm{w}}}{2} + t_{\mathrm{f}} - y_{\mathrm{s}} \end{cases}
\tag{8-9}
$$

（2）垂直于荷载作用方向的型钢。

型钢翼缘受压高度：

$$
y_{\mathrm{pf1}} = \begin{cases} \dfrac{b_{\mathrm{f}}}{2} - y_{\mathrm{s}} & X_{\mathrm{n}} < \dfrac{d}{2} - \dfrac{b_{\mathrm{f}}}{2} - t \\[4mm] 0 & X_{\mathrm{n}} > \dfrac{d}{2} - \dfrac{b_{\mathrm{f}}}{2} - t \end{cases}
\tag{8-10}
$$

型钢翼缘受压合力：

$$
C_{\mathrm{s1}} = \dfrac{y_{\mathrm{pf1}}^2 f_{\mathrm{py}}}{y_{\mathrm{ps}}} t_{\mathrm{f}}
\tag{8-11}
$$

型钢腹板受拉合力：

$$
T_{\mathrm{s1}} = \dfrac{y_{\mathrm{s}} f_{\mathrm{py}} t_{\mathrm{w}} b_{\mathrm{w}}}{y_{\mathrm{ps}}}
\tag{8-12}
$$

型钢翼缘受拉合力：

$$
T_{\mathrm{s2}} = \begin{cases} \dfrac{(b_{\mathrm{f}} - y_{\mathrm{pf1}})^2 f_{\mathrm{py}}}{y_{\mathrm{ps}}} & y_{\mathrm{ps}} > b_{\mathrm{f}} - y_{\mathrm{pf1}} \\[4mm] f_{\mathrm{py}} y_{\mathrm{ps}} t_{\mathrm{f}} + 2 f_{\mathrm{py}} t_{\mathrm{f}} (b_{\mathrm{f}} - y_{\mathrm{pf1}} - y_{\mathrm{ps}}) & y_{\mathrm{ps}} < b_{\mathrm{f}} - y_{\mathrm{pf1}} \end{cases}
\tag{8-13}
$$

（3）圆钢管。

圆钢管未屈服高度：

$$y_{ts} = \frac{\varepsilon_{ts} X_n}{\varepsilon_{cu}} \tag{8-14}$$

圆钢管受拉屈服合力：

$$T_{s2} = \begin{cases} \dfrac{(b_f - y_{pf1})^2 f_{py}}{y_{ps}} & y_{ps} > b_f - y_{pf1} \\[3mm] f_{py} y_{ps} t_f + 2 f_{py} t_f (b_f - y_{pf1} - y_{ps}) & y_{ps} < b_f - y_{pf1} \end{cases} \tag{8-15}$$

$$A_{t1} = A_{\substack{x = y_{ts} - y_s \\ r = \frac{D}{2}}} - A_{\substack{x = y_{ts} - y_s \\ r = \frac{D-2t}{2}}} \tag{8-16}$$

$$A(x, r) = \frac{2 \arccos\left(\dfrac{x}{r}\right) \pi r^2}{360} - \frac{1}{2} r^2 \sin\left[2\arccos\left(\dfrac{x}{r}\right)\right] \tag{8-17}$$

对称轴以下圆钢管受拉未屈服合力：

$$T_{t2} = \int_0^{y_{ts} - y_s} f_{t1}(x) A_{t2}(x)\, dx \tag{8-18}$$

$$f_{t1}(x) = \frac{f_{ty} - \dfrac{y_s f_{ty}}{y_{ts}}}{y_{ts} - y_s} x + \frac{y_s f_{ty}}{y_{ts}} \tag{8-19}$$

$$A_{t2}(x) = D\sin\left[\arccos\left(\frac{2x}{D}\right)\right] - (D - 2t)\sin\left[\arccos\left(\frac{2x}{D - 2t}\right)\right] \tag{8-20}$$

对称轴以上圆钢管受拉未屈服合力：

$$T_{t3} = \int_0^{y_s} f_{t2}(x) A_{t3}(x)\, dx \tag{8-21}$$

$$f_{t2}(x) = \frac{f_{ty}}{y_{ts}}(y_s - x) \tag{8-22}$$

$$A_{t3}(x) = D\sin\left[\arccos\left(\frac{2x}{D}\right)\right] - (D - 2t)\sin\left[\arccos\left(\frac{2x}{D - 2t}\right)\right] \tag{8-23}$$

圆钢管受压屈服合力：

$$C_{t1} = f_{ty} A_{tc1} \tag{8-24}$$

$$A_{t1} = A_{\substack{x = y_{ts} + y_s \\ r = \frac{D}{2}}} - A_{\substack{x = y_{ts} + y_s \\ r = \frac{D-2t}{2}}} \tag{8-25}$$

$$A(x, r) = \frac{2\arccos\left(\dfrac{x}{r}\right)\pi r^2}{360} - \frac{1}{2}r^2\sin\left[2\arccos\left(\frac{x}{r}\right)\right] \tag{8-26}$$

圆钢管受压未屈服合力：

$$C_{t2} = \int_{y_s}^{y_s + y_{ts}} f_{tc1}(x) A_{tc2}(x)\,\mathrm{d}x \tag{8-27}$$

$$f_{tc1}(x) = \frac{(x - y_s)f_{ty}}{y_{ts}} \tag{8-28}$$

$$A_{tc2}(x) = D\sin\left[\arccos\left(\frac{2x}{D}\right)\right] - (D - 2t)\sin\left[\arccos\left(\frac{2x}{D - 2t}\right)\right] \tag{8-29}$$

（4）再生混凝土。

再生混凝土受压合力：

$$C_{c1} = \int_{y_s}^{\frac{d}{2} - t} f_{c1} A_c\,\mathrm{d}x \tag{8-30}$$

$$f_{c1} = \frac{(x - y_s)f_c}{X_n} \tag{8-31}$$

$$A_c(x) = 2\left(\frac{D - 2t}{2}\right)\sin\left[\arccos\left(\frac{2x}{D - 2t}\right)\right] \tag{8-32}$$

上面所有式中，f_c 为再生混凝土的峰值压应力；ε_{cu} 为再生混凝土峰值应力对应的压应变；f_{py} 为型钢的屈服应力；ε_{ps} 为型钢的屈服应变；f_{ty} 为圆钢管的屈服应变；ε_{ts} 为圆钢管的屈服应变。

根据上述力学平衡等式，可利用 Maple 软件计算出中和轴与再生混凝土受压边缘之间的距离 X_n，将受压区所有合力对中和轴取矩，即可获得钢管型钢再生混凝土组合柱的破坏截面在轴向恒载与弯矩共同作用下的抗弯承载力，以推导组合柱的水平承载力。

在获取中和轴相对位置后，将受压区与受拉区各部分材料合力对中和轴取矩，其计算分别如下。

（1）平行于荷载作用方向的型钢。

受压区未屈服合力弯矩：

$$M_{cp1} = \begin{cases} \dfrac{2}{3} \cdot \dfrac{1}{2} y_{ps}^2 f_{py} t_w & \dfrac{b_w}{2} - y_s \geq y_{ps} \\[4mm] \dfrac{2}{3} \cdot \dfrac{1}{2} \dfrac{\left(\dfrac{b_w}{2} - y_s\right)^3}{y_{ps}} f_{py} t_w + \displaystyle\int_{\frac{b_w}{2}-y_s}^{y_{ps}} x^2 \dfrac{f_{py} b_f}{y_{ps}} dx & \dfrac{b_w}{2} - y_s < y_{ps} < t_f + \dfrac{b_w}{2} - y_s \\[4mm] \dfrac{2}{3} \cdot \dfrac{1}{2} \dfrac{\left(\dfrac{b_w}{2} - y_s\right)^3}{y_{ps}} f_{py} t_w + \displaystyle\int_{\frac{b_w}{2}-y_s}^{t_f + \frac{b_w}{2}-y_s} x^2 \dfrac{f_{py} b_f}{y_{ps}} dx & t_f + \dfrac{b_w}{2} - y_s < y_{ps} \end{cases}$$

$$(8\text{-}33)$$

受压区屈服合力弯矩：

$$M_{cp2} = \begin{cases} \dfrac{\dfrac{b_w}{2} - y_s + y_{ps}}{2} \left(\dfrac{b_w}{2} - y_s - y_{ps}\right) f_{py} t_w & \dfrac{b_w}{2} - y_s \geq y_{ps} \\[4mm] \displaystyle\int_{y_{ps}}^{t_f + \frac{b_w}{2}-y_s} x f_{py} b_f dx & \dfrac{b_w}{2} - y_s < y_{ps} < t_f + \dfrac{b_w}{2} - y_s \\[4mm] 0 & t_f + \dfrac{b_w}{2} - y_s < y_{ps} \end{cases}$$

$$(8\text{-}34)$$

受拉区未屈服弯矩：

$$M_{tp3} = \dfrac{2}{3} \cdot \dfrac{1}{2} y_{ps}^2 f_{py} t_w \tag{8-35}$$

受拉区屈服弯矩：

$$M_{tp2} = \left(\dfrac{X_{py}}{2} + y_{ps}\right) X_{py} f_{py} t_w \tag{8-36}$$

$$M_{tp1} = \left(\dfrac{t_f}{2} + X_{py} + y_{ps}\right) f_{py} t_w t_f \tag{8-37}$$

（2）垂直于荷载作用方向的型钢。

受压区：

$$M_{cs1} = \frac{1}{3}y_{pf1}C_{s1} \tag{8-38}$$

受拉区:

$$
M_{ts1} = \begin{cases}
\dfrac{2}{3}\dfrac{\left(\dfrac{b_f}{2}+y_s\right)^3 f_{py}}{y_{ps}} + \displaystyle\int_{y_s-\frac{b_f}{2}}^{y_s+\frac{b_f}{2}} \dfrac{x^2 f_{py}b_w}{y_{ps}}dx & y_{ps} \geqslant \dfrac{b_f}{2}+y_s \\[6mm]
\dfrac{2}{3}y_{ps}^2 f_{py} + f_{py}\left(\dfrac{b_f}{2}+y_s-y_{ps}\right)\left(\dfrac{b_f}{2}+y_s+y_{ps}\right) + \displaystyle\int_{y_s-\frac{b_f}{2}}^{y_s+\frac{b_f}{2}} \dfrac{x^2 f_{py}b_w}{y_{ps}}dx & y_{ps} < \dfrac{b_f}{2}+y_s
\end{cases}
\tag{8-39}
$$

（3）圆钢管。

受压区:

$$M_{ct1} = \int_{y_{ts}+y_s}^{\frac{D}{2}-t} (x-y_s)f_{ty}A_{tm1}(x)dx + \int_{\frac{D}{2}-t}^{\frac{D}{2}} (x-y_s)f_{ty}A_{tm2}(x)dx \tag{8-40}$$

$$M_{ct2} = \int_{y_s}^{y_{ts}+y_s} (x-y_s)f_{tc1}(x)A_{tc2}(x)dx \tag{8-41}$$

$$A_{tm1}(x) = D\sin\left[\arccos\left(\frac{2x}{D}\right)\right] - (D-2t)\sin\left[\arccos\left(\frac{2x}{D-2t}\right)\right] \tag{8-42}$$

$$A_{tm2}(x) = D\sin\left[\arccos\left(\frac{2x}{D}\right)\right] \tag{8-43}$$

$$f_{tc1}(x) = \frac{(x-y_s)f_{ty}}{y_{ts}} \tag{8-44}$$

$$A_{tc2}(x) = D\sin\left[\arccos\left(\frac{2x}{D}\right)\right] - (D-2t)\sin\left[\arccos\left(\frac{2x}{D-2t}\right)\right] \tag{8-45}$$

受拉区:

$$M_{tt1} = \int_{y_{ts}-y_s}^{\frac{D}{2}-t} (x+y_s)f_{ty}A_{tm1}(x)dx + \int_{\frac{D}{2}-t}^{\frac{D}{2}} (x+y_s)f_{ty}A_{tm2}(x)dx \tag{8-46}$$

$$M_{tt2} = \int_0^{y_{ts}-y_s} (x+y_s)f_{tc1}(x)A_{tc2}(x)dx \tag{8-47}$$

$$A_{tm1}(x) = D\sin\left[\arccos\left(\frac{2x}{D}\right)\right] - (D-2t)\sin\left[\arccos\left(\frac{2x}{D-2t}\right)\right] \tag{8-48}$$

$$A_{tm2}(x) = D\sin\left[\arccos\left(\frac{2x}{D}\right)\right] \tag{8-49}$$

$$f_{tc1}(x) = \frac{(x+y_s)f_{ty}}{y_{ts}} \tag{8-50}$$

$$A_{tc2}(x) = D\sin\left[\arccos\left(\frac{2x}{D}\right)\right] - (D - 2t)\sin\left[\arccos\left(\frac{2x}{D - 2t}\right)\right] \tag{8-51}$$

（4）再生混凝土。

$$M_{c1} = \int_{y_s}^{\frac{d}{2}-t}(x - y_s)f_{c1}A_c\mathrm{d}x \tag{8-52}$$

组合柱截面总抵抗矩为：

$$M_u \leqslant M_{cp1} + M_{cp2} + M_{tp1} + M_{tp2} + M_{tp3} + M_{cs1} + M_{ts1} + M_{ct1} + M_{ct2} + M_{tt1} + M_{tt2} + M_{c1} \tag{8-53}$$

柱顶总水平反力 P（承载力）为：

$$P = \frac{M_u}{h} \tag{8-54}$$

式中，h 为组合柱的柱顶水平力作用位置至塑性铰中心的柱段高度。

8.1.3.2　内置工字型钢与内置箱型型钢的圆钢管型钢再生混凝土组合柱

内置工字型钢组合柱与箱型型钢组合柱的计算公式推导基本类似，其应变分布规律分别如图 8-2 和图 8-3 所示。

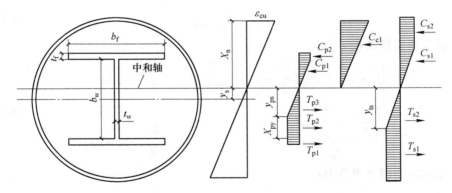

图 8-2　内置工字型钢的圆钢管型钢再生混凝土组合柱截面应力分布

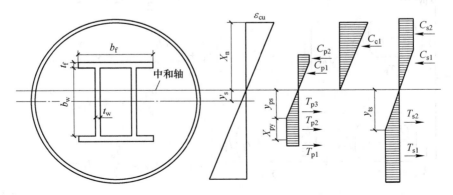

图 8-3　内置箱型型钢的圆钢管型钢再生混凝土组合柱截面应力分布

型钢屈服高度：

$$y_{ps} = \frac{\varepsilon_{ps} X_n}{\varepsilon_{cu}}$$ (8-55)

受拉屈服型钢腹板高度：

$$X_{py} = d - 2t - X_n - y_{ps} - t_f - a$$ (8-56)

中和轴距离截面对称轴距离：

$$y_s = \frac{d}{2} - t - X_n$$ (8-57)

受拉区型钢翼缘合力：

$$T_{p1} = f_{py} t_f b_f$$ (8-58)

受拉区型钢屈服腹板合力：

$$T_{p2} = 2f_{py} X_{py} t_w$$ (8-59)

受拉区未屈服型钢腹板合力：

$$T_{p3} = f_{py} y_{ps} t_w$$ (8-60)

受压区型钢腹板合力：

$$C_{p1} = \begin{cases} f_{py} y_{ps} t_w + 2f_{py}\left(\dfrac{b_w}{2} - y_s - y_{ps}\right) t_w & \dfrac{b_w}{2} - y_s \geqslant y_{ps} \\[4mm] \dfrac{\left(\dfrac{b_w}{2} - y_s\right)^2 f_{py} t_w}{y_{ps}} & \dfrac{b_w}{2} - y_s \leqslant y_{ps} \end{cases}$$ (8-61)

受压区型钢翼缘合力：

$$C_{p2} = \begin{cases} f_{py} b_f t_f & \dfrac{b_w}{2} - y_s \geqslant y_{ps} \\[4mm] \left[\dfrac{\left(\dfrac{b_w}{2} - y_s\right) f_{py}}{y_{ps}} + f_{py}\right]\left(y_{ps} - \dfrac{b_w}{2} + y_s\right) b_f + f_{py}\left(\dfrac{b_w}{2} - y_s - y_{ps}\right) t_f & \dfrac{b_w}{2} - y_s \leqslant y_{ps} \leqslant \dfrac{b_w}{2} + t_f - y_s \\[4mm] \dfrac{1}{2}\left[\dfrac{\left(\dfrac{b_w}{2} - y_s\right) f_{py}}{y_{ps}} + \dfrac{\left(\dfrac{b_w}{2} - y_s + t_f\right) f_{py}}{y_{ps}}\right] t_f b_f & y_{ps} > \dfrac{b_w}{2} + t_f - y_s \end{cases}$$

(8-62)

通过对组合柱截面各自合力平衡进行求解，可以计算出中和轴距受压侧钢管内壁距离 X_n，计算公式如下：

$$C_{c1} + C_{p1} + C_{p2} + C_{s1} + C_{t1} + C_{t2} = T_{p1} + T_{p2} + T_{p3} + T_{t1} + T_{t2} + T_{t3} + N$$

$$(8-63)$$

8.1.4 计算结果与试验结果对比

利用极限平衡理论推导的上述计算公式，可获得圆钢管型钢再生混凝土组合柱的水平承载力，其计算值与实验实测值对比结果见表 8-1。F_t/F_c 均值为 1.02，标准差为 0.06，方差为 0.004，误差相对较小，证明可以利用上述公式对圆钢管型钢再生混凝土组合柱的水平承载力进行预测。

表 8-1 圆钢管型钢再生混凝土组合柱的水平承载力理论计算与试验结果

试件编号	试验结果 F_t/kN	理论计算 F_c/kN	F_t/F_c
CSTSRRC-1	184.93	187.03	0.99
CSTSRRC-2	181.89	186.94	0.97
CSTSRRC-3	184.04	186.85	0.98
CSTSRRC-4	173.20	180.24	0.96
CSTSRRC-5	218.39	193.33	1.13
CSTSRRC-6	173.96	166.80	1.04
CSTSRRC-7	207.08	183.35	1.13
CSTSRRC-8	163.59	166.29	0.98
CSTSRRC-9	161.39	163.85	0.98
CSTSRRC-10	188.90	192.45	0.98
CSTSRRC-11	225.54	219.38	1.03

8.2 方钢管型钢再生混凝土组合柱的水平承载力计算方法

8.2.1 理论计算方法

方钢管型钢再生混凝土组合柱的地震破坏形态与轴向荷载、水平荷载的大小有关，轴压比较大时会使组合柱呈现小偏心受压破坏，轴压比较小时组合柱会出现大偏心受压或弯曲破坏。因此，组合柱不同的受力状态决定着不同的破坏模式，本书基于叠加法建立方钢管型钢再生混凝土组合柱的水平承载力计算公式，作出以下假设：

（1）组合柱的截面应变符合平截面假定；

（2）不考虑方钢管壁的局部屈曲，即使用钢材的屈服强度参与计算；

（3）不考虑再生混凝土的抗拉作用；

（4）峰值承载力状态下，组合柱受压区再生混凝土达到极限受压强度，即再生混凝土达到极限压应变；

（5）钢材的应力应变关系满足 $\sigma_s = E_s \varepsilon_s$，且强度不大于屈服强度设计值。

根据中和轴位置的不同，可以将方钢管型钢再生混凝土组合柱的小偏心受压破坏分为三类：

类型一，中和轴经过型钢，型钢受拉翼缘未屈服，受压翼缘屈服，钢管拉压翼缘均屈服。

类型二，中和轴经过型钢，型钢和钢管的受压翼缘均屈服，受拉翼缘均未屈服。

类型三，中和轴不经过型钢，全截面处于受压状态。

而方钢管型钢再生混凝土组合柱的大偏心受压分为两类：

类型四，中和轴经过型钢，型钢和钢管的拉压翼缘均屈服；

类型五，中和轴经过型钢，型钢受压翼缘未屈服，受拉翼缘屈服，钢管拉压翼缘均屈服。下面就不同类型的组合柱水平承载力计算方法进行分析。

8.2.1.1 类型一的计算

类型一：此种情况下，中和轴经过型钢，型钢受拉翼缘未屈服，受压翼缘屈服，方钢管拉压翼缘均屈服，如图 8-4 所示。

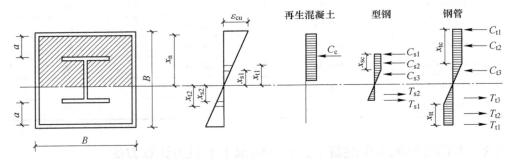

图 8-4 方钢管型钢再生混凝土组合柱类型一的计算简图

组合柱截面各部分受力如下。

再生混凝土受压力：$C_c = \alpha_1 \beta_1 (B - 2t) x_n f_{rc}$

型钢受压翼缘屈服压力：$C_{s1} = b_f t_f f_{sy}$

型钢受压腹板屈服压力：$C_{s2} = x_{sc} t_w f_{sy}$

型钢受压腹板未屈服压力：$C_{s3} = \dfrac{1}{2} x_{s1} t_w f_{sy}$

型钢受拉翼缘未屈服拉力：$T_{s1} = b_f t_f \sigma_s$

型钢受拉腹板未屈服拉力：$T_{s2} = \dfrac{1}{2}x_{s2}t_w\sigma_s$

方钢管上壁屈服压力：$C_{t1} = Btf_{ty}$

方钢管侧壁屈服压力：$C_{t2} = 2x_{tc}tf_{ty}$

方钢管侧壁未屈服压力：$C_{t3} = x_{t1}tf_{ty}$

方钢管下壁屈服拉力：$T_{t1} = Btf_{ty}$

方钢管侧壁屈服拉力：$T_{t2} = 2x_{tt}tf_{ty}$

方钢管侧壁未屈服拉力：$T_{t3} = x_{t2}tf_{ty}$

以再生混凝土受压边界达到极限应变为基础，根据材料应变关系及平截面假定可以确定参数：

$$x_{s1} = \frac{x_n f_{sy}}{\varepsilon_{cu}E_{ss}}, \quad x_{sc} = x_n - a - t_f - x_{s1} = \frac{\varepsilon_{cu}E_{ss} - f_{sy}}{\varepsilon_{cu}E_{ss}}x_n - a - t_f$$

$$x_{t1} = x_{t2} = \frac{f_{ty}x_n}{E_{st}\varepsilon_{cu}}, \quad x_{tc} = x_n - x_{t1} = \frac{E_{st}\varepsilon_{cu} - f_{ty}}{E_{st}\varepsilon_{cu}}x_n$$

$$x_{tt} = B - 2t - x_n - x_{t2} = B - 2t - \frac{E_{st}\varepsilon_{cu} + f_{ty}}{E_{st}\varepsilon_{cu}}x_n$$

$$x_{s2} = h_w - x_{sc} - x_{s1} = h_w - x_n + a + t_f$$

那么，型钢受拉翼缘为屈服应力：

$$\sigma_s = \frac{(h_w - x_n + a + t_f)\varepsilon_{cu}E_{ss}}{x_n}$$

将上述参数代入相关表达式，可得：

$$C_{s2} = \left(\frac{\varepsilon_{cu}E_{ss} - f_{sy}}{\varepsilon_{cu}E_{ss}}x_n - a - t_f\right)t_w f_{sy}, \quad C_{s3} = \frac{x_n}{2\varepsilon_{cu}E_{ss}}t_w f_{sy}^2$$

$$T_{s1} = \frac{h_w - x_n + a + t_f}{x_n}b_f t_f \varepsilon_{cu}E_{ss}, \quad T_{s2} = \frac{(h_w - x_n + a + t_f)^2 \varepsilon_{cu}E_{ss}t_w}{2x_n}$$

$$C_{t2} = 2\frac{E_{st}\varepsilon_{cu} - f_{ty}}{E_{st}\varepsilon_{cu}}x_n t f_{ty}, \quad C_{t3} = \frac{f_{ty}^2 x_n t}{E_{st}\varepsilon_{cu}}$$

$$T_{t2} = 2t f_{ty}\left(B - 2t - \frac{E_{st}\varepsilon_{cu} + f_{ty}}{E_{st}\varepsilon_{cu}}x_n\right), \quad T_{t3} = \frac{f_{ty}^2 x_n t}{E_{st}\varepsilon_{cu}}$$

根据平衡条件可知，截面合力为零，则：

$$C_c + C_{s1} + C_{s2} + C_{s3} + C_{t1} + C_{t2} + C_{t3} - T_{s1} - T_{s2} - T_{t1} - T_{t2} - T_{t3} = N$$

$$(8\text{-}64)$$

简化方程得到再生混凝土受压区高度 x_n（即中和轴距再生混凝土受压边缘的距离）的一元二次方程，求解方程便可得到 x_n 的解。

类型一计算的适用条件：当再生混凝土达到极限应变时，方钢管上壁已进入屈服状态，无需考虑其屈服条件，只需满足中和轴位置、型钢上下翼缘屈服状态条件。因此受压区高度 x_n 应满足下列条件：

中和轴经过型钢：

$$x_n < B - 2t - a \qquad (8\text{-}65)$$

型钢受压翼缘屈服（$x_{sc} \geqslant 0$）：

$$x_n \geqslant \frac{(a + t_f)\varepsilon_{cu}E_{ss}}{\varepsilon_{cu}E_{ss} - f_{sy}} \qquad (8\text{-}66)$$

型钢受拉翼缘未屈服（$\sigma_s < f_{sy}$）：

$$x_n > \frac{(h_w + a + t_f)\varepsilon_{cu}E_{ss}}{\varepsilon_{cu}E_{ss} + f_{sy}} \qquad (8\text{-}67)$$

通过上述的计算，得到各部分的抗弯承载力如下：

再生混凝土受压区：$M_c = C_c\left(x_n - \dfrac{\beta_1 x_n}{2}\right)$

型钢受压区：

$$M_{sc} = C_{s1}\left(x_n - a - \frac{t_f}{2}\right) + C_{s2}\left(\frac{x_n f_{sy}}{2\varepsilon_{cu}E_{ss}} + \frac{1}{2}x_n - a - t_f\right) + C_{s3}\frac{2x_n f_{sy}}{3\varepsilon_{cu}E_{ss}}$$

方钢管受压区：$M_{tc} = C_{t1}\left(x_n + \dfrac{t}{2}\right) + C_{t2}\left(\dfrac{f_{ty}x_n}{2E_{st}\varepsilon_{cu}} + \dfrac{1}{2}x_n\right) + C_{t3}\dfrac{2f_{ty}x_n}{3E_{st}\varepsilon_{cu}}$

型钢受拉区：$M_{st} = T_{s1}\left(h_w - x_n + a + \dfrac{3t_f}{2}\right) + \dfrac{2}{3}T_{s2}(h_w - x_n + a + t_f)$

方钢管受拉区：

$$M_{tt} = T_{t1}(B - 1.5t - x_n) + T_{t2}\left(\frac{f_{ty}x_n}{2E_{st}\varepsilon_{cu}} - \frac{1}{2}x_n + \frac{1}{2}B - t\right) + T_{t3}\frac{2f_{ty}x_n}{3E_{st}\varepsilon_{cu}}$$

故方钢管型钢再生混凝土组合柱在此状态下的截面抗弯承载力为：

$$M + Ne = M_c + M_{sc} + M_{tc} + M_{st} + M_{tt} \qquad (8\text{-}68)$$

上面所有式中，B 为方钢管外边长；t 为方钢管壁厚；a 为型钢翼缘外侧距方钢管内壁的距离；x_n 为中和轴距再生混凝土受压边缘的距离；t_f、b_f 分别为型钢翼缘厚度、宽度；t_w、h_w 分别为型钢腹板厚度、高度；x_{sc}、x_{s1} 分别为型钢腹板受压屈服高度、未屈服高度；x_{s2} 为型钢腹板受拉未屈服高度；x_{tc}、x_{t1} 分别为方钢管受压屈服高度、未屈服高度；x_{tt}、x_{t2} 分别为方钢管受拉屈服高度、未屈服高度；σ_s 为型钢受拉翼缘未屈服拉应力；α_1、β_1 为混凝土的应力图形简化系数，参考《混凝土结构设计规范》；f_{sy}、f_{ty} 分别为型钢、方钢管的屈服强度；E_{st}、E_{ss} 分别为方钢管、型钢的弹性模量；ε_{cu} 为再生混凝土的极限压应变；f_{rc} 为再生混凝土的轴心抗压强度；N 为施加于组合柱顶部的轴向荷载；e 为轴向荷载 N 的偏心距；M 为方钢管型钢再生混凝土组合柱顶部水平荷载在柱脚产生的弯矩。

8.2.1.2 类型二的计算

类型二：此种情况下，中和轴经过型钢，型钢和钢管的受压翼缘均屈服，受拉翼缘均未屈服，如图 8-5 所示。

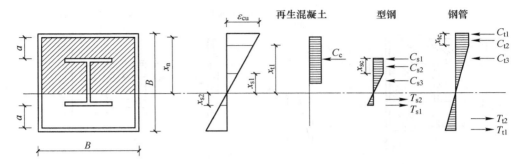

图 8-5 方钢管型钢再生混凝土组合柱类型二的计算简图

截面各部分受力如下：

方钢管下壁未屈服拉力：$T_{t1} = Bt\sigma_t$

方钢管侧壁未屈服拉力：$T_{t2} = \dfrac{1}{2}(B - 2t - x_n)t\sigma_t$

其余部分受力 C_c、C_{s1}、C_{s2}、C_{s3}、C_{t1}、C_{t2}、C_{t3}、T_{s1}、T_{s2} 如类型一。

根据平截面假定得到方钢管下壁未屈服应力：$\sigma_t = \dfrac{E_{st}\varepsilon_{cu}}{x_n}(B - 2t - x_n)$

由平衡条件可得：

$$C_c + C_{s1} + C_{s2} + C_{s3} + C_{t1} + C_{t2} + C_{t3} - T_{s1} - T_{s2} - T_{t1} - T_{t2} = N \tag{8-69}$$

根据上式可求解受压区高度 x_n。

类型二计算的适用条件：x_n 应满足由于方钢管下翼缘未屈服，型钢受拉翼缘必然未屈服，故无需考虑型钢受拉翼缘是否屈服，因而还应满足以下条件。

方钢管下翼缘未屈服（$\sigma_t < f_{ty}$）：

$$x_n > \frac{(B - 2t)\varepsilon_{cu}E_{st}}{\varepsilon_{cu}E_{st} + f_{ty}} \tag{8-70}$$

上列条件下，方钢管受压区抗弯承载力为：

$$M_{tt} = T_{t1}\left(B - x_n - \frac{3}{2}t\right) + \frac{2}{3}T_{t2}(B - x_n - 2t) \tag{8-71}$$

其余各部分抗弯承载力 M_c、M_{sc}、M_{st}、M_{tc} 如类型一。

故方钢管型钢再生混凝土组合柱在此状态下的截面抗弯承载力见式（8-68）。

上面所有式中，σ_t 为方钢管下壁未屈服拉应力，其余未作说明的字母表示含义与类型一相同。

8.2.1.3   类型三的计算

类型三：当轴向荷载远大于水平荷载时会出现此种情况，中和轴不经过型钢，全截面处于受压状态，如图8-6所示。

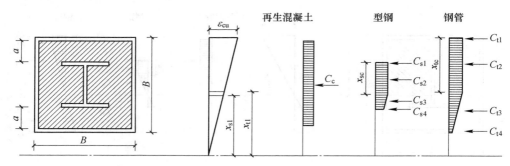

图 8-6   方钢管型钢再生混凝土组合柱类型三的计算简图

截面各部分受力如下。

再生混凝土受压力：$C_c = \alpha_1 \beta_1 (B - 2t)^2 f_{rc}$

型钢上翼缘屈服压力：$C_{s1} = b_f t_f f_{sy}$

型钢受压腹板屈服压力：$C_{s2} = x_{sc} t_w f_{sy}$

型钢受压腹板未屈服压力：

$$C_{s3} = \frac{1}{2}(f_{sy} + \sigma_s)(x_{s1} - x_n + B - 2t - a - t_f)t_w$$

型钢下翼缘未屈服拉力：$C_{s4} = b_f t_f \sigma_s$

方钢管上壁屈服压力：$C_{t1} = Bt f_{ty}$

方钢管侧壁屈服压力：$C_{t2} = 2x_{tc} t f_{ty}$

方钢管侧壁未屈服压力：$C_{t3} = (f_{ty} + \sigma_t)(x_{t1} - x_n + B - 2t)t$

方钢管下壁未屈服压力：$C_{t4} = Bt\sigma_t$

由平截面假定和材料应力应变关系可得下列参数：

$$x_{s1} = \frac{x_n f_{sy}}{\varepsilon_{cu} E_{ss}}, \quad x_{t1} = \frac{f_{ty} x_n}{E_{st} \varepsilon_{cu}}$$

$$x_{sc} = x_n - a - t_f - x_{s1} = x_n - a - t_f - \frac{x_n f_{sy}}{\varepsilon_{cu} E_{ss}}$$

$$x_{tc} = x_n - x_{t1} = \frac{E_{st} \varepsilon_{cu} - f_{ty}}{E_{st} \varepsilon_{cu}} x_n$$

根据平衡条件可得：

$$C_c + C_{s1} + C_{s2} + C_{s3} + C_{s4} + C_{t1} + C_{t2} + C_{t3} + C_{t4} = N \tag{8-72}$$

上式可求解出中和轴到再生混凝土受压边缘的距离 x_n。

类型三计算适用条件：

中和轴不经过方钢管：$\qquad x_n \geqslant B - t$ (8-73)

方钢管型钢再生混凝土组合柱的截面各部分的抗弯承载力如下。

再生混凝土：$M_c = C_c \left[x_n - \dfrac{(B - 2t)\beta_1}{2} \right]$

型钢：$M_{sc} = C_{s1}\left(x_n - a - \dfrac{t_w}{2}\right) + C_{s2}\left(x_n - a - t_w - \dfrac{x_{sc}}{2}\right) + \dfrac{1}{2}C_{s3}(3x_n - x_{s1} -$

$\qquad 2x_{sc} - B + 2t - a + t_f) + C_{s4}\left(x_n - a - \dfrac{3}{2}t_f - h_w\right)$

方钢管：$M_{tc} = C_{t1}\left(x_n + \dfrac{t}{2}\right) + C_{t2}\left(x_n - \dfrac{x_{tc}}{2}\right) + \dfrac{1}{2}C_{t3}(3x_n - 2x_{tc} - x_{t1} - B + 2t) +$

$\qquad C_{t4}\left(x_n - B + \dfrac{3}{2}t\right)$

因而，此种状况下组合柱截面抗弯承载力如下：

$$M + Ne = M_c + M_{sc} + M_{tc}$$ (8-74)

上面所有式中，x_{s1}、x_{t1} 分别为型钢腹板、方钢管侧壁屈服变化点到中和轴的距离，σ_s 为型钢下翼缘未屈服压应力；σ_t 为方钢管下壁未屈服压应力，其余字母代表含义与类型一相同。

8.2.1.4 类型四的计算

类型四：此种状况下，中和轴经过型钢，型钢和钢管的拉压翼缘均屈服，如图 8-7 所示。

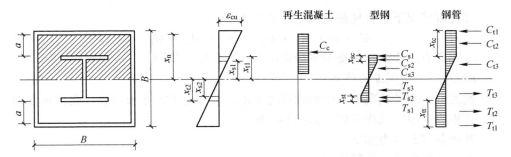

图 8-7　方钢管型钢再生混凝土组合柱类型四的计算简图

截面各部分受力如下。

型钢受拉翼缘屈服拉力：$T_{s1} = b_f t_f f_{sy}$

型钢受拉腹板屈服拉力：$T_{s2} = x_{st} t_w f_{sy}$

型钢受拉腹板未屈服拉力：$T_{s3} = \dfrac{1}{2} x_{s2} t_f f_{sy}$

其余各部分受力如类型一。

由平截面假定可得：

$$x_{s2} = \frac{f_{sy} x_n}{E_{ss} \varepsilon_{cu}}, \quad x_{st} = h_w + a + t_f - \frac{E_{ss} \varepsilon_{cu} + f_{sy}}{E_{ss} \varepsilon_{cu}} x_n$$

根据平衡条件得：

$$C_c + C_{s1} + C_{s2} + C_{s3} + C_{t1} + C_{t2} + C_{t3} - T_{s1} - T_{s2} - T_{s3} - T_{t1} - T_{t2} - T_{t3} = N$$

$$(8\text{-}75)$$

根据上式计算出受压区高度 x_n，且此计算类型下 x_n 还应满足型钢受拉翼缘屈服（$x_{st} \geqslant 0$）：

$$x_n \leqslant \frac{(h_w + a + t_f) E_{ss} \varepsilon_{cu}}{E_{ss} \varepsilon_{cu} + f_{sy}}$$

$$(8\text{-}76)$$

因此，组合柱截面各部分的抗弯承载力如下。

再生混凝土受压区：$M_c = C_c \left(x_n - \dfrac{1}{2} \beta_1 x_n \right)$

型钢受压区：$M_{sc} = C_{s1} \left(x_{s1} + x_{sc} + \dfrac{1}{2} t_f \right) + C_{s2} \left(x_{s1} + \dfrac{1}{2} x_{sc} \right) + \dfrac{2}{3} C_{s3} x_{s1}$

方钢管受压区：$M_{tc} = C_{t1} \left(x_n + \dfrac{1}{2} t \right) + C_{t2} \left(x_{t1} + \dfrac{1}{2} x_{tc} \right) + \dfrac{2}{3} C_{t3} x_{t1}$

型钢受拉区：$M_{st} = T_{s1} \left(x_{s2} + x_{st} + \dfrac{1}{2} t_f \right) + T_{s2} \left(x_{s2} + \dfrac{1}{2} x_{st} \right) + \dfrac{2}{3} T_{s3} x_{s2}$

方钢管受拉区：$M_{tt} = T_{t1} \left(B - x_n - \dfrac{3}{2} t \right) + T_{t2} \left(x_{t2} + \dfrac{1}{2} x_{tt} \right) + \dfrac{2}{3} T_{t3} x_{t2}$

故此种状况下组合柱截面抗弯承载力如下：

$$M + Ne = M_c + M_{sc} + M_{tc} - M_{st} - M_{tt}$$

$$(8\text{-}77)$$

上面所有式中未作解释的字母表示含义与类型一相同。

8.2.1.5　类型五的计算

类型五：此种状况下，中和轴经过型钢，型钢受压翼缘未屈服，受拉翼缘屈服，方钢管拉压翼缘均屈服，如图 8-8 所示。

截面各部分受力如下。

型钢受压翼缘未屈服压力：$C_{s1} = b_f t_f \sigma_s$

型钢受压腹板未屈服压力：$C_{s2} = \dfrac{1}{2} x_{s1} t_w \sigma_s$

C_c、C_{t1}、C_{t2}、C_{t3}、T_{t1}、T_{t2}、T_{t3} 见类型一，T_{s1}、T_{s2}、T_{s3} 见类型四。

由平截面假定可得：

$$x_{s1} = x_n - a - t_f, \quad \sigma_s = \frac{(x_n - a - t_f) E_{ss} \varepsilon_{cu}}{x_n}$$

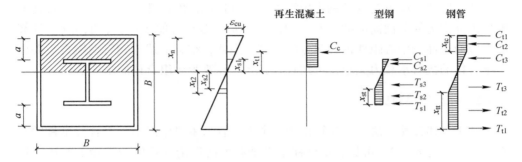

图 8-8　方钢管型钢再生混凝土组合柱类型五的计算简图

根据平衡条件可得：

$$C_c + C_{s1} + C_{s2} + C_{t1} + C_{t2} + C_{t3} - T_{s1} - T_{s2} - T_{s3} - T_{t1} - T_{t2} - T_{t3} = N$$

$$(8-78)$$

由上式可得到受压区高度 x_n，且 x_n 应满足式（8-65）、式（8-76），此外还应满足型钢上翼缘不屈服（$\sigma_s < f_{sy}$）：

$$x_n < \frac{(a + t_f)E_{ss}\varepsilon_{cu}}{E_{ss}\varepsilon_{cu} - f_{sy}}$$

$$(8-79)$$

故方钢管型钢再生混凝土组合柱的截面各部分抗弯承载力如下。

型钢受压区：$M_{sc} = C_{s1}\left(x_{s1} + \dfrac{1}{2}t_f\right) + \dfrac{2}{3}C_{s2}x_{s1}$

M_c、M_{st}、M_{tc}、M_{tt} 的计算见类型四，故可得到组合柱截面的抗弯承载力。

σ_s 为型钢上翼缘未屈服应力，其余未作说明字母与类型一相同。

由于方钢管型钢再生混凝土组合柱破坏时呈现压弯塑性铰破坏模式，且塑性铰出现的区域并非柱根，而是与柱根间有一段距离，如图 8-9 所示。因此，方钢管型钢再生混凝土组合柱的水平承载力 P 通过弯矩 M 来计算时需要采用组合柱的有效高度。

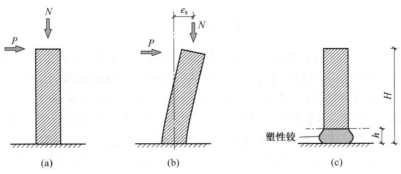

图 8-9　压弯作用下方钢管型钢再生混凝土组合柱的受力简图
（a）加载前；（b）加载后；（c）塑性铰破坏

从试验研究中方钢管型钢再生混凝土组合柱试件的破坏特征来看，组合柱的塑性铰高度为柱截面高度的 1/4～1/2，出于安全考虑且便于计算，取 1/4，计算高度应为塑性铰中心距柱顶加载点的高度，因此，结合上述方钢管型钢再生混凝土组合柱的抗弯承载力大小，可按式（8-54）计算得到组合柱的水平承载力。

8.2.2　计算结果对比

基于上述计算方法，可计算得到 9 个方钢管型钢再生混凝土组合柱试件的水平承载力，见表 8-2。可见，组合柱水平承载力的理论计算值与试验值的比值均值为 0.876，方差为 0.0275，表明理论计算结果相较保守。总的来说，上述计算方法对于预测方钢管型钢再生混凝土组合柱的水平承载力具有参考价值。

表 8-2　方钢管型钢再生混凝土组合柱的水平承载力计算值与试验值对比

试件编号	试验值 P_t/kN	理论计算法	
		计算值 P_{c1}/kN	P_{c1}/P_t
SSTSRRC-1	196.40	172.66	0.879
SSTSRRC-2	197.22	173.32	0.879
SSTSRRC-3	193.31	170.27	0.881
SSTSRRC-4	165.01	142.50	0.864
SSTSRRC-5	259.79	225.68	0.869
SSTSRRC-6	187.92	162.44	0.864
SSTSRRC-7	228.28	187.79	0.823
SSTSRRC-8	186.74	172.74	0.925
SSTSRRC-9	209.57	187.91	0.897
均值	—	—	0.876
均方差	—	—	0.0275

本 章 小 结

（1）本章通过分析试验采集到的荷载应变曲线，明确了圆/方钢管型钢再生混凝土组合柱在轴压恒载与水平力共同作用下的破坏条件与破坏界限。

（2）根据不同截面形式推导出相应的合力，利用力学平衡确定中和轴距离，采用叠加法获得圆/方钢管型钢再生混凝土组合柱的水平承载力计算公式。

（3）圆/方钢管型钢再生混凝土组合柱的水平承载力的计算结果与试验结果吻合较好，计算结果偏于安全，可作为组合柱在受压与弯矩共同作用下的承载力预测公式。

参 考 文 献

[1] GB/T 25177—2010. 混凝土用再生粗骨料 [S]. 北京：中国标准出版社, 2010.

[2] GB/T 2975—2018. 钢及钢产品力学性能试验取样位置及试样制备 [S]. 北京：中国标准出版社, 2018.

[3] GB/T 50081—2019. 混凝土物理力学性能试验方法标准 [S]. 北京：中国建筑工业出版社, 2019.

[4] 范博. 砌体结构窗下墙破坏对抗震性能影响研究 [D]. 西安：西安建筑科技大学, 2015.

[5] 聂建国, 王宇航. ABAQUS 混凝土损伤因子取值方法研究 [J]. 结构工程师, 2013, 29 (6)：27-32.

[6] 过镇海. 混凝土的强度和变形试验基础和本构关系 [M]. 北京：清华大学出版社, 1997.

[7] Han L H, Yao G H, Tao Z. Performance of concrete-filled thin-walled steel tubes under pure torsion [J]. Thin-Walled Structures, 2007, 45 (1)：24-36.

[8] Yang Y F, Zhang Z C, Fu F. Experimental and numerical study on square RACFST members under lateral impact loading [J]. Journal of Constructional Steel Research, 2015, 111 (8)：43-56.

[9] 肖建庄. 再生混凝土 [M]. 北京：中国建筑工业出版社, 2008.

[10] GB 50010—2010. 混凝土结构设计规程 [S]. 北京：中国建筑工业出版社, 2010.

[11] 宋晨晨, 刘继明, 艾腾腾, 等. ABAQUS 混凝土塑性损伤模型中损伤因子的研究 [J]. 工程建设, 2017, 49 (7)：1-5.

[12] Kupfer H, Hilsdorf H K, Rusch H, et al. Behavior of concrete under biaxial stresses [J]. ACIJ Proc, 1969, 66 (8)：656-666.

[13] 过镇海, 王传志, 张秀琴, 等. 混凝土的多轴强度试验和破坏准则研究 (科学研究报告集第六集) [M]. 北京：清华大学出版社, 1996.

[14] Ottosen N S. A failure criterion for concrete [J]. ASCE, 1997, 103 (EM4)：527-535.

[15] 李卫巧. 空心普通和再生钢管混凝土柱抗震性能的试验与理论研究 [D]. 哈尔滨：哈尔滨工业大学, 2011.

[16] 韩林海. 钢管 (高强) 混凝土轴压稳定承载力研究 [J]. 哈尔滨建筑大学学报, 1998 (3)：25-30.

[17] 刘劲松, 刘红军. ABAQUS 钢筋混凝土有限元分析 [J]. 装备制造技术, 2009, (6)：69-70.

[18] 陈宗平, 何天瑀, 徐金俊, 等. 钢管再生混凝土柱轴压性能及承载力计算 [J]. 广西大学学报 (自然科学版), 2015, 40 (4)：897-907.

[19] GB/T 50152—2012. 混凝土结构试验方法标准 [S]. 北京：中国建筑工业出版社, 2012.

[20] 高攀, 黄放. 有限元方法的发展状况和应用 [J]. 电机技术, 1999 (2)：25-26.

[21] 何君毅, 林祥都. 工程结构非线性问题的数值解法 [M]. 北京：国防工业出版社, 1994.

[22] 刘丽华. 型钢混凝土黏结滑移机理及本构关系研究 [D]. 西安：西安建筑科技大学, 2005.

［23］ 宋志刚，樊成，宋力．GFRP 管混凝土轴压短柱承载力研究［J］.水利与建筑工程学报，2017，15（2）：71-75.

［24］ 过镇海．混凝土的强度和变形-试验基础和本构关系［M］.北京：清华大学出版社，1997.

［25］ 董毓利．混凝土非线性力学基础［M］.北京：中国建筑工业出版社，1997.

［26］ 江见鲸．钢筋混凝土结构非线性有限元分析［M］.西安：陕西科学技术出版社，1994.

［27］ 宋玉普．多种混凝土破坏准则和本构关系［M］.北京：中国水利水电出版社，2002.

［28］ 刘威．钢管混凝土局部受压时的工作机理研究［D］.福州：福州大学，2005.

［29］ 李兵，张齐，孟爽．圆钢管再生混凝土短柱轴压承载力有限元分析［J］.沈阳建筑大学学报（自然科学版），2014，30（6）：1037-1043.

［30］ 韩林海．钢管混凝土结构—理论与实践［M］.北京：科学出版社，2004.

［31］ 杜朝华．建筑垃圾再生骨料混凝土及构件受力性能研究［D］.郑州：郑州大学，2012.

［32］ 蔡绍怀．钢管混凝土结构的计算与应用［M］.北京：中国建筑工业出版社，1989.

［33］ 赵大洲．钢骨—钢管高强混凝土组合柱力学性能的研究［D］.大连：大连理工大学，2003.

［34］ 刘晓．钢管钢骨高强混凝土组合构件力学性能研究［D］.沈阳：东北大学，2009.

［35］ 陈明杰．钢骨—钢管高强混凝土柱力学性能研究［D］.广州：华南理工大学，2014.

［36］ 赵磊，刘晓．恒高温后圆、方钢管再生混凝土偏压力学性能分析［J］.河南机电高等专科学校学报，2018，26（1）：16-23.

［37］ 郭婷婷．圆钢管型钢再生混凝土组合柱轴压力学性能研究［D］.西安：西安理工大学，2017.

［38］ 方映平．圆钢管再生混凝土偏压短柱及轴压长柱受力性能研究［D］.广州：广东工业大学，2015.

［39］ GB/T 228.1—2021.金属材料拉伸试验　第 1 部分：室温试验方法［S］.北京：中国标准出版社，2021.

［40］ 吴孙武，张震．方钢管再生混凝土框架柱的非线性有限元分析［J］.长江大学学报，2016，13（13）：52-56.

［41］ 李兵，王维浩，孟爽．基于 ABAQUS 的方钢管再生混凝土受弯构件的承载力分析［J］.工业力学，2014，44（S1）：449-453.

［42］ 王阳杰．基于 ABAQUS 的钢管混凝土柱有限元分析［J］.福建建设科技，2014，5：37-39.

［43］ 谈忠坤．型钢-方钢管混凝土轴压短柱非线性分析［J］.建筑结构，2016，46（4）：229-231.

［44］ 钟善桐．钢管混凝土结构［M］.3 版.北京：清华大学出版社，2003.

［45］ 陈宗平，徐金俊，薛建阳，等.钢管再生混凝土黏结滑移推出试验及黏结强度计算［J］.土木工程学报，2013，46（3）：49-58.

［46］ 陈宗平，郑华海，薛建阳，等.型钢再生混凝土黏结滑移推出试验及黏结强度分析［J］.建筑结构学报，2013，34（5）：130-138.

[47] 蔡绍怀. 现代钢管混凝土结构 [M]. 北京：人民交通出版社，2003.

[48] 王清湘，赵大洲，关萍. 钢骨-钢管高强混凝土轴压组合柱受力性能试验研究 [J]. 建筑结构学报，2003，24（6）：45-49.

[49] 张向冈，陈宗平，薛建阳，等. 钢管再生混凝土轴压长柱试验研究及力学性能分析 [J]. 建筑结构学报，2012，33（9）：12-20.

[50] 张耀春，许辉，曹宝珠. 薄壁钢管混凝土长柱轴压性能试验研究 [J]. 建筑结构，2005，35（1）：28-31.

[51] 俞茂宏. 双剪理论及其应用 [M]. 北京：科学出版社，1998.

[52] 赵均海，顾强，马淑芳. 基于双剪统一强度理论的轴心受压钢管混凝土承载力的研究 [J]. 工程力学，2002，19（2）：32-35.

[53] 马淑芳，赵均海，魏雪英. 双剪统一强度理论下钢管混凝土承载力的理论分析及试验研究 [J]. 西安建筑科技大学学报，2007，39（2）：206-212.

[54] AISC 360—10. Specification for structural steel buildings [S]. Chicago：American Institute of Steel Construction，2010.

[55] CECS 28—2012. 中国工程建设标准化协会标准. 钢管混凝土结构技术规程 [S]. 北京：中国计划出版社，2012.

[56] DBJ 13-51—2020. 福建省工程建设标准. 钢管混凝土结构技术规程 [S]. 福州：福州大学出版社，2020.

[57] 蒋丽忠，周旺保，唐斌. 钢管混凝土格构柱偏压承载能力分析的数值方法 [J]. 计算力学学报，2010，27（1）：127-144.

[58] Balaty P，Gjelsyilk A. Coefficient of fiction for steel on concrete at high normal stress [J]. Journal of Materials in Civil Engineering，1990，2（1）：46-49.

[59] Cai J M，Pan J L，Wu Y F. Mechanical behavior of steel-reinforced concrete-filled steel tubular（SRCFST）columns under uniaxial compressive loading [J]. Thin-Walled Structure，2015，97（5）：1-10.

[60] 于峰，程安国，徐国士. PVC-CFRP 管钢筋混凝土柱抗震性能非线性有限元分析 [J]. 计算力学学报，2015，32（6）：781-788.

[61] CECS 159：2018. 矩形钢管混凝土结构技术规程 [S]. 北京：中国计划出版社，2018.

[62] AIJ—1997. Recommendations for design and construction of concrete filled steel tubular structures [S]. Tokyo，Japan：Architectural Institute of Japan，1997.

[63] GJB 4142—2000. 战时军港抢修早强型组合结构技术规程 [S]. 北京：中国人民解放军总后勤部，2000.

[64] ACI 318—08. Building code requirements for structural concrete and commentary [S]. Detroit，USA：American Concrete Institute，2008.

[65] 陈宗平，张士前，王妮，等. 钢管再生混凝土轴压短柱受力性能的试验与理论分析 [J]. 工程力学，2013，30（4）：107-114.

[66] 柯晓军，陈宗平，薛建阳，等. 方钢管再生混凝土短柱轴压承载性能试验研究 [J]. 工程力学，2013，30（8）：35-41.

[67] 俞茂宏．强度理论新体系：理论、发展和应用 [M]．西安：西安交通大学出版社，2011．

[68] 赵均海，吴鹏，张常光．多边形空心钢管混凝土短柱轴压极限承载力统一解 [J]．混凝土，2013，10：38-43．

[69] 薛强，郝际平，王迎春．基于性能的钢管混凝土空间筒体结构抗震设计 [J]．世界地震工程，2011，27（4）：116-122．

[70] China-United States bilateral workshop on seismic codes [C]．Guangzhou，China，December，1996：1-7．

[71] 王光远．工程结构与系统抗震优化设计的实用方法 [M]．北京：中国建筑工业出版社，2000．

[72] 欧进萍，何政，吴斌．钢筋混凝土结构基于地震损伤性能的设计 [J]．地震工程与工程震动，1999，9（1）：21-30．

[73] 门进杰，史庆轩，周琦，等．竖向不规则钢筋混凝土框架结构基于性能的抗震设计方法 [J]．地震工程与工程振动，2008，41（9）：67-75．

[74] 张向冈．钢管再生混凝土构件及其框架的抗震性能研究 [D]．南宁：广西大学，2014．

[75] 过镇海．钢筋混凝土原理和分析 [M]．北京：清华大学出版社，2003．

[76] 陈朋朋．方钢管再生混凝土柱抗震性能研究 [D]．南宁：广西大学，2015．

[77] 肖建庄．再生混凝土单轴受压应力—应变全曲线试验研究 [J]．同济大学学报（自然科学版），2007（11）：1445-1449．

[78] 石亦平，周玉蓉．ABAQUS 有限元分析实例详解 [M]．北京：机械工业出版社，2006．

[79] 陈宗平，王妮，钟铭，等．型钢混凝土异形柱正截面承载力试验及有限元分析 [J]．建筑结构学报，2013，34（10）：108-119．

[80] 王广勇，张东明，郑蝉蝉，等．考虑受火全过程的高温作用后型钢混凝土柱力学性能研究及有限元分析 [J]．建筑结构学报，2016，37（3）：44-50．

[81] 陈宗平，陈宇良，应武挡．再生混凝土三向受压试验及强度准则 [J]．建筑材料学报，2016，19（1）：149-155．

[82] 聂建国，秦凯，肖岩．方钢管混凝土框架结构的 pushover 分析 [J]．工业建筑，2005，35（3）：68-70．

[83] 刘晶波，郭冰，刘阳冰．组合梁-方钢管混凝土柱框架结构抗震性能的 pushover 分析 [J]．地震工程与工程振动，2008，28（5）：87-93．

[84] 王文达，夏秀丽，史艳莉．钢管混凝土框架基于性能的抗震设计探讨 [J]．工程抗震与加固改造，2010，32（2）：96-101．

[85] 毛小勇，肖岩．基于性能的钢管混凝土柱抗震设计方法概述 [J]．苏州科技学院学报（工程技术版），2004，17（2）：16-19．